JEAN-PIERRE PETIT

LE MYSTÈRE DES UMMITES

Une science venue d'une autre planète ?

Albin Michel

Jean-Pierre Petit, directeur de recherche au CNRS, tient à préciser qu'il s'exprime dans ce livre sous son nom propre et non au nom du CNRS.

22, rue Huyghens, 75014 Paris.

ISBN 2-226-07845-2

À ma fille, Déborah

PROLOGUE

Un chercheur non standard

Le 10 septembre 1991, une semaine après la sortie en France de mon livre *Enquête sur des extraterrestres qui sont déjà parmi nous*, je reçus une convocation de la direction du Centre national de la recherche scientifique, vaste organisation qui, en France, regroupe toute la recherche publique, et qui disait en substance : « Afin de préciser les rapports entre vos activités de chercheur et la publication de livres à fort impact médiatique, vous êtes prié de vous présenter à nos services dans les plus brefs délais. »

Je n'étais pas vraiment inquiet. Depuis vingt-cinq ans j'avais publié un nombre tout à fait raisonnable d'articles dans des revues de haut niveau, à comité de lecture, et fait des découvertes réellement intéressantes, dont je n'avais pas à rougir. Tous ces travaux étaient solidement construits, et personne, dans mon entourage scientifique, ne s'était jamais hasardé à dire que j'étais un plaisantin ou un mystificateur. J'aime beaucoup mon métier, que je prends très au sérieux et je ne pourrais pas rester sans réagir si quelqu'un disait en public ou écrivait quelque part que je suis un charlatan. Les rares fois où cela s'est produit, j'ai toujours fini par avoir gain de cause.

Mais depuis 1975, derrière toutes ces belles idées, il y avait un dossier d'origine non identifiée, où j'avais puisé l'essentiel de mon inspiration et qui avait totalement transformé mon activité professionnelle.

J'avais été mis en contact avec ces textes par un ami astronome, Maurice, en 1975. Jusque-là je vivais une vie professionnelle normale, j'avais des idées normales, banales. Comme tout un chacun j'avais monté des expériences et fait des calculs. Mais cette année-là, tout avait basculé.

Maurice m'avait montré une vingtaine de pages photocopiées. Le texte original était tapé à la machine, en espagnol, et avait été reçu par des gens de ce pays, des non-scientifiques : un industriel, un journaliste, un ingénieur, un médecin. Maurice disposait d'une traduction en français, que je parcourus avec une curiosité amusée. Ce jour-là, sans m'en rendre compte, je mis le doigt dans un formidable engrenage.

Cela ne ressemblait en rien à ce que j'avais pu lire jusqu'ici, dans le genre. Depuis les années 50 circulaient de nombreux textes, émanant de soi-disant contactés, dans différentes langues, et liés au phénomène ovni. Il m'avait été donné d'en parcourir quelques-uns et cela ne m'avait jamais beaucoup intéressé. Parfois ils étaient écrits par des médiums en transe qui prétendaient recevoir des communications télépathiques de visiteurs d'outre-espace. D'autres fois ils émanaient de gens qui prétendaient avoir rencontré ces expéditionnaires, voire fait avec eux une promenade en soucoupe volante. En règle générale leur contenu était d'une vacuité remarquable et à part une sempiternelle mise en garde contre les risques que l'arme atomique faisait courir à la Terre, il n'y avait pas grand-chose à se mettre sous la dent, scientifiquement parlant.

Les textes « ummites[1] » était singulièrement différents. Ils utilisaient un langage scientifique et technique souvent très clair. Dès ce premier contact, intrigué, je voulus en savoir plus et une enquête rapide en Espagne me permit de réunir près d'un millier de pages.

Ces documents traitaient pratiquement de tous les sujets scientifiques, allant de l'informatique à la structure du cosmos, en passant par la mécanique des fluides. Quelques mois après les avoir lus je me mis à les concrétiser sous forme d'expériences et de calculs, et les publications tombèrent, les unes après les autres, originales, intéressantes. Dès la fin de 1975 je publiais aux *Comptes rendus de l'Académie des Sciences* de Paris un

1. Les auteurs de ces textes écrits en espagnol s'intitulaient eux-mêmes « Los Ummitas », traduction française : « Les Ummites ».

article[1] décrivant un engin que j'avais baptisé « aérodyne MHD », qui se propulsait en brassant puissamment l'air à l'aide de forces électromagnétiques. J'expliquais que celui-ci pourrait, à terme, évoluer à vitesse supersonique sans faire de bang, puisque, à la différence des autres engins, au lieu de se pousser dans le gaz, il y forait une sorte de tunnel en aspirant les molécules qu'il rencontrait sur son chemin, en faisant littéralement le vide devant lui. Depuis cette date aucun spécialiste de MHD n'a dit ou écrit que cette théorie, qui était une première exploitation des idées contenues dans les documents ummites, était déraisonnable.

En 1977 je publiais deux articles de cosmologie théorique[2], montrant qu'on pouvait envisager non pas un seul univers, mais deux cosmos jumeaux, possédant des flèches du temps inverses. À ce propos jamais personne n'a non plus dit ou écrit que cette idée était fondamentalement stupide. Pourtant elle émergeait encore une fois de ces mystérieux textes reçus par les Espagnols.

Avec ces quelques papiers je m'étais piégé moi-même, de manière irréversible, dans cette affaire. On n'abandonne pas un filon aussi riche, quelle qu'en soit l'origine. Ummo est une fantastique « machine à penser ». Après avoir introduit imprudemment le doigt dans cet engrenage, la main, puis le bras y étaient passés et depuis cet été 1975 mon activité professionnelle avait consisté à analyser ces textes comme on manie les pièces d'un immense puzzle, en m'efforçant de les convertir en science de qualité, ce que je fais toujours actuellement.

Le dossier Ummo fait partie de l'immense dossier ovni, puisqu'il se réfère à l'hypothèse d'incursions d'extraterrestres sur notre planète. Je ne suis pas l'unique scientifique à avoir travaillé sur ce sujet, mais je crois bien être le seul à avoir publié des travaux directement liés au sujet ovni dans des revues scientifiques de haut niveau et non dans des « revues ufologiques ».

En 1991 j'éprouvais soudain le besoin de dire la vérité, de

1. J.P. Petit, « Convertisseurs MHD d'un genre nouveau », *CRAS*, 1975.

2. J.P. Petit, « Univers énantiomorphes à temps propres opposés », *CRAS*, 23 mai 1977, tome 284, série A, p. 1315-1318, et « Univers en interaction avec leur image dans le miroir du temps », *CRAS*, 6 juin 1977, tome 284, série A, p. 1413-1416.

révéler mes sources d'inspiration et je publiais un livre, qui connut aussitôt un fort impact médiatique. Je n'avais pas prévu une telle réaction et un tel démarrage en flèche des ventes. Pour moi ce livre était une sorte de testament, d'aveu. Ce secret me pesait. J'étais payé par le contribuable français et j'estimais que celui-ci avait à ce titre droit de savoir la vérité.

C'était à cause de ce livre que je me trouvais dans la salle d'attente de la direction générale du CNRS, au département Science de l'Univers. Je me souviens de mes pensées de ce moment-là. J'avais pris un très gros risque, mais je ne le regrettais pas, quelles que puissent en être les conséquences. Je pensais avoir obéi à mon code de l'honneur scientifique, qui consiste à traquer et à dire la vérité. Je songeais à cette phrase de Dante, dans « l'Enfer » : *« Non siamo fatti per vivere come bruti, mà per seguir la virtù e la cognoscença »,* « Nous ne sommes pas faits pour vivre comme des imbéciles, mais pour suivre les chemins de la vertu et de la connaissance. »

J'estimais que je m'étais conformé à ce principe, même si en franchissant cette porte j'allais apprendre que j'étais sanctionné, suspendu, voire carrément mis à la porte.

La secrétaire du directeur lisait mon livre et semblait s'en délecter. Soudain un appariteur vint me chercher.

– Le directeur vous attend.

J'avais imaginé la veille tout un système de défense et, d'entrée de jeu, lui parlais des travaux que j'avais publiés récemment et de ceux qui occupaient mon temps en ce moment, mais il m'arrêta rapidement :

– Personne ne dit que vous ne faites rien et la qualité de vos travaux n'est pas en cause. Nous savons que vous avez la caution du mathématicien français Jean-Marie Souriau, qui fait autorité en matière de cosmologie théorique. Comme par ailleurs vous n'attaquez pas le CNRS dans votre livre, nous ne voyons aucune raison de vous censurer ou de vous blâmer.

Je me retrouvais comme un idiot, complètement pris au dépourvu. Le livre était posé à plat sur son bureau, sous sa main. Il ajouta qu'il avait pris beaucoup de plaisir à le lire « en tant qu'ouvrage de science-fiction ». Je lui demandai pourquoi il m'avait convoqué.

– Dès la sortie de votre livre j'ai été assailli d'appels émanant de scientifiques et de directeurs de laboratoire, en particulier d'observatoires astronomiques, qui réclamaient votre mise à pied immédiate et disaient que vous étiez devenu complètement fou. Je ne pouvais pas rester sans réagir et je vous ai convoqué.

– Ai-je l'air d'un fou ?

– Apparemment pas. Mais toutes ces émissions de télévision auxquelles vous avez participé et ces interviews que vous avez données ont fait beaucoup de bruit.

– Reconnaissez qu'à chaque fois j'ai tenu à préciser très clairement, d'entrée de jeu, que je parlais au nom de « Jean-Pierre Petit, directeur de recherches au CNRS » et non « au nom du CNRS ».

– Si vous continuez à bien marquer cette distinction, alors pour nous il n'y a pas de problème : vous êtes libre de penser et de dire ce que bon vous semble, à condition d'en assumer vous-même la responsabilité.

Il me demanda ensuite sous quelle forme se présentaient les documents sur lesquels j'avais travaillé. Je lui promis de lui en envoyer quelques échantillons. Il me parla alors des difficultés qu'il avait éprouvés en cherchant à me faire évaluer par d'autres spécialistes français de la cosmologie.

– C'est curieux, ils semblent se défiler, comme si ce sujet les dérangeait énormément. Mais comme j'avais l'aval d'un mathématicien, Jean-Marie Souriau, cela me suffisait.

Nous parlâmes de choses et d'autres. La revue *VSD* venait de publier un article où on voyait la vedette japonaise MHD[1] sur une double page, en couleur. Je m'étais beaucoup intéressé à la propulsion MHD dès 1975 et je posai cette revue à plat sur son bureau :

– Vous avez vu où en sont les Japonais ? Si en France on m'avait donné un minimum d'aide en 1975-1976, nous serions déjà loin devant ces gens.

Il soupira.

– Je sais bien...

J'étais entré dans ce bureau persuadé que la foudre allait me

---

1. Magnétohydrodynamique. Voir note technique en fin d'ouvrage (annexe 3).

tomber sur la tête et finalement tout se terminait par une sorte de constat triste. J'avais eu en main, très tôt, des idées novatrices et porteuses d'avenir, que l'administration française avait négligées, comme cela se passe si souvent dans notre pays, et d'autres allaient cueillir les fruits de ces recherches.

Pour la France c'était trop tard. Le savoir-faire en matière de MHD avait été perdu et le retard était maintenant trop important. Quoi que nous fassions nous ne pourrions maintenant qu'être à la traîne d'autres pays, plus clairvoyants. Quant à moi, après douze ans d'efforts pénibles dans cette direction, après avoir monté péniblement quelques expériences, dans des conditions défiant l'imagination[1], j'avais fini par abandonner complètement en me tournant vers des travaux de cosmologie théorique, le « papier-crayon ».

Le directeur ajouta :

– Sur quoi travaillez-vous en ce moment ?

Au point où j'en étais, autant lui dire la vérité.

– Je travaille sur une phrase extraite d'une conversation téléphonique datant du mois d'août 1988, entre un ingénieur madrilène nommé Dominguez et un de ces mystérieux personnages, qui s'intitulent eux-mêmes les « Ummites » et se prétendent extraterrestres. Comme l'ingénieur lui demandait ce qu'était exactement un trou noir, l'autre a répondu laconiquement : « Ça n'existe pas. Lorsqu'une étoile à neutrons dépasse sa limite de stabilité, elle disparaît dans l'univers jumeau[2]. »

Le directeur fut intrigué :

---

1. Voir *Enquête sur les OVNIS*, Éditions Albin Michel, 1990.

2. L'évolution des étoiles dépend de leur masse. Celles qui sont relativement légères, comme le soleil, vivent une petite crise sénile sans gravité, avant de se transformer en braises. Les étoiles massives explosent (supernovæ). En leur lieu et place ne subsiste qu'un objet minuscule de 15 à 20 kilomètres de diamètre, hyperdense, qui est en fait un énorme noyau d'atome appelé étoile à neutrons, qui n'évolue plus par lui-même. Les neutrons sont tassés les uns contre les autres, sous l'effet d'une force de gravitation gigantesque. Ils sont au contact et suffisamment solides pour résister à l'écrasement, tant que la masse de l'objet ne dépasse pas 2,5 fois la masse du soleil. Mais la moitié des étoiles du ciel vivent par couples. Il doit donc exister un nombre très important d'étoiles à neutrons qui voisinent avec une autre étoile, laquelle exhale du gaz, du « vent stellaire », qui pourra être capté par sa minuscule voisine, dont la masse s'accroîtra irrémédiablement. Si celle-ci dépasse la valeur fatidique, les neutrons qui la composent, comparables à des ampoules électriques entassées dans un puits de mine, ne pourront plus résister à l'écrasement. Il devra donc se passer « quelque chose ». La question est de savoir quoi. La réponse actuelle des scientifiques se concrétise par un objet hypothétique appelé « trou noir ».

– Mais cela va à l'encontre de toutes les idées reçues !

– Je le sais fort bien, mais après avoir eu connaissance du contenu de cette conversation je me suis plongé dans la théorie mathématique du trou noir et j'ai lu tout ce qui avait été écrit là-dessus.

– Et alors ?

– Je suis allé voir le mathématicien Souriau et lui ai fait part de ma perplexité et celui-ci m'a répondu : « Alors, toi aussi tu as réalisé que ce modèle était une ânerie. Tous les mathématiciens dignes de ce nom le savent depuis longtemps. Tout cela n'a aucun sens. »

Le directeur était intrigué :

– Mais alors, qu'est-ce qu'un trou noir ?

– La question est de savoir si cela existe ou non. Vous savez que l'on construit des écoulements de mécanique des fluides à partir d'équations qui ont été inventées au siècle dernier par Navier et Stockes et qui sont dénuées de tout point d'ombre, du moins en principe : les avions volent, les hélices tournent, les moteurs à réaction fonctionnent. Quand un théoricien étudie un écoulement particulier, il le décrit en traçant des lignes de courant, qui sont les trajectoires suivies par les particules du fluide. Si on vous mettait sous les yeux le dessin d'un tel écoulement, vous seriez en droit de poser la question : que vaut la densité du fluide en tout point ?

– Certes.

– Et quelle serait votre réaction si votre interlocuteur, mécanicien des fluides, vous répondait : « Elle est nulle partout » ?

– J'en déduirais que le fluide de ce monsieur appartient au monde du rêve et non au monde réel.

– Eh bien, il en est de même pour le modèle du trou noir. C'est une solution de l'équation d'Einstein, qui a d'ailleurs été trouvée en 1917 par le mathématicien allemand Schwarzschild, et qui décrit une sorte d'écoulement dans l'espace-temps. Mais il existe un problème de fond, incontournable. La forme de l'équation d'Einstein choisie, à second membre nul[1], fait que, fondamenta-

---

1. Le second membre de l'équation de champ d'Einstein est censé décrire le contenu en « énergie-matière » de l'univers.

lement, cet espace-temps est vide, *complètement vide*. Il ne contient ni énergie, ni matière, nulle part.

– Ennuyeux.

– Il me semble.

– Mais que se passe-t-il lorsqu'une étoile à neutrons dépasse sa limite de stabilité ?

– Je crois que la question n'est pas résolue et que l'idée que l'objet puisse se transférer dans un univers jumeau du nôtre n'est pas a priori absurde. Je travaille là-dessus actuellement.

Le directeur se leva et ne manifesta aucune hostilité à ce programme de travail, qui trouvait sa source dans une conversation entre un ingénieur électricien et un monsieur qui prétendait venir d'une autre planète.

Quand je fus de retour à l'Observatoire de Marseille, où j'étais en poste depuis quatorze ans, je racontai cette entrevue à mes collègues, qui en furent étonnés.

– Tu n'as reçu aucune réprimande ?

– Non, l'entrevue fut très cordiale du début jusqu'à la fin. Je n'ai senti aucune froideur.

– C'est incroyable !

L'un d'eux ajouta :

– Il est vrai qu'il n'existe dans les statuts du CNRS aucun texte interdisant à un chercheur de travailler sur des documents extraterrestres ou prétendus tels, et que dans la mesure où tu publies régulièrement des travaux de haut niveau dans des revues très sérieuses, possédant un comité de lecture, il est difficile de te sanctionner.

Un autre poursuivit :

– On ne peut pas non plus t'accuser de bourrer le crâne de tes lecteurs, puisque, à aucun moment, tu ne conclus de manière formelle, ni n'exprimes une croyance irréversible.

L'un de mes collègues resta longtemps pensif, puis exprima avec gravité cette opinion, qui eut beaucoup de succès dans le laboratoire :

– Alors... nous sommes libres ?

– Il semble que oui.

– Tu es sûr qu'il ne t'a rien dit de particulier, que tu aurais oublié ?

– Ah si, lorsque nous nous sommes quittés, sur le pas de la porte, il m'a dit : « En résumé, vous êtes un chercheur non standard. »

– Mais qu'est-ce qu'un chercheur standard ?

– Ça, je n'en ai pas la moindre idée.

INTRODUCTION

L'affaire Ummo

J'ai déjà publié un premier livre sur cette affaire[1] mais comme le lecteur n'est pas censé l'avoir lu, nous allons faire un bref rappel des événements essentiels et situer les différents personnages de cette histoire.

En 1966, un fonctionnaire nommé Sesma habitait Madrid. Chaque semaine il animait ce qu'on pourrait appeler un club ésotérique, dans le sous-sol du café Leon, rue Alcala. Le mur de cette cave était orné d'une fresque représentant une baleine qui souriait et c'est la raison pour laquelle on appelait ce lieu « La Ballena Alegre », « la Baleine Joyeuse ».

Sesma parlait devant un public varié, prétendait être en contact avec des extraterrestres, et contait aux membres de ce club le résultat de ses différentes expériences. Nous savons ce qu'il racontait lors de ces soirées grâce à son livre intitulé *Moi, le confident des extraterrestres*. Dans celui-ci, rien de bien exploitable pour un scientifique. Sesma se disait par exemple en contact avec des Vénusiens. Or la surface de la planète Vénus est soumise à une pression écrasante et il y règne une température de four: plus de 500 degrés. A l'en croire il recevait des informations de ressortissants de nombreuses autres planètes, situées en dehors de notre système solaire. Certains, disait-il, habitaient un astre ayant une masse égale à dix ou vingt fois celle de la Terre et qui tournait sur lui-même en une heure.

1. *Enquête sur des extraterrestres qui sont déjà parmi nous*, Albin Michel, 1991; rééd. poche, éditions « J'ai Lu ».

Étant donné la pesanteur très forte qui y régnait, il précisait que cette planète n'était habitée que par des papillons.

N'importe quel astrophysicien estimera aussitôt qu'une telle planète ne peut pas exister car, compte tenu des connaissances que nous avons en géophysique, elle exploserait immédiatement sous l'effet de la force centrifuge.

J'ai eu l'occasion, l'an dernier, de rencontrer une sorte de Sesma français. Une de mes amies, une brune maigre nommée Jeannette, habitait Aix-en-Provence. Férue de sciences occultes, elle avait absolument tenu à ce que je rencontre ce personnage, pédicure de son état, et j'avais accepté par curiosité. Le soir, après son travail, ce petit homme recevait gratuitement des gens à qui il contait de belles histoires, en tête à tête, qui étaient censées « leur faire du bien ». Ses clients patientaient sagement dans la petite salle d'attente. En me joignant à eux, je me demandais bien ce qu'il allait pouvoir me raconter. Jeannette, qui s'occupait de formation à la faculté des lettres d'Aix, était ravie d'avoir enfin réussi à me convaincre de rencontrer un homme « aussi avancé dans les sciences occultes ».

Ce pédicure, qu'elle appelait familièrement M. Bernard, était de petite taille. Lorsqu'il parut il me dit, l'œil brillant, avec emphase :

– Cette rencontre devait se faire, tôt ou tard.

J'entrai dans son cabinet et il m'annonça qu'il allait me faire des révélations qui allaient sans doute bouleverser le scientifique que j'étais. Je m'accrochai donc à mon siège, prêt à tout.

– Sachez que les extraterrestres qui viennent nous voir le plus souvent, les plus importants, sont les Vénusiens.

– Mais sur Vénus la vie est difficilement envisageable, non ?

– Cela ne pose aucun problème, c'est une question de « niveau énergétique ».

En tant que physicien j'avais appris à l'école ce qu'était l'énergie, sous toutes ses formes, et je voyais mal quelle « énergie » pouvait permettre à des êtres dotés de deux bras et de deux jambes, faits de chair et de sang, de ne pas être immédiatement rôtis à la surface de cette planète.

Notre homme ne s'arrêtait pas à de tels détails et me fit d'autres révélations. Il existait également selon lui des « intraterrestres », les « Atlantes », qui vivaient au cœur de la Terre.

– Mais, lui objectai-je encore une fois, comment des êtres peuvent-ils vivre en nageant dans un noyau de métal et de magma fondu ?

– C'est toujours une question d'énergie...

Le téléphone sonna. M. Bernard pratiquait quotidiennement ce qu'on pourrait appeler de l'assistance psychologique. L'appel provenait d'une de ses « clientes », apparemment très angoissée. Il tenta de la calmer :

– Je vais venir... je vais venir. Voilà ce que vous allez faire : vous allez fermer les yeux et penser très fort à moi, et dans la minute qui suivra je serai auprès de vous.

Il ferma lui-même les yeux, sembla se concentrer, puis raccrocha et m'expliqua qu'il ne s'agissait que d'une opération banale de téléportation. Ce pédicure prétendait posséder, entre autres, la capacité d'être présent dans plusieurs lieux à la fois et Jeannette, quoique universitaire, croyait dur comme fer à tout ce qu'il racontait et ne jurait que par lui.

Je ne vois pas de raison de choquer les gens quand ça n'est pas absolument indispensable. Au bout de vingt minutes je remerciais ce petit homme pour ces révélations transcendantes en l'assurant que j'essaierais d'en faire bon usage et je pris congé. Jeannette était dans la salle d'attente. Ses yeux brillaient.

– Alors, que t'a-t-il dit ?

– Que le centre de la Terre était habité par des Atlantes.

Je raconte au passage cette anecdote qui, j'espère, aura un peu diverti le lecteur, pour situer mon propre personnage. J'essaye d'être ouvert, mais comme tout bon scientifique qui se respecte, je pense n'être pas prêt à prendre n'importe quoi pour argent comptant.

Sesma était donc semblable à ce brave petit pédicure. Si on se base sur ses écrits, il aurait reçu en janvier 1966 un appel téléphonique qui aurait débouché sur la conversation ci-après.

– Allô, monsieur Sesma, nous avons lu votre livre. Nous sommes des extraterrestres.

La nouvelle n'était pas de nature à déstabiliser notre ésotériste.

– De quelle planète venez-vous ?

– D'une planète que nous nommons Ummo et qui est à une quinzaine d'années-lumière de la Terre.

Sesma était déjà en contact avec des ressortissants d'une planète nommée Auco et bien d'autres encore. Ummo, Auco, il n'en était plus à une planète près, mais demanda à ses interlocuteurs, qui semblaient s'exprimer avec difficulté, avec une voix nasillarde, pourquoi ils s'étaient adressés à lui.

– Voyez-vous, nous avons trouvé dans votre livre des éléments, disons, assez inexacts. Cependant vous y dites certaines choses qu'un habitant de la Terre n'est pas censé connaître. Nous pensons donc que vous êtes réellement en contact avec d'authentiques extraterrestres et nous voudrions vous envoyer des lettres, des documents, pour que vous les lisiez lors des réunions que vous tenez dans votre club de la Baleine Joyeuse.

Sesma ne fit aucune difficulté et les rapports se mirent à arriver avec régularité dans sa boîte aux lettres. Ainsi commença l'affaire Ummo.

Pendant une année, Sesma reçut des centaines de pages dactylographiées que lui adressaient ceux qui s'intitulaient eux-mêmes « los Ummitas », « les Ummites ». Les lettres ou rapports, qui arrivaient des quatre coins du globe, portaient un en-tête invariable : UMMOAEELEWE, qui était censé signifier « gouvernement général de Ummo ». Elles étaient signées et portaient un tampon.

Dans une de leurs lettres, les Ummites précisaient que ce tampon, porteur d'un symbole qui ressemblait à une des lettres de l'alphabet cyrillique, se fixait sur le pouce avant d'être encré et appliqué sur le document. On remarquait au passage que des numéros suivaient les « noms » : c'est une constante chez ces gens, qui peuvent très bien s'appeler ISEI 456 ou DEI 98.

La création d'un réseau de contactés

Nous savons, grâce à un document très récent, parvenu à mon domicile en 1993, quel plan auraient suivi ces Ummites, s'il s'agissait de visiteurs extraterrestres, depuis leur premier contact avec la Terre, en 1950. Leur projet initial aurait été de prendre simplement contact avec notre planète et de l'étudier, comme l'auraient fait, disent-ils, de nombreuses ethnies extraterrestres bien avant eux. Mais au milieu des années 60, ils auraient découvert qu'un Terrien, en l'occurrence Sesma, était manipulé par une autre ethnie. Lisant systématiquement la prose ayant trait aux ovnis qui paraissait un peu partout dans le monde, leurs connaissances leur auraient permis de séparer le bon grain de l'ivraie, les informations réelles des délires fantasmagoriques. Nous pourrions faire de même si nous entendions des récits d'indigènes vivant dans une contrée très reculée. Supposons que nous entendions l'un d'eux faire le récit suivant :

– J'ai vu se poser une grosse bête ventrue avec d'énormes yeux. Des hommes bougeaient à l'intérieur de ces yeux. Ses pattes étaient minces et attachées entre elles, et je me suis demandé dans ces conditions comment elle pourrait marcher. Elle tenait deux sortes de bâtons qu'elle faisait tournoyer très vite, pour casser la tête des gens. Il y en avait deux petits à l'extrémité de sa queue et deux gros sur le dessus de sa tête, mis bout à bout. Elle tenait ces bâtons dans une sorte de griffe. J'ai vu tout cela très nettement lorsque les bâtons se sont mis à tourner plus lentement. Mais quand je me suis approché elle s'est mise à faire tourner ses bâtons si vite que je ne pouvais plus les voir, et s'est mise à pousser un cri terrible, qui n'en finissait pas. C'était à mi-chemin entre le sifflement d'un serpent et le bruit d'une tempête. J'ai compris qu'elle se préparait à m'attaquer et je me suis enfui dans le bois. Au moment où je courais j'ai levé la tête et j'ai vu la bête qui passait juste au-dessus.

Nous en déduirions que la « bête » que cet homme a vue est tout simplement... un hélicoptère.

Les Ummites disent, dans un de leurs courriers, qu'ils découvrirent dans un livre de Sesma des données scientifiques qu'en tant que simple Terrien celui-ci n'était pas censé connaître. Il s'agissait en particulier de données numériques, d'une suite de chiffres codée en binaire.

On peut se demander comment une donnée aussi simple pourrait avoir une signification aussi précise et spécifique. Mais il est facile d'inventer des exemples. Supposons que nous puissions voyager dans le temps et nous transporter sur Terre dans la haute Antiquité, au moment où les hommes, disposant d'un codage rudimentaire concernant les lettres et les chiffres, commençaient à manipuler l'écriture. On sait par exemple que les Babyloniens avaient un système de numération de base soixante, ce qui impliquait la connaissance de soixante idéogrammes de base (au lieu de dix, dans notre numération décimale). Nous pourrions confier à un Babylonien des suites « magiques » de chiffres, comme 314159 ou 271828. Si d'autres explorateurs du temps venaient après nous et découvraient ces chiffres, qui représentent les nombres « transcendants » π et e et leurs cinq premières décimales, cela attirerait leur attention. Il leur paraîtrait fort improbable qu'un homme de cette époque ait pu aligner de tels chiffres simplement par hasard et ils commenceraient une enquête.

Une simple longueur pourrait aussi être un indice d'un niveau anormal de connaissances. Imaginons cette fois que l'on exhume d'une tombe égyptienne une statue du dieu Horus porteuse d'une inscription : « Cette longueur revêt une grande importance dans le cosmos », longueur explicitement désignée comme étant celle qui séparerait les deux paumes de la statue.

Si cette distance était exactement de 21 cm cela nous poserait un sérieux problème : c'est en effet la longueur d'émission caractéristique de l'hydrogène atomique, qui joue un rôle majeur dans les observations radio-astronomiques. Il est inutile de sourire d'un tel exemple. C'est exactement celle que nous avons gravée sur la plaque fixée sur la sonde Voyager, premier objet envoyé par nous hors de notre système solaire, à l'attention d'éventuels extraterrestres.

Le livre de Sesma était donc porteur de séries de chiffres que les Ummites interprétèrent comme un moyen d'identifier la planète d'où était originaire celui qui le manipulait à son insu. Aussi, lorsqu'ils contactèrent le Madrilène, lui dirent-ils :

– Si ce personnage reprend contact avec vous, communiquez-lui la suite de chiffres ci-jointe, nous vous en prions instamment.

En quelque sorte un échange de « numéros de téléphone ». On peut à ce stade se livrer à toutes sortes de spéculations. Il s'agissait peut-être d'une fréquence ou d'une longueur d'onde correspondant à un mode de communication ignoré de nous.

Toujours est-il que cet échange d'informations aurait permis aux Ummites d'entrer en contact avec une autre ethnie extraterrestre dont ils avaient jusqu'ici ignoré l'existence et qui se livrait sur les Terriens à des expériences de sociologie amusantes. Si on en croit leurs textes, les Ummites seraient dotés d'une morphologie très semblable à la nôtre, qui leur permettrait de déambuler sans problème dans les rues de Madrid, alors qu'il n'en aurait pas été de même pour cet autre extraterrestre, de petite taille, qui se serait fait immédiatement repérer.

Après que le contact eut été établi avec ces gens, à travers Sesma, les Ummites auraient eu l'idée de poursuivre l'opération en alimentant à leur tour l'Espagnol en informations soigneusement dosées. Ce plan aurait donné naissance, dans le groupe d'expéditionnaires, à une sérieuse controverse. Selon les documents dont nous disposons, certains auraient été farouchement contre, prétendant que cette opération risquerait d'injecter sur la planète Terre des informations susceptibles de déséquilibrer gravement son système socioculturel et technico-scientifique. D'autres auraient craint que cela ne puisse rapidement trahir leur présence sur notre sol. Ils se seraient donc mis en contact avec leur planète pour demander conseil. Finalement le chef de l'expédition, une certaine Mme YU 1, aurait eu gain de cause et l'expérience aurait été poursuivie.

Les Ummites auraient apporté, disent-ils, un grand soin dans l'élaboration de ces messages, leur conférant un aspect technique relativement précis, en omettant de donner certains détails qui nous auraient permis de les exploiter. Ils auraient découvert au passage la formidable barrière d'incrédulité protégeant les terriens de toute prise de conscience de la réalité d'une présence extraterrestre, assimilable à une réaction socio-immunologique, à la fois solide et durable, et cela les aurait rassurés quant aux risques encourus.

Nous pourrions faire de même si nous découvrions une tribu dans une région reculée de la Terre, qui n'aurait jamais été en contact avec l'homme blanc et disposerait d'une écriture. Mais nous n'avons jamais, au cours de notre histoire, procédé ainsi, nous avons de la sorte pulvérisé un nombre important de civilisations, au fil des siècles.

En dispersant à travers la Terre des milliers de pages, les Ummites auraient donc semé les pièces d'un puzzle, dans le but d'observer la manière dont les Terriens s'y prendraient pour les manipuler, convaincus qu'aucun d'eux ne pourrait les assembler pour en former un tout cohérent.

Dans les lettres reçues par Sesma, les Ummites précisaient que les détails fournis dans les rapports correspondaient à des choses tout à fait réelles, mais qu'ils s'étaient débrouillés pour faire en sorte que nous ne puissions pas les transformer en un tout fonctionnel, exploitable. Ils ajoutaient qu'ils avaient glissé çà et là dans leurs textes quelques erreurs, pour rendre la chose encore plus improbable. Autrement dit, dans ce puzzle, ils auraient délibérément glissé de fausses pièces.

En analysant les structures mentales des Terriens, ils auraient construit un modèle psychosociologique de notre espèce et conclu que les chances que l'un de nous réussisse à exploiter les données fournies, telles qu'elles étaient présentées, étaient d'une sur trois millions[1].

Je pris bonne note de cette précision et décidai de ne retenir qu'un seul aspect des informations contenues : leur éventuelle fonctionnalité et c'est cette stratégie qui me permit, dès 1975-1977, de transformer ces données en des ensembles scientifiquement cohérents et publiables. De toute manière, adhérer d'emblée à cette thèse d'une présence d'extraterrestres sur notre sol n'eût pas été conforme à une attitude de scientifique. Cela dit, sans préjuger de l'origine exacte de ces documents, je voyais difficilement comment abandonner un dossier aussi riche et aussi fécond.

Les Ummites alimentèrent ensuite en documents ceux qui se rendaient aux réunions du club de la Baleine Joyeuse. En même temps, écrivent-ils, ils auraient enregistré les différentes réactions verbales des contactés. Mais ils posséderaient aussi des moyens d'analyser le fonctionnement de leurs cerveaux, à l'aide

1. Les chiffres fournis dans les documents, en matière de statistique, laissent toujours rêveur. Pour être précis la lettre disait que la probabilité était de $2,9.10^{-6}$! C'est à croire que leurs auteurs ignorent totalement le concept « d'arrondi ».

de systèmes comparables à nos actuels scanners, mais infiniment plus perfectionnés.

Dans une des lettres que j'ai reçues en 1993, nous apprenons donc qu'ils auraient complété la saisie des données relatives à la Terre, à son biotope[1] et à sa mosaïque de cultures, par tout un ensemble d'expériences, à sens unique, menées sur des individus pris au hasard, mais correspondant à différentes catégories sociales. Initiées dès 1965 elles auraient été conçues pour mieux appréhender nos processus mentaux. Ma foi, pourquoi pas ?

Ils estimeraient aujourd'hui (1993) que cette phase de saisie de données serait pratiquement achevée et qu'ils posséderaient une connaissance globale suffisante de notre planète et de ses habitants. Nous discuterons de ce point précis dans la suite du livre.

Les années 90 devraient marquer, toujours selon ce courrier récent, l'établissement de réels dialogues avec certains individus[2]. Enfin, toujours selon ce texte, le contact frontal entre les deux ethnies planétaires devrait intervenir « si tout va bien » à l'horizon 2030-2050.

Les motivations des expéditionnaires

On pourrait à ce stade se demander pourquoi une ethnie extraterrestre chercherait ainsi à communiquer avec nous, Terriens. Une des raisons, sans cesse rappelée dans les documents, est la situation historique clé que traverse actuellement la Terre. Nous avons connu un progrès scientifique et technique extrêmement rapide depuis trois quarts de siècle, dû à nos capacités imaginatives. Mais notre maturation psychosociologique est plus

---

1. Du grec *bios* : la vie, et *topos* : le lieu ; endroit où la vie se développe. La surface de la Terre est le biotope de cette planète.

2. Voir *Enquête sur des extraterrestres, op. cit.* : ceux qui s'intitulaient les Ummites engagèrent effectivement de longs dialogues téléphoniques à partir de 1987, mais on ne peut pas dire que ceux-ci débouchèrent sur grand-chose de positif. La plupart des contactés, dont l'essentiel du groupe de Madrid, prirent littéralement la fuite, dont Dominguez, Aguire et bien d'autres. À Barcelone Barranechea lâcha son vieux compagnon Farriols.

lente, sans aucune commune mesure avec l'accélération exponentielle de ce processus. L'inadéquation de nos schémas mentaux archaïques à ces nouvelles données technologiques rend la survie de notre espèce bien problématique. Personne n'en disconviendra.

Récemment je revoyais une enquête menée par un journaliste de la télévision russe sur la base de Mourmansk, où se trouvent basés les six sous-marins les plus performants construits par les Soviétiques, les submersibles Typhon.

Le porte-avion français *Foch* jauge 45 000 tonnes. Chaque sous-marin Typhon a un déplacement de 36 000 tonnes, mesure 200 mètres de long, 24 mètres de large et est équipé, sur l'arrière, de deux réacteurs nucléaires. Sur l'avant on voit vingt trappes qui sont les orifices des silos abritant vingt missiles intercontinentaux, d'une portée de 12 000 kilomètres. Chaque missile est porteur de six ogives pilotables en phase de rentrée, d'une puissance unitaire de 600 kilotonnes, plus d'une demi-mégatonne : de quoi raser Paris. Ces sous-marins croisent en permanence sous les glaces du pôle et peuvent émerger en brisant une couche de glace de six mètres d'épaisseur, avant de lâcher leur bordée. La puissance destructrice d'un seul de ces sous-marins est donc équivalente à six mille fois celle de la bombe lâchée sur Hiroshima. Chaque sous-marin peut atteindre cent vingt cibles différentes et chaque ogive peut raser une ville comme New York. Ainsi un seul Typhon a le pouvoir de réduire les États-Unis en cendres.

Qu'on ne se leurre pas, les Américains possèdent la réplique exacte de ces Léviathans des fonds marins, les sous-marins de la classe Ohio. La précision supérieure des ogives américaines rend leur capacité de frappe encore plus terrible.

Une planète qui possède de telles armes est une planète en danger, c'est évident. Si ces armes, qui ne sont qu'une partie du potentiel thermonucléaire mondial, lequel contient aussi des vecteurs enterrés, mobiles, ou portés par des missiles de croisière, venaient à être employées, cela entraînerait la mort de milliards d'êtres humains. Mais, pis encore, notre biotope serait très sévèrement endommagé.

On a découvert relativement récemment que l'extinction des

dinosaures pourrait être imputable à un bombardement de météorites géantes, il y a 65 millions d'années. L'homme est actuellement en mesure de créer une catastrophe comparable avec son arsenal thermonucléaire, aggravée par les conséquences tératogénétiques dues aux rayonnements ionisants issus des radioéléments créés lors des explosions. Je ne sais pas si les gens sont réellement conscients de ce danger, qui dépasse totalement les rivalités idéologiques, religieuses ou ethniques de notre planète. L'émergence de telles technologies peut et doit être considérée *comme un véritable crime contre l'espèce humaine.*

Le premier scientifique qui ait pris réellement conscience de l'ampleur de ce danger fut mon ami Vladimir Aleksandrov, un météorologue de l'université de Moscou. Au début des années 80, il effectua à l'aide du gros ordinateur du Centre de calcul de Moscou, le BESM-6, des simulations numériques à partir d'un modèle d'atmosphère qu'il avait élaboré et montra à l'aide de ces calculs que les conséquences météorologiques d'une attaque thermonucléaire massive pourraient compromettre la survie de l'espèce humaine. Dès 1984 il entama une croisade à travers le monde, et participa entre autres à la réalisation d'un film avec les Japonais. Mais il fut assassiné l'année suivante à Madrid, crime qui fut vraisemblablement commandité par le lobby militaro-industriel américain, dont il dérangeait les plans. Par la suite le thème de l'hiver nucléaire cessa d'intéresser le public. Des scientifiques américains publièrent dans la très célèbre revue *Scientific American* un article visant à minimiser les conséquences catastrophiques prévues par Aleksandrov[1], acte qui peut être assimilé à de la désinformation pure et simple.

La menace est plus que jamais présente depuis que les structures politiques de l'ex-URSS sont en voie de décomposition rapide. Il serait urgent de démanteler au plus vite toutes ces monstruosités, mais on sait que sur un simple plan technique et

1. Les auteurs, américains, se fondant sur des quantités de matière pulvérulente moins importantes, expédiées dans la stratosphère par les bombes H, concluaient à un simple « automne nucléaire ». Je leur écrivis à l'époque en joignant des articles écrits par Stenchikov, co-worker d'Aleksandrov, qui confirmaient pleinement les travaux de ce dernier, mais ils prétendirent ne pas en avoir eu connaissance.

budgétaire, la chose est loin d'être simple. On peut brûler des explosifs chimiques, casser des fusées, mais il est beaucoup plus difficile de se débarrasser des explosifs nucléaires, en particulier du terrible plutonium, élément artificiel qui n'existe pas dans la nature et dont 1 microgramme suffit à tuer un homme. Or les Russes en détiennent à eux seuls 150 tonnes, si mes souvenirs sont exacts.

Les scientifiques réellement au courant savent que la menace nucléaire n'est pas la seule qui pèse sur l'avenir de l'humanité. Un dérapage dans les recherches menées actuellement dans les manipulations génétiques pourrait avoir des conséquences tout aussi catastrophiques. Bref la Terre est une planète en danger, gouvernée par des gens inconscients, qu'on peut considérer comme des irresponsables. On comprend qu'un tel voisin, en pleine crise d'adolescence, mérite quelque attention. Mais les motivations de ces Ummites, s'il s'agit réellement d'extraterrestres, seraient plus subtiles et cela sera abordée dans la suite du livre.

Les différents personnages de l'affaire Ummo

Un certain nombre de Terriens ont été impliqués dans cette affaire depuis les premiers contacts, situés par les Ummites, selon les documents reçus, en 1964. Nous savons qu'il existe des réseaux dans de nombreux pays : en Espagne, au Canada, en France, aux États-Unis, en Allemagne, en Australie, en Italie, etc. Si les Espagnols n'avaient pas été aussi bavards, ce réseau de contactés n'aurait peut-être jamais été connu du grand public (mais selon les Ummites les services secrets des grandes puissances ont toujours été très attentifs à tout ce qui touche à ces questions, de près ou de loin).

Il y eut d'abord la célèbre affaire de San José de Valdeiras, en 1967. Dans les rapports, nous lisons que depuis 1966 un dactylo, appointé par les Ummites, aurait tapé et envoyé des lettres aux différents contactés, sous la dictée d'un monsieur qui prétendrait s'appeler DEI 98. Les Ummites auraient pris contact avec ce mécanographe par petite annonce. Comme le salaire versé aurait été énorme en comparaison du marché de l'emploi de l'époque, l'homme ne se serait pas posé de questions. Dans un texte, ce dactylo déclare qu'il aurait songé un moment qu'il puisse s'agir d'espions, mais que sa femme se serait empressée de le rassurer, en lui disant qu'après tout il ne faisait rien de répréhensible.

Un jour, DEI 98, le responsable ummite de cette opération de diffusion d'informations, lui aurait dicté une lettre annonçant aux différents contactés que plusieurs nefs, des navettes, étaient sur le point de prendre contact avec le sol de notre planète, dont une à proximité de Madrid. On apprit, à travers des rapports qui parvinrent plus tard, que la navette madrilène était censée ramener ce personnage dans sa planète d'origine, après un long séjour sur la Terre. Le dactylographe aurait expédié cette lettre sans y prêter plus d'attention qu'aux précédentes. Mais quelle ne fut pas sa surprise de découvrir dans les journaux la mention d'un atterrissage d'ovni dans la banlieue de Madrid, à la date indiquée dans la lettre. Rien ne manquait : traces au sol, témoins nombreux, etc.

Si on en croit une missive qu'il aurait, de sa propre initiative, adressée aux différents contactés (mais sans révéler son nom), sa femme et lui furent saisis de terreur à cette nouvelle. Dans cette lettre, dont le texte est plein de saveur, il avouait son désarroi. Peu de temps avant l'arrivée de la nef, DEI 98 aurait demandé au couple s'il lui serait possible d'héberger un certain nombre de ses frères et sœurs, pendant une seule nuit. Ils auraient accepté. Les Ummites seraient arrivés en groupe, le jour convenu, à la nuit tombante. Il y aurait eu parmi eux une femme, apparemment le chef du groupe (en l'occurrence Mme YU 1), qui aurait fait preuve à leur égard de la plus grande amabilité. Ils auraient mangé des fruits et des légumes, mais refusé le vin. Selon le dactylographe, ces hommes et ces femmes étaient très correctement habillés. Un des hommes aurait soudain demandé à ouvrir une fenêtre de l'appartement. Le couple ayant accepté, il aurait lancé au-dehors des petits objets gros comme des œufs, qu'il aurait extraits de sa serviette, et qui seraient partis dans la rue, mus par une force inconnue.

Fondée ou non, cette affaire d'atterrissage déstabilisa visiblement l'ensemble du groupe. Le contenu des lettres ne les avait jusqu'ici pas beaucoup dérangés, mais le fait que cette affaire puisse laisser une trace tangible et passer ainsi du monde imaginaire au monde réel les angoissa visiblement.

Le journaliste Antonio Ribera, un des contactés, avait confié à un ecclésiastique, le père Guerero, des copies des documents Ummo en sa possession. Il avait reçu personnellement plusieurs rapports, dont celui consacré à la technologie des nefs. Lorsque l'affaire de San José parvint aux oreilles du brave curé, celle-ci déclencha chez lui un véritable accès mystique et il se sentit obligé de faire part à la presse de ce qu'il savait. Les journaux espagnols titrèrent donc dans les jours qui suivirent : « Une colonie d'extraterrestres vit aux environs de Madrid, dans un refuge souterrain[1]. »

Panique chez les Ummites qui, dirent-ils dans une lettre parvenue aux Espagnols bien des années après l'événement, durent précipitamment quitter l'Espagne. Ils racontent dans un rapport qu'ils mirent alors en œuvre un plan de désinformation préparé de longue date : un homme qui leur aurait été entièrement dévoué aurait averti un journaliste qu'il pourrait trouver dans un certain lieu une bobine contenant des clichés de la nef. Cette pellicule fut effectivement trouvée et développée, et révéla des images extrêmement nettes d'un objet affectant la forme de deux assiettes accolées, surmonté par un dôme, et montrant à sa face inférieure le sigle caractéristique d'Ummo :)+(

Ces photos étaient des faux, mais il fallut attendre dix ans avant qu'on s'en aperçoive. Il s'agissait de deux assiettes en plastique, suspendues à un fil très fin, dont l'image n'était pas détectable à l'œil nu. Il fallut utiliser un appareil appelé microphotomètre digitaliseur : un ordinateur, couplé à un digitaliseur, récupère toute l'information présente sur la pellicule photographique, grain par grain. Un programme permet d'accentuer le moindre contraste et c'est ainsi que la « ficelle » put être découverte par l'ingénieur Claude Poher, qui dirigeait alors le GEPAN[2], au CNES[3] de Toulouse. Celui-ci, d'une formation

1. Que les Ummites situèrent dans des textes ultérieurs dans la sierra de Gredos.

2. Groupe d'étude des phénomènes aérospatiaux non identifiés. Service créé en son sein par le CNES pour l'étude du phénomène OVNI.

3. CNES : Centre national d'études spatiales.

scientifique assez sommaire, se fonda sur cette découverte pour conclure que « toute l'affaire Ummo était un faux », ce qui était aller un peu vite en besogne.

Lorsqu'il entendit parler à la radio de cet atterrissage de San José de Valdeiras, Rafael Farriols, un riche industriel de Barcelone, se rendit sur les lieux. Il se passionna aussitôt pour l'affaire, mena une enquête avec Antonio Ribera, devenu son ami, et racheta à Sesma la quasi-totalité des documents que celui-ci avait reçus. L'homme ne demanda en échange qu'une somme dérisoire, destinée disait-il à couvrir les frais de la publication d'une plaquette de poèmes ésotériques. Et Rafael Farriols d'ajouter : « J'aurais été prêt à lui donner dix fois ce montant. »

Ayant manifesté son intérêt pour cette affaire, Farriols ne tarda pas à recevoir lui-même des documents et depuis 1967 les Ummites auraient toujours gardé le contact avec lui de manière plus ou moins régulière.

Sa secrétaire, Hiltrud Franz, surnommée familièrement Lou, reçut également des lettres. Comptons encore, sur Barcelone, un nommé Barranechea. Les autres contactés : Villagrasa et Dominguez, ingénieurs, Aguire, médecin, Peña, psychologue, constituèrent ce qu'on appela plus tard le groupe de Madrid.

On peut distinguer dans l'affaire Ummo plusieurs phases :

– Il y eut d'abord celle du contact initial, correspondant à l'afflux massif de rapports chez Sesma. Ce sont les plus riches. Ils contiennent des masses d'informations scientifiques et techniques, ainsi que sur l'histoire et la structure sociale de la planète Ummo.

– Puis, au milieu des années 70, le contact sembla rompu, pendant deux années.

– Il reprit à la fin des années 70 sur un mode sensiblement différent. Les Ummites s'expliquèrent par la suite sur ce long silence en disant qu'entre-temps ils avaient tout simplement quitté la Terre.

Les lettres de cette époque insistaient alors sur la folie de la course aux armements et sur l'irresponsabilité de nos dirigeants (comme si cet état de fait était pour les Ummites une découverte récente). C'est en prenant connaissance de l'une d'elles, en 1976, que j'orientai l'un de mes voyages aux États-Unis vers les centres de Livermore et de Sandia[1], ce qui me permit d'y découvrir les embryons de ce qui allait devenir plus tard les « armes à énergie dirigée ». Mais, comme dirait Kipling, ceci est une autre histoire[2].

Les Ummites donnaient également dans ces textes quelques précisions sur de mystérieuses « armes au plasma », non nucléaires, mettant en jeu des processus de physique différents, dix mille fois plus « performantes » que nos bombes thermonucléaires.

– Vers la fin des années 80 le réseau Ummite sembla soudain parasité et la préoccupation majeure des Espagnols consista à déterminer si les documents qu'ils recevaient étaient ou non authentiques. Tout le monde soupçonna tout le monde. Au passage, le contenu des lettres avait changé totalement. Les informations traitaient alors de... métaphysique. Les Espagnols apprirent à travers ces textes que chaque planète vivrait en symbiose avec son « âme collective », ou structure psychique planétaire. Chaque individu y aurait sa « place », constituant ce que les Ummites comparaient à une « âme individuelle ». L'information circulerait alors dans les deux sens. Les êtres humains fourniraient en continu des informations à cette structure psychique, laquelle leur distribuerait en retour, périodiquement, des sortes de directives générales.

Le choix des contactés s'expliquait alors. Tout être humain posséderait, dans son cerveau, plus précisément dans son hypothalamus, une structure qui lui permettrait d'être connecté avec cette structure psychique planétaire (la destruction de ce mode de contact avec l'« âme collective planétaire » représenterait la « mort psychique » de l'individu). Mais certains Terriens se seraient révélés plus doués que d'autres sur ce plan-là, dont précisément les contactés espagnols, qui auraient été alors investis d'une mission : informer du mieux qu'ils pouvaient cette structure psychique planétaire, ce qu'ils pouvaient faire, aux dires des Ummites, en lisant ces textes à voix haute et en les commentant.

---

1. Hauts lieux de la conception d'armements nucléaires aux États-Unis. La première bombe à hydrogène fut conçue à Livermore.

2. Voir *Les Enfants du Diable*, Albin Michel, 1995.

Les Ummites auraient alors mis en œuvre une nouvelle opération de désinformation, à Madrid en 1985, à laquelle nous assistâmes[1]. Les quatre contactés principaux : Farriols, Dominguez, Aguire et Barranechea, lurent, à la demande des Ummites, lors d'une réunion publique à laquelle assistèrent une centaine de personnes, une déclaration où ils affirmèrent n'avoir jamais vraiment cru que l'affaire Ummo ait été d'origine extraterrestre.

Peña, un des plus anciens dans le réseau, n'assista pas à cette séance, pour raisons de santé : il venait d'être durement touché par une attaque cardiaque qui l'avait laissé à moitié paralysé et lui créait des difficultés à s'exprimer.

Cette déclaration suscita dans la salle un tollé d'indignation : celle-ci se vida presque totalement, les gens se déclarant indignés d'avoir été ainsi trompés pendant de si nombreuses années.

Selon Farriols, les Ummites auraient alors cherché à restreindre le groupe de leurs « fidèles » pour mener une opération d'une essence différente, axée sur « l'information de l'âme collective terrestre par voie télépathique ».

À cette époque les Ummites se seraient mis à téléphoner à différents contactés, parfois pendant des heures. Il ne s'agissait plus d'un monologue, mais cette fois d'un dialogue et c'est de cette époque que date l'échange téléphonique avec l'ingénieur Dominguez cité plus haut. Les mystérieux correspondants ne se contentaient plus de dispenser un enseignement : ils répondaient carrément, quoique toujours laconiquement, aux questions qui leur étaient posées.

Mais l'expérience se révéla être globalement un échec. Les gens de Madrid vécurent tout cela très mal. Assez rapidement l'ingénieur Dominguez, un des contactés de la première heure, décrocha. Puis ce fut le tour du médecin Aguire. Tout cela ressemblait à une fuite éperdue de gens soudain confrontés à quelque chose qui les dépassait et qu'ils ne s'estimaient plus capables d'assumer, de gérer. Chacun construisit sa propre interprétation quant à l'origine des documents. L'un pensait qu'ils avaient été écrits par un « scientifique anglais », l'autre qu'ils

---

1. Voir les détails dans *Enquête sur des extraterrestres, op. cit.*

émanaient d'une « secte indienne ». Il était visible que tous les prétextes, même les plus inconsistants, leur semblaient soudain bons pour prendre congé d'une histoire qui leur était devenue insupportable.

À Barcelone, Rafael Farriols avait regroupé autour de lui un petit groupe d'initiés : les membres de sa famille, son vieux compagnon Barranechea, Lou, la secrétaire de son entreprise de fabrication de plexiglas, la société Critesa, son intendant et enfin deux recrues récentes, deux scientifiques de l'université : un biologiste et un physicien théoricien. Mais en 1991 Barranechea se ferma à son tour et « brûla ce qu'il avait adoré ». Farriols fut consterné.

La dernière phase couvre la période 1991-1994 et sera décrite plus en détail dans la suite du livre.

La désinformation

Elle est constamment présente dans l'affaire Ummo[1]. Citons une phrase extraite d'une lettre reçue en 1967 par Antonio Ribera et qui situe bien la règle du jeu : « La propagation de certains faits jusqu'aux organismes officiels pourrait être la cause d'un certain préjudice pour nous. Si cela se produisait, il ne nous serait pas difficile de simuler la nature frauduleuse des témoignages qui parviendraient à ces organismes en les discréditant efficacement. »

Je pense y être personnellement moins sensible que les Espagnols étant donné que je ne m'attache qu'à la fonctionnalité des textes. Lorsqu'un nouveau document apparaît, je le considère comme une nouvelle pièce d'une sorte de puzzle et je cherche l'information scientifique que ce texte pourrait éventuellement receler. Quand celle-ci est absente, les données invérifiables, ou inexploitables au temps t, je me contente de les archiver ou de les considérer comme anecdotiques.

Je vais maintenant raconter une histoire assez savoureuse, qui est l'exemple type des manœuvres de désinformation qui émail-

1. Dans l'ensemble du dossier ovni le vrai et le faux se mélangent comme les métaux dans un alliage.

lent, de loin en loin, l'affaire Ummo. Dans les années 80 Rafael Farriols reçut une lettre des Ummites et Lou m'appela au téléphone.

– Jean-Pierre, Rafael vient de recevoir une nouvelle lettre des Ummites. Ils ont cette fois décidé de révéler leur présence aux Terriens.

– Ah, et comment ?

– Ils disent qu'il vont envoyer dans cinq jours un message radio, dans la bande des 21 cm, qui sera répété pendant deux heures. Ce message sera en code, mais nous recevrons ultérieurement une cassette qui, mêlée à ce message, permettra d'avoir sa signification en clair.

– Tout cela me paraît bien compliqué. Un tel message ne peut être reçu qu'à l'aide d'un radiotélescope. Pourquoi ne pas avoir utilisé une bande radio ordinaire ?

– Les Ummites disent que le message sera émis par une station qui se trouve dans une partie du ciel bien précise.

– Si ce sont des extraterrestres, avec leurs moyens ils n'auraient aucun mal à accéder aux programmes d'observation des radiotélescopes terrestres. Il leur suffirait alors de situer leur émetteur dans l'axe et le tour serait joué.

– Ils disent que pour des raisons techniques ils ne peuvent déplacer cette sonde et que celle-ci ne pourra émettre que dimanche prochain, de telle heure à telle heure.

– Des extraterrestres qui sont incapables de déplacer un émetteur radio, voilà qui semble bien bizarre, ne crois-tu pas ?

– Oui, mais étant donné l'importance de la nouvelle, Farriols ne voudrait négliger aucune chance. Comme on dit en Espagne, nous voulons « acheter tous les billets de la loterie » et Rafael part demain pour Jodrell Bank pour essayer de convaincre les radio-astronomes anglais de braquer leur radiotélescope dans cette direction à ce moment-là.

– Ces gens vont le prendre pour un fou !

– Et toi, est-ce que tu ne pourrais pas faire quelque chose de ce côté-là ?

Je ne crus pas une seconde à toute cette affaire, mais pour faire plaisir à Rafael et à Lou je réussis à faire braquer le radiotélescope de Nançay pendant huit minutes dans la direction indiquée. Le lecteur peut se demander comment j'y réussis. Mais un chercheur a plus d'un tour dans son sac. Je téléphonai à un collègue astronome nommé Biraud, qui s'occupait de la machine, la veille du jour dit, en lui disant :

– Je viens d'avoir un appel d'un de mes amis, un astronome amateur américain, qui prétend que l'on vient d'identifier une supernova dans la région de (j'ai oublié les coordonnées fournies par Lou). Je ne sais pas si la nouvelle est exacte, mais cela ne coûte rien de vérifier.

– D'accord, mais si je fais cela, envoie-moi une de tes bandes dessinées dédicacée en échange.

– Promis.

Ainsi fut fait. Au jour et heure dit l'énorme radiotélescope de Nançay s'orienta dans la direction indiquée et Biraud scruta le ciel pendant huit minutes, en vain. Il n'y eut pas plus de message ummite que de beurre en broche, mais il m'envoya quand même un rapport sur cette écoute infructueuse. Biraud ne sut jamais rien de mes véritables motivations et j'espère qu'il ne me m'en voudra pas de révéler cette supercherie dans ce livre, si d'aventure celui-ci lui tombe entre les mains.

Farriols prit contact avec les radioastronomes de Jodrell Bank et évidemment ceux-ci lui demandèrent la raison de sa requête. Lorsqu'il leur dit ce qu'il en était, ils lui rirent au nez[1].

Quel était le véritable auteur de cette lettre ? Nous ne saurons jamais. Mais à vrai dire cela n'a pas beaucoup d'importance : cette lettre n'était pas « fonctionnelle ».

---

1. Quelques années plus tard le radiotélescope de Jodrell Bank s'effondra sous son propre poids, nouvelle que Rafael accueillit avec satisfaction.

CHAPITRE 1

L'affaire Ummo est unique en son genre

En 1947 une vague d'ovnis sans précédent déferlait sur la planète Terre. Ce furent d'abord des objets volants non identifiés, des lumières nocturnes, des disques, des cigares, avec « hublots », sans hublot. Puis les témoins firent état d'« atterrissages ». On observa des traces au sol. Enfin, à partir de 1955, des êtres de forme humanoïde sortirent de ces machines, s'adressant parfois aux témoins, dont certains prétendirent avoir été emmenés à bord de vaisseaux, pour des voyages proches ou lointains.

Nous n'allons pas ici retracer toute l'histoire du phénomène ovni, mais la question essentielle qui s'impose est : quelle que soit la nature réelle du phénomène, quelle information véhicule-t-il ? Sur quel matériel un scientifique peut-il travailler ?

Il y a les récits des témoins, les photographies, les traces au sol, les enregistrements radar, les films. Mais il y a aussi tous les messages que des contactés prétendent avoir reçus, par différents canaux. Certains se réfèrent à quelque enseignement oral, d'autres invoquent la télépathie, l'écriture automatique. Il y a enfin, plus prosaïquement, les messages reçus par voie postale ou téléphonique. C'est le cas de l'affaire Ummo.

Si un témoin se précipite chez des gendarmes en disant : « Je viens d'être emmené à bord d'un vaisseau piloté par des êtres d'un mètre de haut, avec des grosses têtes, des yeux énormes et de grandes oreilles. J'y ai été témoin de telle ou telle scène et ils m'ont dit ceci et cela... », on peut faire pas mal de choses :

examiner d'éventuels antécédents psychiatriques chez cette personne, la soumettre à des tests psychologiques, prélever son sang, l'analyser, rechercher sur son corps d'éventuels stigmates. Si on trouve d'autres témoins on peut comparer leurs témoignages. S'il existe des traces au sol, on peut faire tout un tas d'analyses, relevant de la physique ou de la biologie.

Mais quand il s'agit de simples envois postaux, tout cela disparaît. On a en main une enveloppe timbrée, porteuse d'un cachet, et le message qu'elle contient, c'est tout. Quand de plus le texte est tapé à la machine on ne peut même pas faire une analyse graphologique. Il ne reste plus qu'à se concentrer sur le contenu du message, le support étant somme toute assez secondaire.

À ce stade les notions de document authentique ou de faux cessent d'être évidentes. N'importe qui peut mettre de l'encre sur du papier et poster une lettre, y compris un extraterrestre. Que peut donc faire un scientifique face à un tel matériel sinon l'examiner sans à priori, la question centrale étant : qui a émis ce message ? Est-ce un extraterrestre ou un simple Terrien qui joue à l'extraterrestre ?

Les documents Ummo sont sans équivalent dans cette constellation de messages et de documents liés au phénomène ovni car ils ont la couleur de la science et empruntent son langage. Ils se prêtent donc à une analyse scientifique.

Je pense avoir montré en vingt années de travail (les travaux figurant dans l'annexe scientifique du présent et du précédent ouvrage en témoignent) que les informations véhiculées par ces textes étaient toujours de très haut niveau. Personne ne pense plus aujourd'hui, comme le disait il y a quinze ans l'ingénieur Claude Poher, qui fut le chef du premier service créé en 1977 par le CNES, le GEPAN, déjà cité, et dont la mission était de se pencher sur le dossier Ovni, que cette affaire n'était qu'un simple canular monté par des étudiants d'une université espagnole.

La seule façon de le prouver était de prélever des informations à prétentions scientifiques dans ces textes et de les transformer en publications, dans des revues de haut niveau, à comité de lecture. C'est ce que je me suis attaché à faire pendant vingt ans, en jouant ainsi le rôle d'un simple juge instruisant une enquête.

L'image du dossier Ummo

Paradoxalement, ceux qui réagirent le plus violemment et le plus négativement furent ceux qui s'intitulaient eux-mêmes « ufologues » et qui publièrent plusieurs livres en tentant de démonter toute l'affaire de leur mieux. Mais, n'étant pas scientifiques, tous se cassèrent les dents sur son noyau dur : son contenu scientifique, indéniable.

À cause des publications scientifiques de qualité que j'avais faites, et qui étaient directement inspirées par le dossier, les chercheurs ne pouvaient plus se contenter de réagir par un simple haussement d'épaules. Certains acceptèrent le face-à-face sur des plateaux d'émissions télévisées en tentant de jouer de leur mieux leur rôle de « pompiers ». Mais aucun, comme l'astronome Jean-Claude Ribes[1], n'était spécialiste dans les disciplines concernées (mécanique des fluides, MHD et cosmologie). Leur avis resta de peu de poids et je n'eus guère de mal à en venir à bout.

Lorsque les journalistes de la télévision m'avaient sollicité, tous m'avaient dit :

– Qui souhaitez-vous avoir pour interlocuteur ?

– Pour la cosmologie, vous n'avez que l'embarras du choix (je citai différents noms). Pour la mécanique des fluides et la MHD, la magnétohydrodynamique, la personne la plus compétente me semble être René Pellat[2], qui a été mon directeur de recherche il y a une quinzaine d'années. Celui-ci connaît très bien le dossier Ovni ainsi que l'ensemble de mes travaux sur la propulsion des aérodynes.

Mais aucun de ces personnages ne répondit à l'invitation. Je participai donc à un certain nombre d'émissions au milieu d'une faune confuse d'ufologues et de « spécialistes du paranormal ».

---

1. Directeur de l'Observatoire de Lyon et auteur d'un livre paru chez Larousse, intitulé *La Vie extraterrestre.*

2. Il était à l'époque président du CNRS et occupe actuellement les fonctions de directeur du CNES. Pellat fit partie, dès sa création en 1977, du conseil scientifique du GEPAN, déjà cité.

Au début de l'été 1993 un nouveau livre de l'ingénieur Jean-Jacques Vélasco[1] et du journaliste Jean-Claude Bourret[2], intitulé *Ovnis, la science avance* parut aux éditions Robert Laffont. Cet ouvrage reflétait la position récemment prise par le CNES, qui représente une véritable révolution. Après avoir rendu compte de dix-huit ans d'enquêtes sur le terrain et de multiples analyses effectuées en laboratoire, Jean-Jacques Vélasco y écrivait en substance :

« Parmi les nombreux phénomènes aériens non identifiés qui sont rapportés en France, mais aussi dans le monde entier depuis plus de quarante ans, la plupart peuvent être ramenés à des phénomènes naturels, plus ou moins bien connus, ou à des manifestations de la technologie humaine. Un nombre infime correspond à des canulars ou à des hallucinations. Il reste un nombre important de cas non élucidés : parmi ceux-ci quelques-uns sont très surprenants. Les témoignages sont crédibles et les détails nombreux. Lorsqu'on essaie d'interpréter au moyen de la science actuelle leurs aspects étranges, on est parfois conduit à imaginer des objets réels, en fait des engins utilisant des techniques plus évoluées que les nôtres, supposant l'intervention d'intelligence.

« Les explications sur l'origine de ces engins avaient jusqu'à une date récente fait appel au paranormal ou à la science-fiction, ce qui donnait aux ovnis une odeur de soufre et détournait de leur étude beaucoup de scientifiques. Deux astronomes, Jean-Claude Ribes et Guy Monnet, ont présenté en 1990 une hypothèse qui n'utilise que les données de la science d'aujourd'hui, une hypothèse rationnelle[3]*. Les ovnis proviendraient d'une ou de plusieurs civilisations actuellement implantées dans notre système solaire, dans des planètes creuses artificielles. Elles y seraient parvenues,*

---

1. Actuel responsable du SEPRA (Service d'expertise des phénomènes de rentrée atmosphériques, service qui, en 1983, a pris le relais du GEPAN, dissous).

2. Auteur de plusieurs livres à succès sur les ovnis, dont le best-seller *Enquête sur les ovnis*, paru en 1976 aux Éditions France-Empire.

3. Ribes et Monnet, deux astronomes parfaitement respectables (Monnet a dirigé six ans l'Observatoire de Hawaii, Ribes dirige l'Observatoire de Lyon) ont repris la thèse émise en 1975 par le physicien américain Gerard O'Neill, qui pense que le voyage interstellaire serait possible par des moyens conventionnels (source d'énergie : la fusion contrôlée). Selon lui les nefs intersidérales devraient être des cylindres groupés par paires, de plusieurs kilomètres de diamètre et de plusieurs dizaines de kilomètres de long, abritant chacun des millions ou des dizaines de millions d'habitants.

à des dates indéterminées, après un long voyage hors de leur système solaire. »

Et il concluait :

« *Mon opinion, qui, je le souligne, n'engage que moi, est la suivante : il existe dans notre espace des objets qui échappent à tout contrôle de la part des autorités civiles et militaires et qui utilisent des technologies qui dépassent les nôtres.* »

Dans la mesure où Jean-Jacques Vélasco dirigeait depuis quatorze ans un service qui, au sein du CNES, avait en charge l'ensemble du phénomène ovni, on pouvait considérer que cette opinion était « couverte par le CNES ». Une déclaration importante, que l'on pourrait qualifier d'historique et qui représentait une revirement complet vis-à-vis des déclarations frileuses des dernières années.

Les auteurs consacraient un chapitre entier au dossier Ummo en disant, d'entrée de jeu : « Que les Ummites se rassurent, nous ne croyons nullement à leur origine extraterrestre. » Un peu plus loin, on lisait :

« *Il nous paraît exact que Jean-Pierre Petit a puisé dans les documents Ummo certaines de ses idées concernant la propulsion des ovnis par la magnétohydrodynamique (MHD). Les documents concernés datent de 1968... S'agissant de la cosmologie nous suivons encore Jean-Pierre Petit lorsqu'il déclare avoir trouvé dans Ummo l'essentiel de ses idées originales dans ce domaine.* »

La thèse d'un canular de bas étage se trouvait donc éliminée. Mais, autant le livre optait de manière très claire pour l'hypothèse d'incursions d'extraterrestres, autant ses auteurs s'empressaient d'écarter l'idée de la présence des Ummites sur Terre et de leur contact avec des Terriens. Effectuer le voyage interstellaire en plusieurs centaines ou milliers d'années à l'aide de nefs gigantesques, véritables villes de l'espace, oui, mais venir de la planète Ummo en quelques mois, en utilisant des machines de treize mètres de diamètre, naviguant dans un univers jumeau, non. Ribes qualifiait cette idée de pure science-fiction.

Force était donc de construire un autre schéma interprétatif, en faisant appel... au KGB !

L'hypothèse était très compliquée. Selon Vélasco et Bourret, les services secrets soviétiques auraient entrepris une vaste et coûteuse entreprise de manipulation en direction de l'Espagne, dans les années 60, « pour préparer l'après-franquisme ». Dans leur livre les auteurs croyaient discerner dans l'ensemble des textes Ummo une idéologie proche du socialisme, que les Soviétiques auraient cherché à propager dans la péninsule ibérique, par ce biais. Pour la partie scientifique, les agents du KGB se seraient assuré le concours de spécialistes de très haut niveau, en particulier d'un collaborateur d'Andréi Sakharov, non cité, pour la partie cosmologique.

Comme je l'avais dit dans mon précédent livre, il existe une parenté entre la conception ummite de l'espace-temps, basée sur un concept d'univers jumeaux, et les travaux publiés dès 1967 par l'académicien russe. Cet indice, quoique bien fragile, semblait conforter les deux auteurs dans leur opinion, puisqu'ils écrivaient :

« *En conclusion nous jugeons particulièrement plausible que l'affaire Ummo ait été montée par le KGB. Cherchons un lieu pour la confection et l'orchestration de cette opération. Il nous faut un endroit relativement isolé, où de nombreux scientifiques travaillent dans des disciplines variées, et ce dans le plus grand secret. La ville de Tomsk, en Sibérie, répond particulièrement bien à ces critères. C'est sur le KGB de Tomsk que nous parierons. Nous ne croyons pas prendre un grand risque en faisant ce pari.* »

Interviewé à l'automne 1993 dans la revue *Mystère*, le journaliste Jean-Claude Bourret expliqua pourquoi il avait accepté d'écrire ce livre en collaboration avec le CNES, en jouant au passage un rôle de locomotive médiatique :

– Des scientifiques de très haut niveau m'ont contacté en me disant que depuis de nombreuses années ils travaillaient dans l'ombre sur le sujet ovni. Souhaitant conserver l'anonymat, ils m'ont proposé de devenir leur porte-parole.

Jean-Claude Bourret n'est pas ce qu'on appelle un journaliste scientifique et dans ce domaine ses connaissances sont minces, ce qui rend cette déclaration peu crédible. Dans son genre c'est un peu le « monsieur Loyal de l'ovni[1] ». En fait, selon

1. Dans une émission « Droit de réponse » d'il y a dix ans, Polac l'avait présenté en l'appelant « le père des ovnis français ».

Christian Perrin de Brichambaut[1], le fameux « collège invisible » dont il est question se réduirait à trois personnages : Ribes, Monnet et un certain Gilbert Payan, polytechnicien, comme Monnet et Pellat d'ailleurs. Payan joue en France depuis 1976 le rôle de « monsieur Ovni », en servant d'intermédiaire entre le gouvernement, les militaires et le CNES. Selon Perrin, Payan aurait contrôlé le contenu du livre du début à la fin.

Dans la suite de l'interview, Bourret déclarait :

– Nous avons la preuve que l'affaire Ummo a été une manipulation orchestrée par le KGB de la ville de Tomsk, en Sibérie, mais nous ne pouvons pas en dire plus, pour ne pas griller certains contacts que nous avons là-bas.

L'Espagne est devenue socialiste depuis bon nombre d'années et à la fin de l'année 1991 l'URSS a cessé d'exister. Pourtant c'est un fait : le réseau Ummo est toujours aussi actif. Les derniers envois datent... de l'automne 1994 (ces courriers, rédigés en français, sont arrivés chez moi). A moins qu'il existe à Tomsk une antenne du KGB qui ignore la disparition de l'URSS et continue de collaborer avec des scientifiques au top niveau aux fins d'alimenter une poignée de contactés en informations ultrasophistiquées. Lors d'une conversation téléphonique que j'avais eue avec l'astronome Jean-Claude Ribes, peu après la sortie du livre, au début de l'été 1993, celui-ci n'excluait pas à priori cette possibilité.

Nous laissons le lecteur seul juge de cette thèse « officielle » de la manipulation du KGB.

Il ne paraît pas nécessaire d'évoquer les différents livres écrits par des ufologues sur le dossier Ummo, qui sont d'un niveau assez bas. Tous butent sur le noyau dur du dossier : ses aspects scientifiques, sur lesquels ils ne sont pas en mesure de faire des commentaires pertinents.

Ceci étant, nous devons beaucoup à ceux qui s'intitulent eux-mêmes « ufologues ». A l'époque où aucun scientifique

---

1. Ancien haut fonctionnaire à la Météorologie nationale française. Également membre, comme Monnet et Pellat, du conseil scientifique de sept membres mis en place en 1977 pour chapeauter les travaux du GEPAN.

authentique ne prêtait la moindre attention au dossier Ovni, ils ont été les seuls à collecter patiemment les informations et à effectuer des enquêtes avec le peu de moyens dont ils disposaient. Sans ce matériel nous n'aurions jamais pu travailler. Mais certains, outrepassant leur fonction d'enquêteurs sur le terrain et de simples collecteurs d'informations, se mirent à écrire des livres et des articles dans des revues « ufologiques », évoquant ainsi les *bandar-logs*, ces singes dont parle Kipling dans son *Livre de la Jungle*, et qui occupent des villes désertées par les hommes, en y tenant des propos incohérents.

Jacques Vallée

Jacques Vallée, un Français fixé de longue date aux États-Unis, a publié un nombre important d'ouvrages consacrés au sujet ovni qui ont été traduits dans de nombreux pays, y compris en France. Connu dans le monde entier, il est présenté parfois par la presse comme astrophysicien. Il se trouve que j'ai eu en main son curriculum vitæ complet, il y a deux ans. Les travaux qu'il a publiés se réfèrent exclusivement à l'informatique et plus précisément aux bases de données. Il a effectivement fait des études d'astrophysique (diplôme d'études approfondies, équivalent d'un master américain) il y a plus de vingt ans, mais là se limitent ses connaissances en la matière, qui sont donc fort anciennes.

À partir des années 70, il tenta de développer l'idée selon laquelle les ovnis correspondraient à un phénomène paranormal, en se fondant sur différents aspects déconcertants du dossier. Il est arrivé que des témoins prennent des photographies de ces objets, de loin ou de près. Alors qu'ils avaient une vision tout à fait nette de leur sujet, la pellicule n'avait pas été impressionnée. Inversement des photographes amateurs ont fréquemment trouvé des taches lumineuses sur leurs clichés, alors qu'ils n'avaient rien vu.

Sur ce dernier point, le mystère est simple à élucider. Les pellicules ne sont pas exemptes de défauts de fabrication. Une de mes amies avait pris une photo à l'aide d'un appareil Polaroïd, en 1975, alors que je décollais avec mon deltaplane, sur une piste d'une station de ski. La photo révéla la présence d'un objet lenticulaire juste devant moi. Ni mon amie Marie-Dominique ni moi-même n'avions vu quoi que ce soit, mais nous n'en conclûmes pas pour autant qu'il s'agissait d'un phénomène paranormal.

Le premier point est plus intéressant, mais on a trouvé il y a quelques années un commencement d'explication, sans faire recours à un soi-disant phénomène paranormal. Lors de la vague de 1991, en Belgique, trois membres d'une association ufologique, la SOBEPS[1], avaient vu une machine passer au-dessus d'eux, à une altitude qu'ils avaient évaluée subjectivement à quelques centaines de mètres. L'objet était triangulaire et portait sur l'avant des sources de lumière très vives, de forme circulaire, que les témoins avaient comparées à des phares de camion. Parmi ceux-ci se trouvait un photographe professionnel, qui prit posément plusieurs clichés. L'ovni, qui défrayait à l'époque la chronique en Belgique, se déplaçait assez lentement : aux dires de la majorité des témoins, à moins de cent kilomètres à l'heure.

En bon professionnel, notre homme se rendit cette même nuit aux abords d'un aérodrome voisin où il prit avec le même appareil, la même pellicule et les mêmes réglages, des photographies d'avions en approche. Or quelle ne fut pas sa surprise en constatant au développement que l'ovni avait disparu, alors que les phares des avions, beaucoup moins puissants, étaient parfaitement visibles sur les clichés.

L'explication du mystère fut trouvée quelques mois plus tard par le professeur Auguste Meessen, physicien travaillant à l'université de Louvain. En effectuant des recherches bibliographiques il s'aperçut qu'une image photographique pouvait très bien être effacée sur une pellicule, avant le développement, à condition de superposer à la lumière visible une certaine quantité de rayonnement infrarouge, cela constituant ce qu'on appelle l'effet Herschel, bien connu des physiciens. L'infrarouge a alors pour effet de détruire les modifications chimiques induites sur le film par la lumière visible. Pour plus de certitude Meessen refit dans

1. SOBEPS : Société belge d'étude des phénomènes spatiaux.

son laboratoire cette expérience, laquelle est d'ailleurs sans mystère.

En effectuant d'autres tirages, avec un plus long temps d'exposition, notre photographe put mettre en évidence de très faibles lumières présentes sur la pellicule, qui étaient tout ce qui restait des images des puissants phares qu'il avait observés visuellement.

Si l'ovni avait émis de l'infrarouge, soit intentionnellement, soit parce que cela correspondait à son fonctionnement normal, la prise de photographies devenait alors problématique[1].

Dans un autre de ses livres, Vallée évoquait le caractère très déconcertant des discours tenus par de prétendus passagers de soucoupes volantes, s'adressant à des Terriens. Il rapportait ainsi le dialogue suivant :

Le Terrien : – Comment fonctionnent vos machines ?

Le pilote de la soucoupe volante : – Par électromagnétisme inverse.

Cette réponse semblait être pour Jacques Vallée le type même de l'absurdité scientifique. Mais en y regardant de plus près cette réponse est finalement loin d'être aussi absurde qu'elle ne paraît de prime abord. Si les ovnis empruntent pour leurs déplacements un univers jumeau du nôtre, dont les atomes présentent des caractéristiques semblables à celles de notre antimatière, les choses deviennent soudain plus cohérentes. En effet tous les physiciens savent que l'antimatière obéit à ce que l'on pourrait appeler des « lois de l'électromagnétisme inverse ».

Vallée s'étonnait ensuite du nombre extraordinaire d'observations réalisées depuis quarante ans. Ce nombre ne correspondait pas, selon lui, à une étude systématique de la Terre, qui aurait pu se faire, ajoutait-il, avec des moyens beaucoup plus économiques. Cette conclusion trahit un anthropocentrisme certain. Comme nous le verrons à l'aide de documents ummites récents, ces apparitions auraient deux fonctions : l'étude du biotope terrestre, plus une certaine ostentation. L'ovni, en se montrant (et cette stratégie semblait très nette lors de la vague belge), crée un phénomène psychosociologique, qui est en soi un objet d'étude.

1. Alors que les caméras vidéo, n'étant pas sensibles à l'effet Herschel, fournirent par la suite de nombreux films de cet objet mystérieux.

Ainsi, un manque de connaissances scientifiques peut amener quelqu'un à émettre des conclusions hasardeuses.

N'ayant pas une solide formation de physicien, Vallée opta pour une théorie sans consistance, en qualifiant l'ovni de phénomène paranormal, ce qui était, à mon sens, tourner le dos à toute réflexion scientifique réelle.

Le fourre-tout du paranormal permet tous les amalgames. Dans les livres de Vallée voisinent les observations d'ovnis, les apparitions de la Vierge, celles de lutins et de farfadets. Sur le plan littéraire et sur le plan du rêve, c'est peut-être intéressant, mais scientifiquement, cela ne vaut pas grand-chose.

J'ai eu l'occasion il y a une dizaine d'années de participer à une émission de télévision (l'émission de Michel Polac : « Droit de réponse ») où il était présent. Chacun y exposait son point de vue, comme d'habitude dans la plus grande confusion. Lorsqu'il fut questionné sur la possibilité d'incursions d'extraterrestres, Vallée fit cette réponse très significative :

– Eh bien personnellement je serais très déçu si les ovnis ne correspondaient *qu'à de simples visites d'extraterrestres !*

Il semble que notre informaticien participe, à son insu, à un phénomène de *cargo cult.*

Pendant la dernière guerre mondiale les Américains occupèrent pendant un temps limité des îles situées entre la Nouvelle Guinée et le Japon, en y implantant des aérodromes sommaires. Les indigènes de ces îles, complètement coupés de la « civilisation », virent un jour débarquer des êtres étranges, à la peau blanche, casqués, qui pilotaient des jeeps, des bulldozers et vivaient dans d'étranges habitations. A intervalles réguliers un cargo jetait l'ancre non loin du rivage et des bateaux de plus faible tonnage assuraient le débarquement des vivres, du carburant, des munitions et des pièces de rechange. Les indigènes profitèrent de cette manne inespérée et découvrirent les bonbons, le Coca-Cola, le chewing-gum et le chocolat.

Au bout de quelques mois, ayant conquis des postes plus avancés en direction du Japon, les Américains levèrent le camp en ne laissant que quelques tôles perforées, vestiges d'une piste d'atterrissage, que les herbes ne tardèrent pas à envahir. Pour les indigènes : plus de chocolat et de sucreries. Ils se grattèrent la tête, établirent un lien de cause à effet entre l'arrivée périodique du cargo et les distributions de friandises, inventèrent alors un culte destiné à faire revenir le cargo et pour ce faire imitèrent les tenues et les gestes des occupants.

Lorsque des ethnologues voulurent étudier ces populations ils tombèrent sur des scènes que personne n'aurait pu imaginer. Les indigènes marchaient au pas, défilaient, montaient en haut d'un mât dressé par les Yankees un bout de chiffon, portaient des morceaux de bois sculptés de manière à imiter au mieux les fusils, dont ils ignoraient l'usage. Ils pensaient que ce rituel, qu'ils avaient inventé, pourrait inciter le cargo, ainsi déifié, à revenir.

Jacques Vallée semble à sa manière avoir déifié, ou du moins mythifié l'ovni, de manière naïve. Il n'est pas étonnant, dans ces conditions, qu'ils se soit montré très hostile au dossier Ummo, dès le départ. Mais le commentaire qu'il en fait dans son dernier ouvrage tient plus de la profession de foi que de l'analyse scientifique.

À propos de la thèse de Ribes et de Monnet

S'agissant des voyages extraterrestres, la thèse soutenue par les astronomes Jean-Claude Ribes et Guy Monnet dans *La Vie extraterrestre*[1], basée sur les idées initiales de l'Américain O'Neill, est entièrement axée sur l'extrapolation de nos connaissances actuelles. Le véhicule spatial devient alors quelque chose d'horriblement compliqué et de volumineux. Pour satisfaire aux exigences d'une croisière subluminique, les temps de voyage en direction d'autres systèmes que le nôtre se chiffrent en dizaines de générations humaines. Ce n'est pas le passager initial du vaisseau qui parviendra à destination, pour un voyage sans retour, mais son lointain descendant, à la énième génération. Pour qu'une telle opération soit supportable, les futurs spationautes, selon Ribes et Monnet, devront donc emporter avec eux tout leur cadre de vie.

1. *Op. cit.* Si un jour les Terriens envisagent de donner suite à un tel projet, je suggère d'appeler le premier vaisseau de ce genre « la Baleine Joyeuse ».

Les cylindres d'O'Neill, dont la rotation lente donnerait une gravité artificielle comparable à celle de la Terre, seraient tapissés intérieurement de champs, de vallées, de collines, peuplés d'animaux. L'énergie serait produite à partir de celle qui émane des étoiles, lorsqu'on passerait suffisamment près de l'une d'elles, sinon, entre deux étoiles, la fusion de l'hydrogène y suppléerait. D'où viendrait cet hydrogène ? Ce serait tout simplement celui que ramasserait le vaisseau sur son passage, comme une baleine avale son plancton.

Cette vision implique un blocage complet des connaissances scientifiques au stade actuel. Or, si on jette un coup d'œil en arrière, l'histoire des sciences nous montre que les sources d'énergie ont diablement changé en quelques siècles, de même que la vision que nous nous faisions de l'univers.

Imaginons des indigènes d'une île perdue du Pacifique qui verraient un jour un sous-marin nucléaire faire relâche près de leur côte. En supposant qu'il existe un minimum d'interface linguistique entre les deux peuples, on pourrait imaginer le dialogue suivant :

– D'où venez-vous ?

– D'une terre située à des milliers et des milliers de kilomètres de chez vous.

– Cette île semble bien riche, si on en juge sur tout ce que vous transportez avec vous. Comment assurez-vous la marche de votre pirogue ?

– Nous utilisons l'énergie nucléaire et nous naviguons sous la surface des eaux.

Perplexe, l'autochtone n'en croirait rien. Le mot même d'énergie lui resterait obscur. Il imaginerait alors que, dans un futur lointain, ses descendants pourraient construire des pirogues de cinq cents mètres de long, mues par des milliers de rameurs, qui permettraient à son peuple de découvrir ces terres mystérieuses et riches, si distantes de son île.

Que cela soit chez Vallée ou chez Ribes, lequel refuse systématiquement tout examen sérieux des textes ummites, qualifiés par lui de science-fiction, la démarche, bien humaine, est somme toute la même : *tenter à tout prix de ramener le sujet dans le champ de sa compétence.*

Les premières applications scientifiques

Les textes ummites suggéraient un mode de sustentation et de propulsion révolutionnaire, basé sur un domaine qui commence à faire parler de lui au Japon : la MHD ou magnétohydrodynamique. L'idée n'est pas vraiment neuve puisque son inventeur n'est autre que le savant anglais Michael Faraday[1]. Lorsqu'un courant électrique parcourt un fluide soumis à un champ magnétique et lorsque ce champ est perpendiculaire à ce courant, le fluide subit une force appelée force de Laplace par les Français et force de Lorentz par les Anglo-Saxons. C'est ainsi que se propulse le fameux navire japonais *Yamato*, déjà évoqué plus haut. Comme le petit navire que j'avais fait évoluer dans un bassin d'eau salée, dans l'émission « Temps X » de TF1, en 1979, le *Yamato* possède deux accélérateurs linéaires situés sous sa coque.

Chacun aspire l'eau de mer à l'avant et la refoule vers l'arrière. Le lecteur intéressé trouvera toutes les explications souhaitées

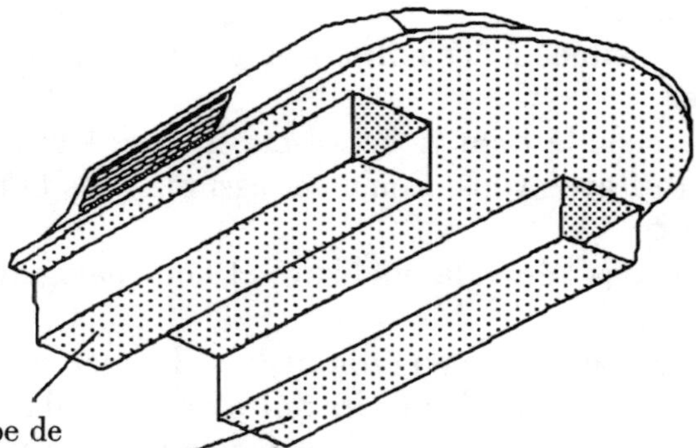

Le navire MHD japonais Yamato, *vu de dessous.*
On distingue les deux propulseurs MHD linéaires.

1. 1791-1867. On lui doit la théorie de l'influence électrostatique, l'énoncé des lois de l'électrolyse et la découverte de l'induction électromagnétique.

dans un album que j'ai fait paraître[1] sur la MHD et intitulé (fort justement d'ailleurs) *Le Mur du silence*. Bien des années auparavant les Soviétiques avaient équipé certains de leurs sous-marins de tels systèmes de propulsion, qui ont l'avantage, par rapport à l'hélice, d'être totalement silencieux, cela étant le sujet du film *Octobre rouge*, avec Sean Connery.

Que ce soit le *Yamato*, ou les submersibles MHD soviétiques, toutes ces unités avaient une chose en commun : l'accélération du fluide était réalisée à l'intérieur de tuyères. Ces navires subissaient donc une traînée de frottement, liée à toutes les autres surfaces en contact avec le fluide (qu'on appelle en mécanique des fluides « surface mouillée »). Les textes ummites suggéraient d'éliminer celle-ci en mettant tout simplement le moteur... à l'extérieur de la machine ! Concrètement, au lieu de placer le moteur, le système d'accélération MHD de l'eau de mer, à l'intérieur de la machine, on faisait l'inverse : on mettait l'engin à l'intérieur de son propre moteur.

On peut comparer un tel dispositif à celui qu'utilisent les bactéries cillées, comme la paramécie, pour se déplacer dans l'eau.

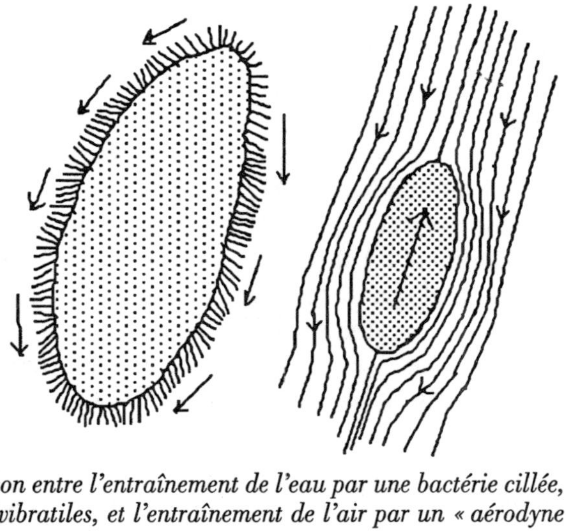

Comparaison entre l'entraînement de l'eau par une bactérie cillée, à l'aide de ses cils vibratiles, et l'entraînement de l'air par un « aérodyne MHD »

1. Aux Éditions Belin, 8 rue Férou, 75006 Paris.

Toute la paroi de la cellule participe à la propulsion et il ne se crée aucune turbulence de sillage. Ainsi la bactérie cillée se déplace-t-elle dans l'eau en consommant un minimum d'énergie.

Les textes ummites précisaient que lors de son déplacement aérien leur machine contrôlait en tous points, au voisinage de sa paroi, l'écoulement fluide à l'aide d'un dispositif électromagnétique.

Nous imaginâmes, mon ami Maurice et moi, un système très primitif en forme de cylindre et portant deux électrodes disposées selon des génératrices. En fait ce cylindre était tout simplement un aimant. Pour tous les détails, encore une fois, se référer à ma bande dessinée *Le Mur du silence*.

En plaçant le tout dans un bac d'eau salée et en ajoutant quelques gouttes d'un colorant, nous fûmes ravis de voir l'eau s'écouler sans qu'il se crée la moindre turbulence, comme il était dit dans les textes.

Nous en étions là en 1975, et cette première expérience nous excita beaucoup. Dans les jours qui suivirent, Maurice refit un montage semblable, mais plus élaboré, dans sa cuisine, et filma l'écoulement avec une caméra de 16 mm. Il avait trouvé un système très astucieux pour créer des filets d'eau colorée et le film, développé, se révéla très réussi.

Entre-temps j'avais fait des tas de calculs théoriques. Ces petites expériences d'hydraulique n'étaient que des simulations d'expériences qui devraient se réaliser dans des gaz. En quelques jours je calculai tous les paramètres de vol d'une machine volante que je baptisai aérodyne MHD. Grâce à l'académicien et mathématicien français André Lichnerowicz cette idée put être publiée à l'Académie des Sciences de Paris. J'envisageai très vite d'autres géométries et systèmes MHD : voir à ce sujet l'article reproduit dans *Enquête sur des extraterrestres...*, pudiquement intitulé « Magnétohydrodynamique : convertisseurs d'un genre nouveau »...

Dans un propulseur à hélice, avec des pales d'une longueur et d'une surface données, la poussée est proportionnelle au nombre de tours de l'arbre et à l'incidence des pales vis-à-vis du fluide. Si on essaye de propulser un navire avec des pales qui sont calées selon une incidence très faible, le rendement sera exécrable. L'hélice battra l'eau furieusement et le navire n'avancera guère.

Dans le propulseur MHD le champ magnétique est l'équivalent de l'angle de calage des « pales ». Plus il est élevé, meilleur est le rendement. Si les Japonais envisagent actuellement de construire des navires propulsés par MHD, c'est précisément parce qu'ils savent créer des champs magnétiques suffisamment élevés, de plusieurs dizaines de milliers de gauss (précisément 40 000 gauss), à l'aide d'aimants supraconducteurs. Si leurs aimants ne faisaient qu'un millier de gauss, leur navire n'avancerait pas et toute l'énergie électrique servirait à chauffer l'eau de mer, c'est tout.

Si on veut créer une poussée donnée et si on décuple la valeur du champ magnétique, on aura besoin d'un courant électrique dix fois plus faible. Comme on sait que l'effet Joule varie comme le carré de l'intensité du courant, on dépensera alors cent fois moins d'énergie. On peut calculer que dans l'eau de mer le rendement devient réellement intéressant quand le champ atteint 100 000 ou 200 000 gauss. Nos petits aimants ne produisaient qu'un champ de 1 000 gauss et nous savions que le rendement était très mauvais.

En 1975 une chaîne de télévision française, TF1, nous demanda de faire évoluer un bateau électromagnétique sur un bassin d'eau salée, devant les caméras de l'émission « Temps X », dont s'occupaient les frères Bogdanoff. Nous fabriquâmes donc un bateau absolument semblable au *Yamato*, d'une trentaine de centimètres de long, équipé de deux tuyères MHD. Mais les aimants étaient tellement lourds qu'il était exclu de charger à bord les piles électriques. Le bateau était donc alimenté par un fil qui pendait du plafond et était relié à un générateur électrique, manœuvré par mon fils Jean-Christophe, qui avait à l'époque huit ans.

Quand le cameraman se mit à filmer, mon fils manœuvra les rhéostats et le « bateau sans hélice » se mit à évoluer sur son plan d'eau salée, sous les projecteurs. Il lui suffisait de régler l'intensité du courant dans les deux tuyères pour piloter cet esquif du XXIe siècle, le freiner ou même le mettre en marche arrière.

Il aimait beaucoup nous aider dans les expériences. Un jour je l'avais emmené dans un musée des sciences à Paris, le Palais de la Découverte. Nous avions suivi une démonstration d'un générateur de très haute tension, dans une des salles. Quand le responsable avait demandé un volontaire, il s'était aussitôt proposé. L'homme avait alors fait monter Jean-Christophe sur un plateau électriquement isolé et l'avait chargé sous des dizaines de milliers de volts. Mon fils avait des cheveux blonds longs et légers et sous l'effet de cette tension ceux-ci s'étaient aussitôt hérissés. Le responsable avait été frappé par son impassibilité et lui avait dit : « Tu n'as pas peur ? »

Sur ce l'enfant lui avait répondu :

– Avec le père que j'ai, ces choses-là, j'en ai l'habitude...

Quand les aérodynes MHD deviennent des soucoupes volantes

À partir des premières maquettes en forme de cylindre, Maurice et moi passâmes vite à des objets en forme de sphères, munis d'une ceinture d'électrodes.

Puis je me rendis compte que lorsque le champ magnétique devenait très intense l'objet devait avoir une forme de disque[1]. Cela se mettait à ressembler de plus en plus aux fameux ovnis, décrits par tant de témoins depuis 1947. La machine en forme de disque fonctionnait comme un puissant aspirateur d'air. En fait elle était plus proche du rotor d'un hélicoptère que d'une aile. Si on avait construit cette machine et si on l'avait fait évoluer elle se serait comportée de la même manière (dessin ci-contre).

Les expériences dans l'eau salée, ou acidulée, nous lassèrent vite et nous voulûmes réaliser des expériences dans les gaz. Mais un observatoire d'astronomie n'est pas à proprement parler le meilleur endroit pour faire de la mécanique des fluides. On y trouve surtout de quoi polir les miroirs des télescopes. Mais, une fois qu'on a poli le miroir, il faut déposer à sa surface une couche d'argenture réfléchissante. Pour ce faire le laboratoire disposait d'une cloche à vide, munie d'une pompe.

1. Voir la note aux Comptes rendus de l'Académie des Sciences de Paris, intitulée « Magnétohydrodynamique : convertisseurs d'un genre nouveau », 1975, reproduite dans *Enquête sur des extraterrestres...*, *op. cit.*

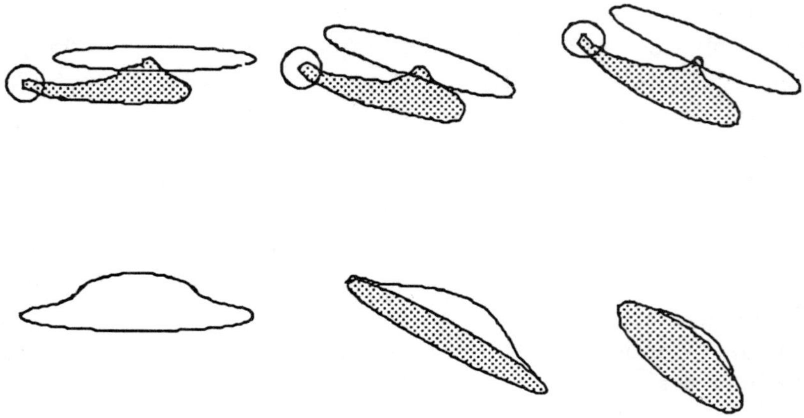

Mises en translation comparées de l'hélicoptère et de l'aérodyne MHD

Cela me donna une idée. Un véritable aérodyne MHD, se déplaçant dans l'air dense, devrait produire des champs magnétiques très intenses, de l'ordre de plusieurs dizaines de milliers de gauss, voire de plusieurs centaines de milliers. La décharge électrique se produisant dans l'air environnant mettrait en jeu des intensités de l'ordre du million de volts et le générateur électrique qui devrait l'alimenter devrait développer de 100 à 1 000 mégawatts, l'équivalent de la puissance produite par une centrale nucléaire. Mais dans de l'air sous très basse pression (un dixième de millimètre de mercure) tout cela changeait. Il suffisait de 1 000 gauss, de tensions de quelques milliers de volts et d'intensités bien inférieures à l'ampère.

J'étais en poste à l'Observatoire de Marseille et Maurice travaillait dans un institut voisin nommé le Laboratoire d'astronomie spatiale ou LAS, qui était à l'époque dirigé par le professeur Courtès. Le matériel que nous convoitions étant dans ce laboratoire, nous nous y rendîmes un dimanche et nous en fîmes l'inventaire.

Maurice était plus prudent que moi. Des rumeurs ayant circulé dans le laboratoire, à la suite de nos premières expériences, l'incitèrent à prôner la discrétion. Nous installâmes donc notre matériel dans un sous-sol dépourvu de fenêtres et nous commençâmes à travailler.

Les choses se révélèrent tout de suite passionnantes et nous pûmes obtenir des résultats scientifiques tout à fait concrets qui donnèrent lieu à des publications dans des congrès. Nous butâmes sur un certain nombre de problèmes qu'il nous fallut résoudre ; à chaque fois, il fallut inventer quelque chose d'original et d'intéressant. Évoquer ces questions scientifiques nous emmènerait beaucoup trop loin. Disons que nous faisions des études sur des objets en forme de disques, avec des électrodes qui brillaient dans l'obscurité comme des « hublots » et ressemblaient à des choses que des témoins d'ovnis avaient décrites.

Pour serrer de plus près les textes ummites j'avais imaginé une machine dénuée d'électrodes, qui fonctionnait par induction. En fait, après un voyage en Espagne, nous avions ramené pratiquement les plans de l'engin. Pour qui savait analyser ces documents avec soin, les choses étaient décrites presque en clair. Je me souviens qu'à l'époque j'avais publié un article à l'Académie des Sciences de Paris où j'avais reproduit à l'identique le schéma des ionisateurs pariétaux décrits dans les textes. Cet article se trouve d'ailleurs dans l'annexe scientifique d'*Enquête sur des extraterrestres*...

L'expérience la plus spectaculaire fut sans doute celle où nous nous mîmes à créer l'ionisation autour des objets à l'aide de champs de très haute fréquence. Pour de l'air atmosphérique il aurait fallu des fréquences de 3 gigahertz[1]. Mais dans notre gaz à une pression de quelques dix-millièmes d'atmosphère une source de 1 mégahertz[2] suffisait.

Nous avions monté cette expérience à la fois pour des raisons scientifiques et à l'occasion d'une émission de télévision consacrée aux ovnis. Nous avions donc usiné une petite maquette en forme d'assiettes accolées et nous l'avions connectée à notre générateur. Lorsque nous branchâmes la maquette sur notre générateur haute fréquence, notre surprise fut grande. Nous nous attendions à voir se créer autour de l'objet un simple halo de gaz ionisé, faiblement luminescent. Or nous vîmes apparaître des « rayons tronqués », des jets lumineux qui partaient radialement :

1. Trois mille millions d'hertz.
2. Un million d'hertz.

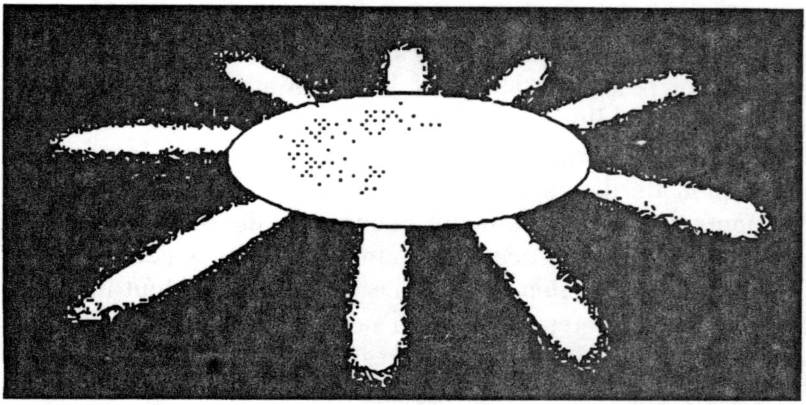

Je trouvai vite l'explication. La maquette se trouvait portée à une tension assez élevée et ces rayons étaient en fait des arcs électriques, d'un genre un peu spécial, qui se formaient sur le bord aigu de la machine.

Nous nous souvenions que des témoins avaient décrit des choses absolument identiques, quelques années plus tôt. Les scientifiques avaient alors dit que de tels phénomènes de « lumière tronquée » étaient physiquement impossibles. La lumière, disaient-ils, ne pouvait pas s'interrompre ainsi, sans obstacle.

Certes, mais ce n'étaient pas de simples rayons lumineux, mais des arcs électriques hyperfréquence, nuance.

La réaction de la communauté scientifique

Maurice et moi étions très enthousiastes. Nous nous amusions beaucoup et étions totalement inconscients de la colère que nous étions en train de susciter dans la communauté scientifique. Mon camarade, qui était astronome de longue date, avait vu avec son père, quelques années auparavant, une formation de disques évoluer à grande vitesse au-dessus de la campagne avignonnaise. Il pouvait décrire son observation avec beaucoup de précision, comme un véritable professionnel, et il était exclu qu'il ait confondu à l'époque ces objets avec des astres quelconques ou des météorites. D'ailleurs, après avoir parcouru la moitié du ciel, les sept objets avaient viré brutalement à angle droit et avaient accéléré à vive allure.

Mais vingt-huit années s'étaient écoulées depuis la première observation de disques volants par Kenneth Arnold, au-dessus des monts Rainier. Entre-temps la communauté scientifique avait vivement réagi face à ces « hallucinations en tous genres ». Aux États-Unis le physicien Philip Klass avait produit tout un éventail de schémas interprétatifs qui ne nécessitaient nullement le recours à des visites d'extraterrestres. Pour les observations diurnes, tous les types de phénomènes naturels, d'hallucinations ou d'illusions d'optique étaient invoqués. Les témoins étaient censés voir des planètes, des ballons-sondes ou des météorites dont les trajectoires pouvaient être aussi capricieuses que la balle qui avait tué le président Kennedy[1]. Pour les observations nocturnes on parlait de réflexions de phares de voitures sur les nuages, de foudre en boule ou même de quelque chose que Klass lui-même avait inventé : les plasmoïdes.

Celui-ci prétendait que dans « certaines conditions » des masses de gaz ionisé pouvaient se créer spontanément. Avec ses plasmoïdes, Klass se faisait fort d'expliquer n'importe quoi. Le temps n'était pas à l'orage ? Qu'à cela ne tienne, il trouvait une ligne électrique à proximité qui avait engendré ce plasma en fournissant l'énergie nécessaire. S'il n'y avait pas de lignes électriques, on invoquait des fissures géologiques et les forts champs électriques qui étaient censés accompagner des remaniements internes du sol[2]. Les plasmoïdes apportaient une réponse à toutes les questions, car ils étaient censés pouvoir naître à n'importe quelle altitude, se déplacer à n'importe quelle vitesse. Ce n'étaient pas à proprement parler des objets mais des régions de l'atmosphère riches en électrons libres, comparables par exemple

1. Une des interprétations les plus extraordinaires qu'ait fournies Klass à des témoins est la suivante : un pilote d'avion civil ayant observé pendant des heures des lueurs devant son appareil, qui suivaient des trajectoires incompréhensibles, Klass lui expliqua qu'il s'agissait de lucioles qui étaient restées coincées dans le double vitrage de son cockpit.

2. Qui ne furent jamais observés par qui que ce soit.

aux aurores boréales. Leur déplacement apparent ultra-rapide était alors assimilé à celui d'une onde d'ionisation. Selon Klass ça n'étaient pas les atomes qui se déplaçaient, mais l'état d'ionisation qui se propageait de loin en loin, comme une vague à la surface de la mer. Dans l'océan la vitesse de déplacement des vagues de surface n'a rien à voir avec un courant marin[1].

Certaines vagues, suscitées par des effondrements du plancher océanique, peuvent cheminer à des vitesses considérables, de l'ordre de 100 kilomètres à l'heure, ce qui ne signifie nullement que le milieu marin soit soumis à de telles vitesses. Les masses liquides, lors du passage de la vague, se contentent d'osciller à quelques mètres par seconde. Klass expliquait ainsi l'absence de bang qui aurait accompagné le déplacement d'une masse importante dans l'air. Ce modèle semblait pouvoir rendre compte de tous les aspects observationnels liés aux mystérieuses visions. Il n'y avait qu'un détail assez gênant : personne ne pouvait avancer le moindre modèle théorique, le moindre calcul, même grossier, concernant ces plasmoïdes baladeurs et encore moins proposer des simulations expérimentales.

À l'opposé, Maurice et moi proposions un modèle de véhicule électromagnétique qui semblait crédible. Nos travaux trouvaient de plus en plus d'écho. Un journal populaire américain à fort tirage, le *National Enquirer*, avait fini par envoyer un de ses journalistes qui avait fait un reportage complet, avec photos. Celui-ci avait littéralement fait le tour du monde avec des manchettes fracassantes comme : « Deux Français ont percé le mystère des soucoupes volantes : elles viennent bien d'une autre planète. » Et tout à l'avenant.

Le Léviathan scientifique se retournait dans son antre en grognant, dérangé par les deux moustiques que nous étions. Les chercheurs estimaient que la question ovni avait été réglée une bonne fois pour toutes à l'occasion du célèbre rapport Condon. En 1965, le gouvernement des États-Unis avait confié à l'université du Colorado et plus précisément au professeur Condon, un

1. En termes scientifiques nous dirions que lorsqu'on observe le mouvement d'une onde et qu'on mesure sa vitesse, il s'agit d'une vitesse de groupe et non d'une vitesse de phase (liée au déplacement des molécules).

ancien du projet Manhattan, le soin de se prononcer sur le dossier Ovni. Le rapport de clôture avait été publié en 1969. Condon concluait que l'étude du phénomène ovni ne valait pas d'être poursuivie et que de toute façon elle n'apporterait rien au point de vue scientifique. Or les travaux que nous menions, Maurice et moi, et les publications scientifiques que nous accumulions montraient exactement le contraire.

En France nous avions notre Philip Klass en la personne du professeur Evry Schatzman, astrophysicien connu et membre de l'Académie des Sciences de Paris. Il présidait de plus une association, l'Union rationaliste, qui se donnait pour mission de pourchasser les fausses sciences et les charlataneries en tout genre.

Nous nous connaissions très bien, puisqu'il avait présidé en 1972 le jury de ma thèse de doctorat, consacrée à la dynamique des galaxies et à la physique des gaz ionisés et m'avait à l'époque chaleureusement encouragé dans mes recherches. Aussi quelle ne fut pas ma surprise lorsque j'appris qu'il faisait de son mieux pour me discréditer à travers la France, qu'il parcourait comme un pèlerin chasseur de sorcières.

L'histoire du baron de Münchhausen

Schatzman ressemblait à Bernardo Gui, le grand inquisiteur du film *Au nom de la rose*. Partout où il allait il pointait son œil clair comme de l'acide, aigu comme une lame et transperçait de son savoir le « charlatan » qui passait dans sa ligne de tir. Il était sans pitié et sans état d'âme.

Très vite, lors de ses conférences, des gens dans la salle lui dirent :

– Mais que pensez-vous des idées développées par Jean-Pierre Petit ? Que pensez-vous de ce modèle d'aérodyne électromagnétique ?

– Une machine ne peut se sustenter si elle crée elle-même son propre champ magnétique et son propre champ électrique. Il y a des théorèmes qui s'y opposent. Cet aérodyne de Jean-Pierre Petit me fait penser à l'histoire de la jument du baron de

Münchhausen. Un jour notre célèbre menteur s'était embourbé dans un marais, assis sur sa jument. Il avait alors raconté qu'il l'avait sortie de là sans descendre de sa selle, simplement en tirant sur sa crinière !...

Schatzman continua pendant des mois son action discréditante au point que je finis par lui demander un droit de réponse en bonne et due forme. À l'automne 1976 l'Union rationaliste tenait ses assises à Annecy. Nous obtînmes, Maurice et moi, d'exercer ce droit, imprescriptible dans le monde scientifique.

Schatzman était venu apporter la bonne parole scientifique. Le sujet de sa conférence était « La vie extraterrestre ». Il rendait compte des dernières molécules organiques détectées dans le cosmos, convenait que nous n'étions probablement pas seuls dans l'univers, mais garantissait notre isolement avec un sourire moqueur en invoquant la sacro-sainte barrière luminique, qui rendait les voyages interminables et terriblement onéreux. En outre, qui aurait le courage de s'enfermer dans une capsule pendant des milliers d'années, en rompant tout lien avec sa planète d'origine pour partir à la recherche d'un autre monde habité, à des dizaines d'années-lumière de chez lui, voire plus encore ? Cette perspective lui semblait, « hélas », terriblement irréaliste.

Vint notre tour. Le responsable de la section d'Annecy annonça d'un ton glacé :

– Monsieur Petit, chercheur au CNRS, estimant avoir été discrédité par le professeur Schatzman, ici présent, à la suite de déclarations faites par lui lors de précédentes conférences, a souhaité exercer un droit de réponse.

Nous lûmes le texte exact des commentaires qui avaient été faits par Evry Schatzman sur nos travaux. Celui-ci avança alors à pas lents vers son arène favorite, le tableau noir. Étant théoricien, c'est là qu'il avait défait plus d'un gladiateur. Mais ça n'est pas là que nous l'attendions. Maurice avait fabriqué un montage de la taille d'un aquarium. Pendant que je cherchais une prise de courant, mon camarade s'affairait à le remplir d'eau acidulée. Schatzman ouvrait des yeux ronds et le président de séance était visiblement très agacé par la tournure que prenaient les choses. En effet, au milieu de l'aquarium trônait une petite poupée qui, sur un cheval de plastique, était censée ressembler au mieux au célèbre baron allemand, juché sur sa jument et embourbé dans son marais.

Quand tout fut prêt, Maurice mis le courant et, mus par la force de Laplace, poupée et cheval sortirent de l'onde.

Je dis alors à Evry, décontenancé :

– Si ce que tu as dit à Grenoble est exact, alors cette expérience ne peut pas marcher.

Hé oui, notre académicien s'était trompé. Il avait confondu les machines volantes et les étoiles, s'était pris les pieds dans ses théorèmes et s'en rendait maintenant compte. Il ne lui restait plus qu'à s'avouer vaincu :

– J'avoue... oui... j'avoue que j'ai été léger dans mes déclarations, dit-il avec un sourire crispé.

L'assistance devint houleuse. Le soucoupier avait défait l'académicien lors d'une joute en bonne et due forme. C'était sans précédent. Nous eûmes droit à des remarques acerbes. Certains voulaient nous jeter carrément dehors, estimant que j'avais porté atteinte à la respectabilité de leur président et de leur association. Nous pliâmes bagages. Lorsque nous fûmes sur le point de partir, Maurice me dit :

– Tu sais quoi : si nous avions été au Moyen Âge, nous serions déjà sur des croix, enduits de poix et brûlant comme des torches.

La violence des gens m'avait surpris. Un vieux monsieur était venu me dire d'un ton haineux :

– Et maintenant, je suppose que vous allez nous inventer un machin pour aller dans les étoiles ?

– Ma foi, monsieur, si c'est possible, j'essaierai.

En quittant la ville j'aperçus une dernière fois Schatzman à travers la vitre de la voiture de Maurice. Il était vêtu de gris de la tête aux pieds, ne souriait plus et son regard brillait d'une lueur à vous glacer le sang.

CHAPITRE 2

Expériences sur la MHD

Un visiteur importun

Cette histoire avait été pour nous un avertissement sérieux et nous incitait à rester à couvert. Quelques semaines avant nous étions montés, Maurice et moi, à l'Observatoire de Meudon où j'avais fait une conférence devant un certain nombre de chercheurs qui, ayant pris connaissance de l'interview publiée dans le *National Enquirer*, avaient voulu en savoir plus. J'avais donc présenté ma théorie au tableau noir en décrivant les calculs et en répondant de mon mieux aux questions de l'auditoire. Après mon exposé nous avions emmené toutes ces personnes dans la salle de projection et nous leur avions passé le film en 16 mm qui montrait la façon dont la maquette cylindrique entraînait l'eau acidulée. Ce document était très bien fait et illustrait à merveille ce qu'on pouvait attendre d'un tel système : succion sur l'avant et absence de sillage turbulent sur l'arrière.

À un moment un des chercheurs avait demandé quelle fonction jouait une espèce de disque rond qu'on voyait sur l'arrière-plan. Je parvins à éluder sa question. En effet, c'était tout simplement la bonde d'écoulement de l'évier de la cuisine de Maurice[1]. En règle générale nous évitions soigneusement de dire où nous faisions nos expériences.

Depuis des mois nous nous retrouvions tous les dimanches dans le laboratoire de Maurice et descendions dans une pièce du

1. En France, on n'a pas de pétrole, mais on a des éviers.

sous-sol dont lui seul possédait la clef, ce qui nous garantissait une relative tranquillité. Mais un jour, il se produisit un incident imprévu. Nous étions très absorbés par nos expériences. Comme nous manipulions des tensions assez élevées dans des conditions de sécurité assez sommaires, notre principal souci était de ne pas nous électrocuter, ce qui n'était pas toujours facile vu que nous faisions en général nos expériences dans l'obscurité pour observer la forme de la décharge électrique qui se créait autour des maquettes qui nous servaient pour nos expériences. Cela avait bien failli se faire plusieurs fois. Un jour la décharge électrique s'était logée sur mon pouce droit, en y laissant un petit trou noir et fumant. Une autre fois Maurice avait été jeté par terre après avoir malencontreusement saisi un câble chargé sous trois mille volts.

Ce souci bien légitime de rester en vie nous absorbait au point que nous n'entendîmes pas la porte s'ouvrir. Nous avions éteint la lumière et dans notre cloche à vide on pouvait voir un disque environné d'une lueur bleuâtre du plus bel effet. Soudain nous réalisâmes que quelqu'un était entré. Il s'agissait d'un technicien qui était venu ce dimanche-là réparer son automobile dans la cour du laboratoire. Nous nous retournâmes et nous aperçûmes l'homme qui regardait la scène avec des yeux ronds. Maurice coupa le courant et ralluma la lumière aussitôt. Il connaissait l'employé et lui fit promettre de garder le secret. Évidemment l'autre n'en fit rien et le personnel du laboratoire sut qu'il se passait dans le sous-sol des choses pour le moins curieuses. Mais comme cela ne provoqua pas de trouble, le directeur, Courtès, décida de fermer les yeux.

Deux hommes dans un bateau

Déjà cité plus haut, Claude Poher s'intéressait de longue date aux ovnis et n'en faisait pas mystère. Il dirigeait, au Centre national d'études spatiales, le département des fusées-sondes. La France préparait son entrée sur la scène de la conquête spatiale et le CNES, en envoyant en haute altitude des fusées de taille relativement modeste, effectuait des mesures sur les conditions régnant dans la stratosphère.

J'avais vu plusieurs fois Poher à la télévision, dans les années précédentes. Il se débrouillait fort bien devant les caméras et ses émissions intéressaient les gens. À un journaliste qui lui demandait un jour pourquoi les pilotes des soucoupes volantes semblaient s'adresser un peu à n'importe qui, et non au président des États-Unis, Poher avait un jour fait cette réponse :

– Si vous débarquiez sur une planète peuplée de singes, iriez-vous vous adresser « au président des singes » ?

J'avais trouvé la répartie amusante.

Je reçus un jour une lettre de lui qui disait :

– Je me propose de lancer un vaste programme d'étude du phénomène ovni où vos travaux ont une place toute désignée. Vous trouverez ci-joint un projet, auquel je voudrais vous associer. Si vous êtes d'accord avec son contenu, veuillez y apposer votre signature.

Poher avait fait des études de technicien puis, au fil des années, avait complété son modeste bagage en suivant les cours du soir du Conservatoire des Arts et Métiers, ce qui lui avait permis d'accéder au grade d'ingénieur. C'était un homme qui était fait pour diriger et il était donc devenu directeur.

Quand il avait vu la percée que nous avions effectuée, Maurice et moi, en bâtissant la première théorie de la propulsion des soucoupes volantes, il avait pensé aussitôt que c'était quelque chose qu'il devrait diriger. La magnétohydrodynamique avait dû le déconcerter profondément et il avait visiblement éprouvé des difficultés à en saisir l'essence. On a vu plus haut que ce mode de sustentation impliquait que l'objet brasse l'air vers le bas à l'aide de forces de nature électromagnétique. Poher ne semblait pas avoir compris cela et s'était imaginé que ces forces devaient plaquer l'air sous l'appareil, formant ainsi un coussin sustentateur.

Dans son rapport il expliquait que l'aérodyne MHD créait une masse d'air comprimé sur le dessous et une zone de dépression sur le dessus[1]. En multipliant la différence de pression par la surface de l'objet il avait calculé la portance, mais là se limitait son bagage théorique.

---

1. En quelque sorte de l'air « surprimé » et de l'air « déprimé » comme dans la machine du film *Le Voyage en ballon* de Lamorisse.

Un peu plus loin il notait que l'air comprimé, situé au-dessous, aurait naturellement tendance à gagner la région de basse pression située sur le dessus. Et c'était pour cela, concluait-il, que les ovnis avaient la forme de disques.

Son rapport disait en substance :

– Pour éviter que l'air comprimé ne gagne le dessus de la machine, on lui donnera la forme d'un disque de diamètre D. M. Petit a calculé le diamètre nécessaire :

D =

Il avait joint une illustration que je reproduis ci-après. La soucoupe y était présentée en coupe et ressemblait beaucoup au boa du livre de Saint-Exupéry, *Le Petit Prince*.

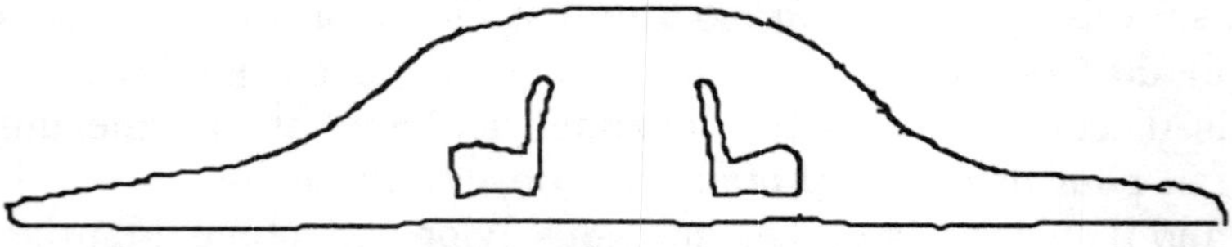

Le dessin du projet de Claude Poher

Comme Poher n'avait pas trop su quoi mettre à l'intérieur de la machine, il avait dessiné deux sièges qui ressemblaient à des bancs de square.

Peu après cet envoi, Poher nous annonça sa visite. La rencontre eut lieu à mon domicile aixois. J'habitais alors avec mon fils un logement que j'avais aménagé moi-même. C'était un vaste studio que j'avais transformé en duplex. Le plafond était si haut que j'avais pu y accrocher une balançoire et un trapèze que mon fils utilisait lorsqu'il revenait de l'école. Il y avait des meubles qui pouvaient se transformer et, je l'avoue, pas mal de désordre. Des ailes volantes étaient accrochées au plafond. Quand nous allions voler, mon fils et moi, nous les sortions par la fenêtre pour les descendre dans la rue, accrochées à une corde.

C'est donc dans ce capharnaüm que Poher pénétra un jour, accompagné par Maurice. Il était vêtu d'un pardessus bleu marine fait sur mesure et portait un attaché-case en cuir sur lequel ses initiales étaient gravées.

Quand les présentations furent faites nous en vînmes au but de sa visite, c'est-à-dire au projet qu'il m'avait soumis. Je lui expliquais que je n'avais pu l'approuver et il me demanda pourquoi.

J'ouvris le rapport à la page me concernant et dans le blanc qui avait été laissé, là où j'étais censé préciser le diamètre D de la machine, j'écrivis : « l'infini ». En effet, aucun disque, aussi grand soit-il, ne saurait empêcher l'air comprimé situé sous l'engin de gagner sa partie supérieure. En météorologie cette façon qu'a l'air de cheminer naturellement des zones de haute pression vers les zones de basse pression s'appelle... le vent.

Ma réaction avait visiblement mis mon visiteur très mal à l'aise. J'essayai de m'exprimer plus clairement :

– Supposez que nous soyions, vous et moi, dans un bateau ayant la forme d'une caisse. Vous êtes sur l'avant et moi sur l'arrière. Avec une pagaie vous essayez de creuser l'eau en la repoussant, tandis que sur l'arrière, avec une autre pagaie je m'efforce au contraire de plaquer l'eau sur la poupe. Que se passe-t-il ?

– Le bateau avance.

– Non, il recule.

– Ça ne fait rien, il suffit de changer les signes.

Rien ne pouvait décidément décontenancer le directeur du département fusées-sondes du CNES. Mais c'était un homme important, qui nous offrait son aide et ce n'était donc pas à négliger.

L'annihilation de la vague d'étrave

La petite maquette en forme de cylindre aspirait l'eau devant elle. J'avais appris à l'Ecole nationale supérieure de l'aéronautique, dont j'étais sorti en 1961, que des ondes de choc se formaient lorsqu'une machine volante, en se déplaçant à grande vitesse, comprimait l'air devant elle.

Frappez vos deux mains l'une contre l'autre. À la vitesse à laquelle elles se rapprochent, l'air a tout le temps de s'échapper. Mais si vous pouviez les rapprocher à une vitesse de trois cent quarante mètres par seconde, celle du son, l'air ne parviendrait plus à s'enfuir et, joignant aussi rapidement vos mains l'une contre l'autre, vous pourriez alors comprimer le gaz.

Prenons un autre exemple. Imaginez une foule d'aveugles déambulant sur une place dans des directions quelconques, à la vitesse, disons, d'un mètre par seconde. Supposez qu'un autobus pénètre dans cette foule. S'il avance à moins d'un mètre par seconde, son pare-chocs avant va « informer » ces aveugles de sa venue. En se bousculant les uns les autres, ils réussiront tant bien que mal à s'écarter et à faire place au véhicule, dont ils seront censés ne pas apercevoir la venue. Mais si l'autobus accroît sa vitesse et que celle-ci dépasse la vitesse de déambulation de ces badauds, laquelle joue le rôle de la vitesse d'agitation des molécules d'air, très voisine de la vitesse du son, cette foule ne pourra plus s'écarter et l'autobus avancera en poussant devant lui une masse de corps désarticulés.

Cette image est évidemment assez sanglante, mais elle évoque le phénomène dit de « compressibilité » qui se produit à l'avant d'un objet qui chemine dans un gaz, dans un ensemble de molécules, à une vitesse supersonique, ce qui donne naissance à ce qu'on appelle une « onde de choc ».

Les textes ummites suggéraient que l'on pouvait éviter ce phénomène de compressibilité et la naissance de cette onde de choc en aidant les molécules à passer, c'est-à-dire en

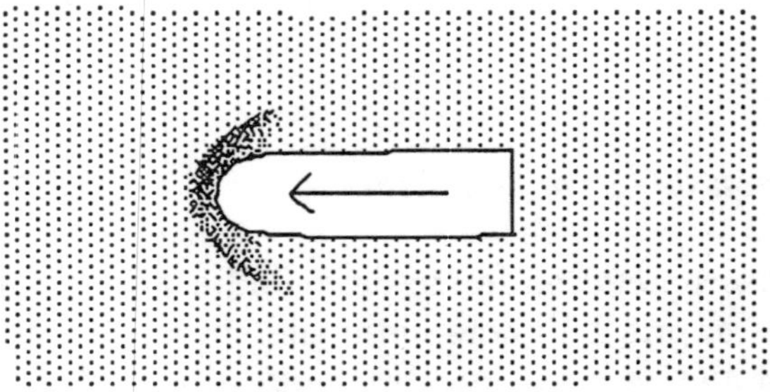

L'accumulation du gaz devant un objet en déplacement supersonique : naissance de l'onde de choc

agissant à distance sur elles à l'aide de forces électromagnétiques.

Bien sûr, nous n'avions aucun moyen de laboratoire permettant de réaliser de véritables expériences de MHD dans les gaz. Mais, lorsque j'étais à l'école, j'avais appris que l'on pouvait simuler cette apparition d'ondes de choc à l'aide d'expériences d'hydraulique. Si vous emplissez votre baignoire d'eau et que vous y plongiez votre doigt en le déplaçant lentement, vous pourrez observer que la surface liquide reste plane. Bien que votre doigt se déplace dans la masse fluide, les molécules d'eau peuvent contourner l'obstacle sans problème. Mais si vous déplacez votre doigt plus rapidement, la masse fluide aura du mal à contourner l'obstacle et il se formera un bourrelet liquide.

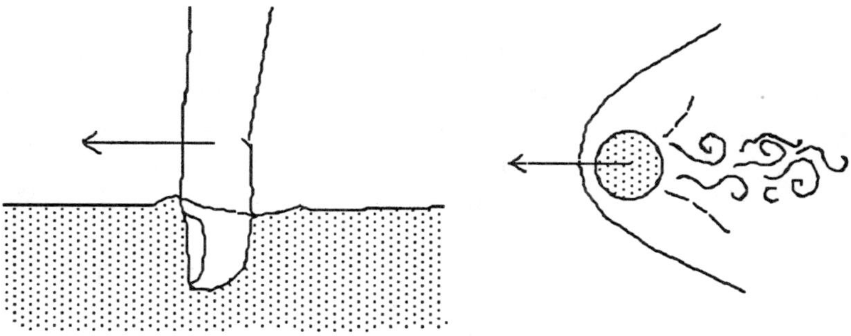

Déplacement de votre doigt dans votre baignoire

À partir de quelle vitesse ce phénomène apparaît-il ? Précisément lorsque vous déplacez votre doigt à une vitesse supérieure à celle de la propagation des ondes à la surface de l'eau, celles que vous pourriez créer avec un bouchon de pêcheur à la ligne, et qui sont l'équivalent de la vitesse du son.

Jusqu'à l'apparition des ordinateurs les scientifiques se servaient de tels « simulateurs » pour étudier la formation des ondes de choc autour d'un profil. En tant qu'étudiant à l'École nationale supérieure de l'aéronautique de Paris j'avais eu à faire des travaux pratiques sur de tels bancs hydrauliques. Ainsi les vagues d'étrave et de poupe qui se forment autour d'un navire en déplacement sont-elles les analogues assez fidèles des ondes de choc qui naissent autour d'un profil d'aile lenticulaire.

Puisque nous savions agir sur un écoulement d'eau acidulée avec des forces électromagnétiques, je pensais que nous pourrions peut-être supprimer la vague d'étrave qui se formait devant une maquette en déplacement ou, comme dans une soufflerie supersonique, devant une maquette fixe placée dans un courant d'eau.

Je fis des calculs en conséquence et conclus que les valeurs de champ magnétique que nous pouvions créer avec nos aimants ou avec des bobinages que Maurice avait essayé de fabriquer tant bien que mal seraient insuffisants. Il nous fallait pour réussir une telle expérience un champ d'au moins un tesla, c'est-à-dire 10 000 gauss. Autrement dit il nous fallait une installation magnétique conséquente, que nous ne possédions pas.

Claude Poher, qui était un homme de ressource, dénicha rapidement un tel électro-aimant dans un laboratoire de Toulouse, à proximité de l'endroit où il travaillait. Ce banc, qui comportait deux grosses bobines et pesait un quart de tonne, se trouvait dans le laboratoire du professeur Thourel, au DERMO (Département d'étude et de recherche sur les micro-ondes). Thourel ne fit pas de difficulté pour que nous puissions l'utiliser et nous nous mîmes un jour en route avec un dispositif que Maurice avait fabriqué pour la circonstance. C'était une espèce de gouttière en plexiglas le long de laquelle on pouvait faire s'écouler de l'eau à 8 centimètres par seconde. Le dessin ci-après donne une idée assez précise de ce montage. L'eau était amenée par un robinet et se déversait ensuite dans un bac. Pour que celle-ci s'écoule selon des filets d'eau bien parallèles, elle transitait d'abord dans une « chambre de tranquillisation », qui était un simple récipient empli de pailles de fer, qui annihilaient toute turbulence. La maquette cylindrique, en plexiglas, avait un diamètre de 7 millimètres et portait de minuscules électrodes en aluminium.

Lorsque nous arrivâmes dans le laboratoire du professeur Thourel, nous commençâmes par rouler le lourd électro-aimant à proximité d'un évier, pour que nous puissions alimenter notre

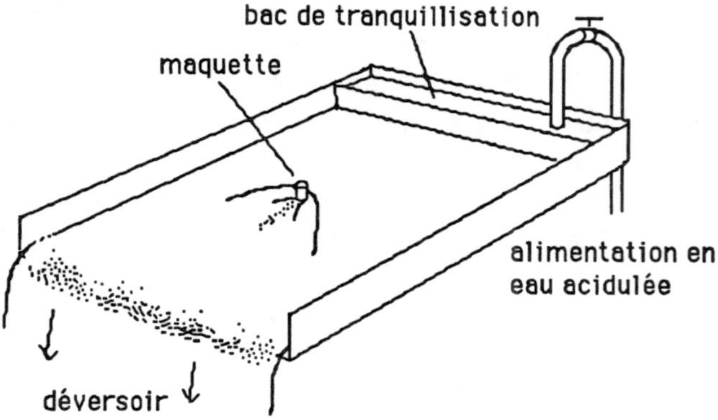

Le dispositif de simulation hydraulique
Le puissant électro-aimant n'a pas été représenté.

banc d'essai en eau. Les chercheurs qui travaillaient non loin de là sur des émetteurs radar se demandèrent ce que nous étions en train de fabriquer. Leur inquiétude s'accrut lorsque à la suite d'une fausse manœuvre de l'eau se répandit sur le sol, que nous dûmes éponger à l'aide d'une serpillière. Quand tout fut prêt, nous branchâmes les électrodes sur un générateur de courant continu, que nous avions trouvé dans une salle voisine et le miracle se produisit : l'onde frontale disparut instantanément, aspirée par les forces électromagnétiques.

Thourel se pencha pour mieux voir. Tout ceci l'intriguait énormément. Poher, qui avait assisté à la scène, était ravi, et nous aussi.

J'avoue que jusqu'ici je n'avais cru qu'à moitié à cette idée de suppression des ondes de choc et de vol supersonique silencieux, évoqués dans les textes ummites. Mais nous avions devant nous un résultat expérimental extrêmement encourageant. Au passage nous montrâmes dans une autre expérience que le sillage turbulent pouvait également être éliminé. Si nous pouvions rééditer dans un gaz ce que nous venions de réussir avec un liquide, alors le problème ovni se présenterait sous un jour nouveau. Contrairement à ce qu'avait affirmé le professeur Condon dans son rapport, son étude pouvait se révéler fructueuse sur le plan scientifique. Personne jusqu'ici n'avait eu l'idée de tenter une telle expérience et nous avions trouvé ces concepts dans les textes ummites, qui commencèrent à m'intéresser considérablement.

La nouvelle de cette expérience réussie remonta jusqu'aux oreilles de Schatzman, qui continuait d'être interpellé lors des conférences qu'il donnait à travers la France et où il s'efforçait de montrer que le phénomène ovni n'était qu'un tissu d'interprétations erronées et d'affabulations. Depuis des années, l'absence de bang supersonique avait été son cheval de bataille. En effet, dans certaines observations d'ovni, le ou les témoins prétendaient avoir vu un objet passer à très grande vitesse, par exemple, derrière le clocher d'un village et devant une montagne située sur l'arrière-plan. Cela permettait d'obtenir une distance minimale et une distance maximale de l'objet par rapport à l'observateur et, compte tenu de la durée de l'observation, d'évaluer sa vitesse maximale et minimale. Et on obtenait très souvent des vitesses fantastiques, se chiffrant en milliers de kilomètres à l'heure. Schatzman triomphait alors :

– Cela démontre que le témoin a inventé cette histoire de A à Z. En effet, comme cette vitesse aurait été de toute évidence supersonique, à une telle distance et en basse altitude, le témoin aurait dû entendre le bruit de détonation fait par l'onde de choc que l'objet aurait nécessairement créé. Comme il prétend n'avoir entendu aucun bruit, c'est qu'il a menti ou été l'objet d'une hallucination.

Ma thèse de l'annihilation des ondes de choc par la MHD contredisait cette explication. L'expérience que nous avions effectuée avec succès à Toulouse, Maurice et moi, suggérait qu'un navire équipé d'un puissant champ magnétique et capable de créer, en faisant passer un courant électrique dans l'eau à l'aide d'électrodes, un champ de forces de Laplace *ad hoc*, pourrait fendre l'onde sans faire de vagues.

Schatzman pensait que nous avions opéré avec un bac trop petit et que si nous avions disposé d'un plan d'eau plus large, la vague aurait pris naissance « à une certaine distance de l'objet ».

C'était évidemment d'une absurdité remarquable, mais nous ne pouvions plus passer notre temps à dénoncer ces inconsistances d'un membre de l'Académie des Sciences, pourtant réputé, et dont les connaissances en mécanique des fluides semblaient

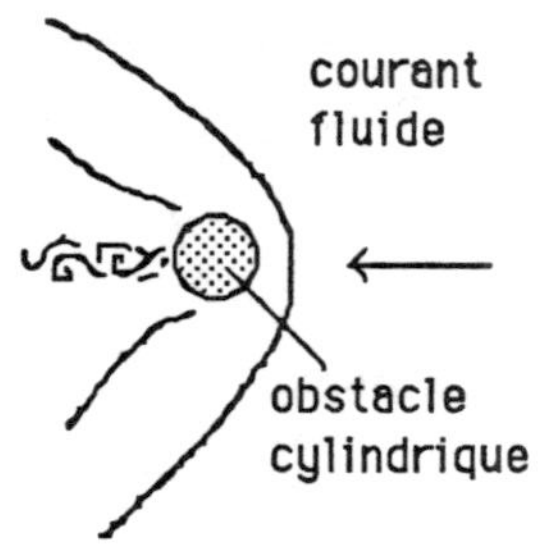

Les ondes frontales et de culot autour de l'obstacle cylindrique

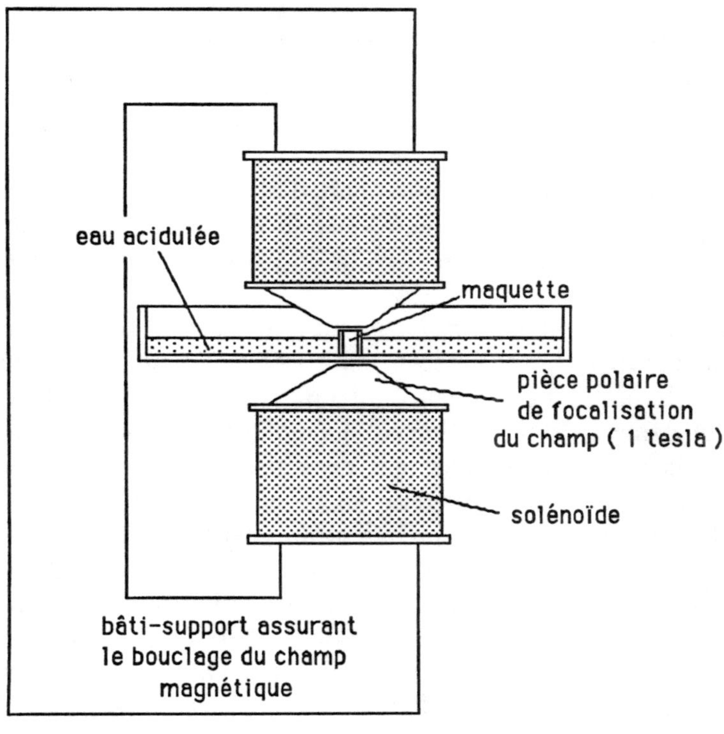

Coupe transversale de l'expérience

Au centre, le bac de plexiglas, avec la maquette à moitié immergée dans de l'eau acidulée. Celle-ci est prise en sandwich entre les deux pièces polaires d'un puissant électro-aimant, qui crée dans le fluide qui l'entoure d'un champ de 10 000 gauss (1 tesla).

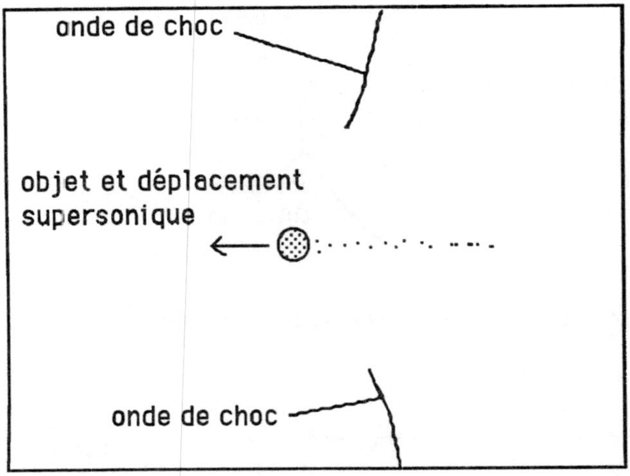

La « thèse » de l'académicien Schatzman

Les ondes, annihilées au voisinage de l'objet, tendraient à se reformer un peu plus loin.

assez lacunaires. Il en convenait d'ailleurs, sans s'en rendre compte, puisqu'il avait un jour répondu à un de ses interlocuteurs :

– Je ne sais pas comment vole un avion et ça ne m'intéresse pas[1].

Il avouait également ne pas connaître la relativité générale et bien d'autres choses encore. Sa spécialité était la dynamique stellaire. Malheureusement l'univers n'est pas fait que d'étoiles.

Schatzman n'était pas le seul à s'indigner devant cette idée. Je me mis à rencontrer pas mal de difficultés dans mon milieu professionnel. Mon directeur de recherche de l'époque, René Pellat, devenu plus tard président du CNRS et qui est actuellement directeur du CNES, pensait lui aussi que je déraillais complètement. Dans mon métier, les activités d'un chercheur sont évaluées par son directeur de recherche et plus généralement par une commission de spécialistes. On alla donc consulter un spécialiste des ondes de choc, nommé Couturier, astrophysicien. Celui-ci vint me voir à Aix dans l'espoir de me ramener à la raison. J'essayai en vain d'appuyer mon idée par des arguments

1. Il était à l'époque président de la Société française de physique !

théoriques, mais il ne voulut rien entendre. Il se cramponnait sans cesse à une croyance de principe :

– Réfléchis. Ton onde de choc, il faut bien que tu la retrouves quelque part !

Ce n'était pas un raisonnement scientifique mais un simple acte de foi. Il me promit, en me quittant, de m'envoyer une démonstration de l'impossibilité d'une annihilation complète des ondes de choc autour d'un objet, que j'attends toujours, dix-huit ans après.

Entre-temps nous avions réussi d'autres expériences, toujours avec des simulations hydrauliques, qui avaient montré que les vagues pouvaient être totalement éliminées, de même que la turbulence de sillage. Pour ce faire nous avions utilisé non une maquette cylindrique, mais un objet de section lenticulaire, comparable à la coque d'un navire.

On sait qu'un bateau qui fend la mer à vive allure crée deux systèmes de vagues. Imaginons, comme dans une soufflerie ou dans un bassin de carènes, que le bateau soit immobile et que l'eau s'écoule autour de lui. Il se crée d'abord deux vagues d'étrave, à l'endroit où l'eau se trouve brutalement ralentie en rencontrant l'objet. Puis l'eau accélère le long des flancs du navire. Pour que celui-ci ne laisse pas derrière lui une masse d'eau en mouvement apparaissent deux nouvelles vagues, sur sa poupe, à travers lesquelles l'eau retrouve la vitesse générale du courant.

Si vous regardez les choses avec plus d'attention, vous noterez que si l'eau se soulève là où se trouvent les ondes d'étrave et de poupe, elle se creuse par contre le long des flancs du navire en descendant en dessous de la ligne de flottaison. Cela est dû au fait qu'en cet endroit elle s'écoule plus vite.

Nous avions alors découvert que pour empêcher toute onde de se former il fallait maintenir la hauteur d'eau constante tout autour de la maquette. Pour cela, il fallait accélérer le fluide là où il avait tendance à ralentir, c'est-à-dire au voisinage de l'étrave et de la poupe et au contraire le ralentir sur les flancs du vaisseau (en fait, l'empêcher de s'accélérer naturellement).

Nous dotâmes donc une maquette de tout un jeu d'électrodes, non représenté, et finîmes par obtenir le résultat souhaité en

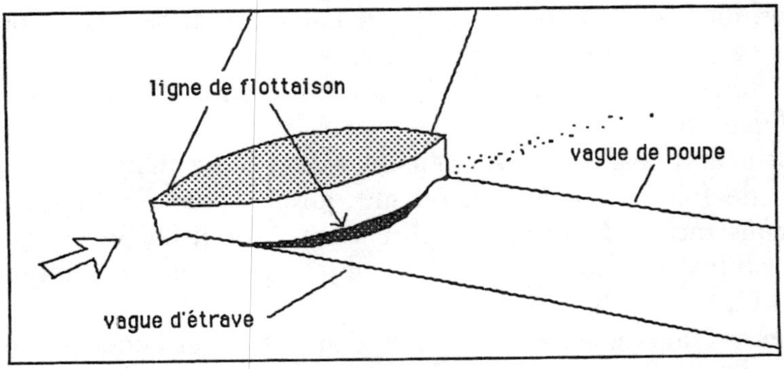

Représentation schématique du système des vagues d'étrave et de poupe autour d'un navire « fendant les flots »

ajustant soigneusement les intensités des courants débités et la direction du champ magnétique. Cela faisait au passage disparaître toute turbulence de sillage.

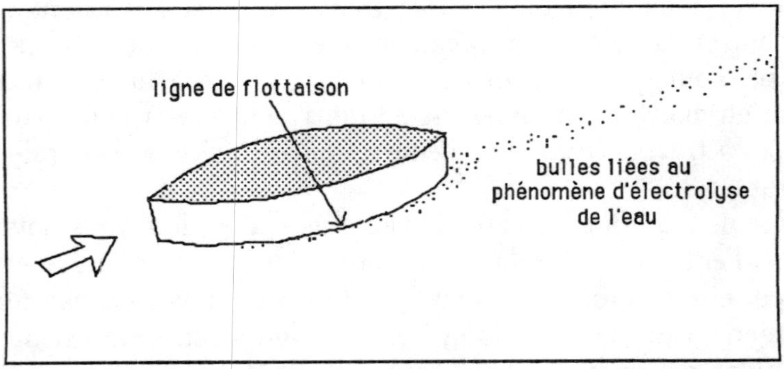

Ces mêmes vagues, éliminées grâce à la MHD

Lorsqu'un navire de fort tonnage croise à vive allure, il crée des vagues d'étrave et de poupe très importantes. S'il passe alors à proximité d'une côte ou entre dans un port, il peut créer des dommages importants. On imagine mal un pétrolier géant ou un destroyer entrer dans un port à 40 kilomètres à l'heure : il démolirait tout simplement les installations portuaires[1]. Je ne sais pas si les Japonais, qui envisagent maintenant très sérieusement la propulsion des navires par ce procédé, ont considéré la chose sous cet angle. En tout cas une chose est claire : ces vagues véhiculent une importante énergie. Le sillage turbulent représente lui aussi une importante dissipation. Si on évite leur formation, on dépense moins de puissance pour faire avancer le navire.

Pour les ondes de choc c'est exactement la même chose. Tout ce bruit que créent les avions se déplaçant à vitesse supersonique n'est pas gratuit. Quand un appareil se déplace dans l'air à deux fois la vitesse du son, il consomme la moitié de sa puissance à vaincre le frottement de l'air, et l'autre moitié à casser inutilement les carreaux dans la campagne. Ce qui veut dire qu'il y a une traînée de frottement et une « traînée d'onde », contre laquelle il doit lutter. Ainsi, le fait que nous ayons pu montrer expérimentalement qu'on pouvait supprimer à la fois les ondes et la turbulence était un résultat de mécanique des fluides intéressant. Il aurait été facile d'étudier cela avec soin, et non dans les conditions aberrantes qui étaient les nôtres et que le lecteur peut aisément imaginer, en y consacrant des moyens relativement modestes.

Mon dossier CNRS de ces années 70-80 est plein de projets divers et variés, associés à des demandes minimes, dans le but de développer ces recherches, qui n'eurent jamais le moindre écho.

1. De la même façon un avion qui survolerait une ville à Mach 3 ou 4 ne se contenterait pas de briser les vitres : il effondrerait carrément les toitures.

CHAPITRE 3

Les nefs ummites

Le congrès de Moscou

À l'époque les recherches sur la MHD étaient, en France, officiellement abandonnées. Le seul pays qui s'y intéressait encore activement était l'URSS. Cette année-là se tenait à Moscou un congrès international et je décidai de m'y rendre pour présenter ces travaux. Ma communication fut acceptée sans difficulté. Restait à trouver l'argent, éternel cauchemar de tout chercheur. Le problème était particulièrement aigu s'agissant de ce pays. Le voyage aller et retour n'était pas donné. Mais, fait aggravant, lorsqu'un chercheur venait en URSS pour y assister à un congrès, il ne pouvait pas choisir son hôtel et on le logeait d'office dans ces palaces qu'on trouve à Moscou ou ailleurs. Le prix de la pension complète était vertigineux. En faisant le compte du peu d'argent dont je disposais, je pouvais payer le voyage, mais non le séjour plus les frais d'inscription, qui étaient élevés. Il restait une solution : on pouvait se contenter de prendre la chambre avec le petit déjeuner, sans les repas. C'est ce que je fis. Je garde un souvenir assez cauchemardesque de ce colloque[1]. Le matin, le petit déjeuner se prenait dans une sorte de libre-service, très bien achalandé. Puis un car nous emmenait vers le lieu où se tenait le congrès, autour duquel il n'existait aucun

1. Avec mon thésard Bertrand Lebrun, nous présentâmes une nouvelle communication au 9e colloque international de Tsukuba, en 1986, mais faute de crédits nous ne pûmes nous rendre sur place.

restaurant. Pendant ces journées, la seule solution que je dus employer fut de bourrer mon sac de croissants, au petit déjeuner, et de me nourrir tant bien que mal avec cela pendant le reste de la journée, jusqu'au matin suivant.

Au moment des repas mes collègues me demandaient si j'allais me joindre à leur table, mais comme je n'avais évidemment pas de tickets, je donnais un prétexte quelconque pour aller manger mes croissants à l'écart, ce qui était profondément humiliant.

Mon désir de participer à ce colloque avait d'autres buts. C'était pour moi l'occasion de rencontrer mon collègue et ami Vladimir Aleksandrov, que j'avais connu en France des années auparavant. Comme je l'ai dit un peu plus haut, les textes ummites avaient attiré mon attention sur un développement insoupçonné des armements (qui devait, à terme, déboucher sur ce qu'on allait appeler la guerre des étoiles). Mais il y avait autre chose. Les Ummites racontaient que les Terriens étaient sur le point de faire une découverte terriblement dangereuse, celle des « armes au plasma ». Ils précisaient que ces armes nouvelles n'avaient plus rien à voir avec celles que nous avions, basées sur la fission et la fusion, mais faisaient intervenir des processus physiques entièrement nouveaux, liés aux états hyperdenses de la matière et à l'antimatière.

Au printemps 1976 j'avais déjà pu faire un début d'enquête aux États-Unis, en profitant d'un voyage effectué pour la revue française *Science et Vie*, pour laquelle je travaillais encore à l'époque. Le journal m'avait envoyé là-bas, à l'occasion du bicentenaire de la révolution américaine, et j'étais censé faire un rapport sur les recherches de pointe qui se déroulaient dans ce pays. En jouant les espions amateurs, protégé par ma couverture de journaliste, j'en avais profité pour passer à Sandia et à Livermore, qui sont les hauts lieux de la recherche américaine en matière d'armements thermonucléaires et j'avais fait là-bas de singulières découvertes. Mais cela nous emmènerait beaucoup trop loin et a fait l'objet d'un autre ouvrage[1].

1. *Les Enfants du Diable*, *op. cit.*

Mon voyage à Moscou complétait cette enquête menée outre-Atlantique. J'y retrouvai mon ami Aleksandrov qui me confirma que son pays s'était bien lancé dans l'étude d'armes à antimatière et des « plasmas hyperdenses ». Sa spécialité n'était pas les armements, puisqu'il travaillait, avec son collègue Stenchikov, dans un institut de météorologie. C'est lui qui avait, quelques mois plus tôt, publié un article qui allait avoir un certain retentissement, en évoquant le thème de l'hiver nucléaire, conséquence d'une guerre nucléaire massive.

Quand nous nous rencontrâmes, il était terriblement nerveux et évoquait sans cesse des informations qu'il détenait et qui semblaient lui brûler les mains.

– Je sais, disait-il, des choses qui te feraient frémir.

– Mais comment les as-tu apprises ?

– Lorsque j'ai publié mon article sur les conséquences terribles d'une guerre thermonucléaire, jusqu'ici insoupçonnées, j'ai reçu des envois anonymes qui émanaient de chercheurs qui paraissaient avoir une conscience lourde et semblaient me demander par ce biais d'avertir la communauté internationale sur ce qui se préparait en secret dans les laboratoires militaires.

Il ne voulut pas m'en dire plus. Vladimir emporta ses secrets dans la tombe, puisqu'il fut assassiné deux ans plus tard, en 1985, à Madrid, ville où il était venu prononcer une conférence. En fait il se volatilisa purement et simplement. On perdit sa trace à la sortie de son hôtel et son corps doit aujourd'hui reposer dans un bloc de béton, quelque part dans la ville.

Quoi qu'il en soit cette histoire m'apprit que certaines démarches pouvaient se révéler dangereuses et coûter la vie à des gens trop curieux. Un scientifique intègre et compétent avait voulu attirer l'attention du public sur la folie des hommes. Alors, quelque part, un autre homme avait décroché un téléphone et commandité son élimination, qui s'était opérée dans l'indifférence générale. Vous ne trouverez nulle part de place Aleksandrov ou de rue Aleksandrov. Il ne reste plus, dans les archives de la télévision japonaise, que des images d'un homme chaleureux et honnête et, à Moscou, une petite fille dont le père a brusquement disparu.

Le colloque d'Evanston

Poher avait de nombreux contacts dans la « communauté ufologique ». Parmi les gens qui s'étaient intéressés aux ovnis on trouvait l'astronome Allen Hynek, aujourd'hui décédé. Son nom est indissociable de l'histoire du phénomène ovni aux États-Unis. Paradoxalement, en tant que scientifique, il avait longtemps nié la réalité physique du phénomène. Confronté à des témoins, il avait été de ceux qui expliquaient que la plupart des témoignages pouvaient se résumer à l'observation d'une planète ou de quelque phénomène météorologique. En 1966, il avait proposé une nouvelle interprétation, dite « du gaz des marais ». Klass pensait que les témoins pouvaient avoir observé des « plasmoïdes baladeurs ». Hynek suggérait que certaines manifestations pouvaient se réduire à l'observation de la combustion spontanée du gaz issu de la décomposition de végétaux.

Dans les années 60 les journalistes américains partageaient et amplifiaient l'inquiétude présente dans le grand public. Ainsi, lorsque Klass et Hynek avaient avancé ces soi-disant explications, la presse s'en était emparée et certains journaux n'avaient pas hésité à titrer : « Le mystère est élucidé. Les partisans des soucoupes volantes sont le vivant exemple de la faiblesse humaine qui durera tant que l'homme vivra » (*New York Times*, 1966).

Le sénateur Gerald Ford demanda cependant un complément d'enquête. Une réunion eut lieu où étaient présents le secrétaire de l'Armée de l'air américaine, Harold Brown, devenu entretemps directeur du projet Blue Book, le commandant Hector Quintanilla et Allen Hynek, conseiller scientifique. Brown annonça avec conviction que les dix-huit années d'étude du phénomène n'avaient rien révélé qui mérite de poursuivre un tel travail et ce pour deux raisons. La première était que ce phénomène ne semblait nullement représenter une menace quelconque pour la sécurité des États-Unis et la seconde que rien n'indiquait qu'il puisse s'agir de véhicules extraterrestres, ou terrestres, mettant en jeu des concepts scientifiques nouveaux et inconnus.

En 1966 le gouvernement américain demanda à l'université du

Colorado et plus précisément au professeur Condon d'effectuer une étude complète du dossier Ovni, qui déboucha sur son célèbre rapport de 1 450 pages, déjà évoqué. Au moment où la commission Condon devait commencer ses travaux, le doyen de l'université, Robert Low, adressa à ses membres une note extrêmement maladroite, où il tentait de situer l'optique dans laquelle les études devraient être menées selon lui ; il écrivait en substance :

« L'idée serait, je pense, de présenter le projet de manière qu'il apparaisse d'une totale objectivité aux yeux du grand public mais qu'aux yeux de la communauté scientifique il offre l'image d'un groupe de sceptiques faisant de son mieux pour être objectif, tout en ne laissant guère d'espoir de trouver quoi que ce soit de concret dans ce dossier, sous la forme d'une soucoupe volante. »

Une telle maladresse, qui ruinait d'entrée de jeu la crédibilité du projet, ne pouvait provenir que d'un homme de bonne foi. À l'époque l'immense majorité des scientifiques, agacés par le tapage fait autour de ces histoires d'apparitions, ne croyaient pas un instant à leur matérialité. Low incitait donc simplement les membres du groupe à en finir au plus vite avec toutes ces âneries, le temps des scientifiques et l'argent des contribuables devant être consacrés à des tâches plus importantes. Mais des membres de la commission Condon réagirent avec vigueur. Le document sortit du cercle restreint et fut connu. Les auteurs de la fuite furent alors immédiatement sanctionnés et exclus. Parmi les protestataires on trouva un Allen Hynek de plus en plus troublé, opérant un virage à 180° par rapport à l'attitude qu'il avait tenue pendant vingt ans, suggérant même que l'étude du phénomène ovni pouvait à terme déboucher sur une percée scientifique capitale, quelle que fût sa nature.

J'avais lu ses différents livres et lorsque Poher me proposa de l'accompagner aux États-Unis pour assister à un colloque qu'il organisait près des Grands Lacs, à Evanston, j'acceptai avec joie. En 1972, celui-ci avait fondé le CUFOS (Center For UFOS Studies). J'imaginais que cet organisme devait être doté de moyens qui pourraient peut-être permettre d'entamer des recherches fructueuses outre-Atlantique. Ma déception fut grande : ce fameux CUFOS n'était qu'un deux-pièces minuscule et son personnel se limitait à une secrétaire.

Pourtant certains des congressistes se montrèrent intéressés par ma communication. J'avais fait un exposé, présenté le fameux film réalisé dans la cuisine de Maurice et d'autres résultats concernant nos expériences. Le temps de parole de vingt minutes qui m'avait été imparti était écoulé. Hynek s'apprêtait à donner la parole au conférencier suivant, lorsque ce dernier s'écria :

– Ce que raconte ce Français est trop intéressant. Je lui cède mon temps de parole, qu'il continue !

Hynek se montra visiblement agacé. Je me sentais dans cette assemblée, en dehors de l'intérêt que mon exposé avait suscité chez certains, comme un chien dans un jeu de quilles et je ne comprenais pas pourquoi. En vérité, depuis des années une profonde transformation s'était opérée chez ces « ufologues » américains. Le même phénomène avait gagné de nombreux pays. A l'origine, il y avait les thèses de Jacques Vallée, cité plus haut.

En apportant soudain une interprétation du phénomène ovni fondée sur des bases physiques, totalement inattendue, je me situais complètement à contre-courant. Hynek, qui devait déclarer en 1979 : « Tout le problème vient de ce qu'on a établi un lien direct : ovni égale extraterrestre », avait déjà adhéré à ces thèses et donnait à fond dans cette interprétation fondée sur le « paranormal ».

Ma surprise fut encore plus grande lorsque je constatai que Poher, finalement, penchait également dans cette direction.

Je ne comprenais rien à ce que les conférenciers exposaient et je me souviens d'une phrase de Poher, qui commentait ainsi un des exposés : « La première chose à faire, lorsqu'un cas d'ovni est signalé, est de voir s'il n'y a pas des adolescents prépubères à proximité et si ceux-ci n'ont pas fait montre, dans leur passé, de pouvoirs paranormaux. »

En effet, prétendait-il, c'étaient des adolescents prépubères qui produisaient le plus de phénomènes paranormaux. Au milieu de toute cette foule je me sentais complètement étranger, avec mes électrodes, mes champs magnétiques et mes forces de Laplace. Ce voyage se révéla donc totalement inutile.

La bévue de Poher

En dépit de son singulier point de vue sur le sujet, Poher avait obtenu que le CNES crée un nouveau département, le GEPAN, qui devait se consacrer entièrement à l'étude des ovnis. C'était une première mondiale. Il répondait aux questions des journalistes et les ufologues avaient l'œil fixé sur cette entreprise. Pendant ce temps, Maurice et moi cherchions ici et là des condensateurs, des alimentations et des instruments de mesure, dont les laboratoires acceptaient de se défaire, tandis que son directeur, Georges Courtès, continuait de fermer les yeux sur nos activités dominicales.

Peu de temps après la création du GEPAN, Poher adressa une belle lettre au directeur du laboratoire de Maurice en lui disant :

– Le nouveau département dont je m'occupe s'apprête à lancer toute une série d'études concernant le phénomène ovni. Jean-Pierre Petit, grâce à un de vos collaborateurs, mène dans votre laboratoire des recherches qui nous intéressent vivement et nous souhaiterions que vous lui apportiez votre appui et que puissent être définies les modalités d'une collaboration.

Le directeur de Maurice appela aussitôt la direction générale du CNRS pour demander des instructions. La réponse fut tranchante comme un coup de sabre : « Pas de ça chez vous ! » Maurice fut convoqué et sermonné. Son directeur évoqua les graves conséquences que cet exercice illégal de la physique pourraient avoir sur sa carrière et nous interdit désormais toute expérimentation dans ses locaux.

J'appelai Poher en lui disant qu'il aurait pu nous consulter avant de prendre une telle initiative et que nous nous retrouvions désormais privés de tout moyen de faire des expériences.

Maurice, qui m'avait bien aidé, préféra abandonner.

Poher m'avait envoyé un nommé Gilbert Payan, un polytechnicien. Il prit contact avec moi fin 1976, dans la chambre d'hôpital où je gisais, grabataire, après un accident de travail[1]. Je ne compris que bien des années plus tard que cet homme servait

1. Notre lourd électro-aimant m'était un jour tombé dessus, me brisant les reins et m'expédiant directement à l'hôpital pour six longs mois.

d'intermédiaire entre le milieu scientifique et les militaires. J'ai déjà parlé de ce personnage trouble dans un autre ouvrage[1], sous le pseudonyme de Maillan (j'avoue que sur ce plan je ne m'étais pas beaucoup cassé la tête). La chose qui me frappait le plus, chez lui, c'était sa capacité à engloutir des déjeuners d'affaire. Il m'invitait régulièrement dans des restaurants luxueux, quand il m'arrivait de monter à Paris. Les notes, qu'un maître d'hôtel stylé déposait sur la nappe blanche, me laissaient rêveur. Je me disais, pensif : « Ah, si je pouvais disposer pour mes recherches de ce que cet homme dépense chaque jour en déjeuners, je pourrais en faire, des choses. »

Il parasita mon existence professionnelle pendant quelques années, puis disparut comme il était venu, dans l'ombre qu'il affectionnait. Je ne sais pas ce qu'il est devenu, mais s'il a continué à pratiquer à ce rythme une gastronomie aussi hard, j'espère pour lui qu'il ne s'est pas encrassé les artères. À ce rythme, moi je n'aurais jamais tenu le coup.

Antonio Ribera, Rafael Farriols et Jean-Jacques Pastor

En même temps que nous effectuions des recherches scientifiques avec les moyens du bord, je m'étais efforcé de me procurer de nouveaux documents en Espagne. Cela m'amena à faire connaissance d'un Catalan nommé Antonio Ribera, qui devint mon ami. Celui-ci avait connu le temps de la Baleine Joyeuse et avait reçu à une certaine époque pas mal de lettres et de rapports. Mais cet homme fier avait volontairement décidé de rompre cette *omertà* sans cesse recommandée par les Ummites. Étant journaliste, il avait publié un livre où il avait reproduit de nombreux textes. Je fus tout de suite séduit par cet homme chaleureux et sans détour, qui pendant longtemps fut notre principal contact vis-à-vis de cette affaire Ummo.

Contrairement à d'autres contactés qui avaient adopté une attitude comparable à de la dévotion, Ribera n'avait aucun res-

1. *Enquête sur les OVNIS*, *op. cit.*

pect pour ces manipulateurs qu'il appelait « ces messieurs de Ummo » et ne le cachait pas dans ses écrits. Les Ummites avaient alors cessé de lui écrire.

Antonio est aujourd'hui bien malade et souffre du délabrement de son système cardiovasculaire. Je ne peux m'empêcher de raconter une anecdote qui résume sa personnalité si attachante. Il y a un an, il eut des ennuis de santé et dut subir une opération chirurgicale : le chirurgien projetait du lui implanter dans une artère un dispositif qui s'ouvre automatiquement et que les spécialistes appellent un « parapluie ». Au moment où Antonio était conduit sur un lit roulant vers la table d'opération, le chirurgien lui donna des précisions sur l'intervention qu'il allait effectuer et notre Catalan lui répondit :

– Me donner un parapluie ? C'est inutile, je les perds toujours !

Il faut une sacrée dose de courage pour réussir à plaisanter dans de telles conditions.

Après l'abandon de Maurice, j'étais seul en France à m'intéresser à cette affaire de contacts avec des gens qui se prétendaient venus d'une autre planète, mais je reçus alors un renfort appréciable en la personne de Jean-Jacques Pastor. Celui-ci s'occupait, dans la ville de Digne, d'un centre de réinsertion pour jeunes délinquants ou pré-délinquants. Il avait de longue date été intéressé par le sujet ovni et avait mené plusieurs enquêtes dans la région. Il se présenta un jour chez moi en me disant :

– J'ai appris que vous travailliez sur des textes reçus d'Espagne et je viens vous offrir mes services. Je lis et parle couramment l'espagnol.

C'était inespéré car je ne connaissais pas cette langue et avais dû jusqu'ici avoir recours à des traducteurs occasionnels. Jean-Jacques se plongea dans les centaines de pages que j'avais ramenées au cours de mes pérégrinations dans la péninsule ibérique et je pus alors découvrir l'ampleur des documents qui étaient en ma possession. À ce jour il en a traduit plus de mille pages, ce qui représente un travail assez considérable.

Il y avait en particulier un texte savoureux intitulé « Les premiers jours sur Terre ». Celui-ci donna lieu à de nombreuses enquêtes sur le terrain. Mais comme tout ceci a déjà été décrit dans l'ouvrage précédent nous ne reviendrons pas sur cet aspect particulier du dossier, digne d'un film de Spielberg.

Une description de nefs interstellaires dans les documents ummites

Depuis que le phénomène ovni défraie la chronique, pratiquement depuis 1947, beaucoup de gens se sont demandé à quoi pouvaient ressembler d'éventuelles « nefs extraterrestres », si tant est que celles-ci existent vraiment.

Au voisinage du sol les témoins décrivent des objets d'assez petite taille, en moyenne de quelques dizaines de mètres d'envergure. Il existe cependant un bon nombre de témoignages qui se réfèrent à des machines beaucoup plus impressionnantes. Ainsi, pendant la vague belge de 1991, des ouvriers parlèrent-ils d'un engin énorme qui aurait lentement survolé la cour de leur usine, et qu'ils comparèrent « à un porte-avions renversé ».

Nous devons aussi à certains contactés des récits où, emportés à bord de soucoupes considérées comme de simples navettes, ils auraient été emmenés jusqu'à des « vaisseaux-mères », de dimensions kilométriques. On retrouve ce thème de l'énormité du véhicule interstellaire dans le film de Spielberg, *Rencontres du troisième type*. Le spectateur se souviendra avoir vu, à la fin du film, apparaître une chose absolument immense, éclairée comme un gâteau d'anniversaire géant.

Les textes ummites décrivent des vaisseaux à tout faire, capables, selon leurs auteurs, de franchir les années-lumière comme de croiser à très grande vitesse dans notre atmosphère. Ceux-ci seraient d'une taille très modeste puisque leur diamètre serait à peine supérieur à treize mètres. Ils affecteraient la forme de deux assiettes accolées, surmontées par une espèce de dôme d'apparence translucide.

On aurait tendance à croire que ce dôme contiendrait l'habitacle. Eh bien non, selon les auteurs, c'est là que se trouverait le moteur, ou du moins la source d'énergie.

Au contact avec le sol, l'objet reposerait sur trois pieds télescopiques, rétractables dont la longueur pourrait être ajustée pour tenir compte du relief et garantir l'horizontalité de la machine sur tous les terrains. Les expéditionnaires pourraient alors sortir par une trappe située à la partie inférieure de l'appareil. Jusqu'ici, rien de très original.

On trouve, dans les rapports, des vues en coupe de la machine, relativement détaillées.

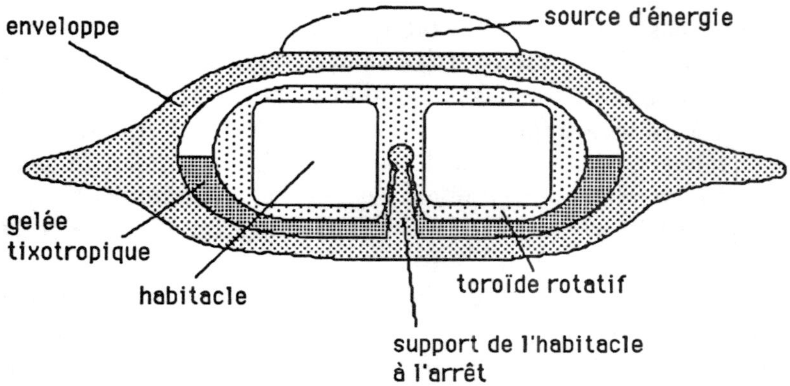

Un nef ummite, au sol, vue en coupe

Nous trouvons sur ces dessins différents éléments ayant chacun une fonction bien définie. Toute la machinerie serait pratiquement concentrée dans une enveloppe épaisse. L'habitacle aurait la forme d'un tore. Lorsque la machine serait à l'arrêt, celui-ci serait rendu solidaire de l'enveloppe grâce à un pivot. Dans l'espace séparant le tore de l'enveloppe se trouverait une gelée transparente, appelée dans les documents TAXEE. En utilisant l'écoutille, les passagers de l'engin pourraient s'introduire dans l'habitacle torique et revêtir des combinaisons très sophistiquées. La gelée serait alors pompée et envahirait celui-ci. Elle aurait une fonction bien précise : permettre aux passagers de résister à des accélérations allant jusqu'à 50 g.

Quand on y réfléchit, c'est loin d'être stupide. La meilleure façon de supporter de fortes accélérations est précisément d'être immergé dans un milieu fluide. Quand nos astronautes sont dans leurs fusées, ils sont couchés sur le dos. Cette posture leur permet de résister à des accélérations allant jusqu'à 8 g. C'est-à-dire que, pendant ces instants, ils pèsent huit fois leur poids nominal, terrestre. La position allongée évite que le sang n'afflue dans la tête ou dans les pieds. Dans les avions de chasse, les pilotes sont assis. Les accélérations qu'ils encaissent au cours de leurs manœuvres sont donc dirigées selon l'axe de leur corps. Elles sont tout aussi intenses. En virage serré, pour que le sang ne quitte pas la tête, que les pilotes n'aient pas « le voile noir », on leur comprime fortement les jambes et les cuisses à l'aide d'une combinaison « anti-g ». Celle-ci empêche le sang d'affluer dans les membres inférieurs. La pression n'est pas appliquée en permanence, mais seulement lorsque le pilote « tire sur le manche ». Un accéléromètre de bord détecte l'accélération subie par le corps et le dispositif est mis en pressurisation, laquelle cesse dès que l'accélération disparaît.

Quand j'étais plus jeune, j'ai eu l'occasion de voler sur des avions à réaction et de subir 4 g, et plus, sans combinaison anti-g. Je n'ai jamais trouvé cela très agréable. On pèse quatre à cinq fois son poids. On a l'impression que la mâchoire va se décrocher et on a les bras soudés aux accoudoirs. J'ai toujours beaucoup aimé voler et je continue de pratiquer l'aile volante, le deltaplane, mais je me suis toujours demandé comment des pilotes pouvaient ainsi quotidiennement encaisser de tels chocs au cours de leurs évolutions serrées. Il faut vraiment avoir une sacrée constitution pour vivre cela au quotidien.

Les accélérations étaient très élevées au début des vols spatiaux. Elles sont toujours maximales en fin d'« injection », lorsque la capsule spatiale reçoit le supplément de vitesse nécessaire pour la mise sur orbite. Mais actuellement elles ne dépassent pas 4 g.

Même remarque pour les phases de rentrée. Les premiers astronautes, enfermés dans des capsules comme Mercury, étaient soumis à des décélérations très importantes et devaient être d'une bonne constitution physique. Un cosmonaute soviétique fut d'ailleurs tué par une trop forte décélération, due à une erreur sur l'angle de rentrée dans l'atmosphère.

Le fait d'être immergé dans un fluide permet à priori de résister à des accélérations beaucoup plus importantes. Je serais curieux de voir combien de g pourrait encaisser un poisson rouge dans son aquarium.

Pourquoi n'utilise-t-on pas ce système pour les vols spatiaux et dans les avions ? À cause du poids, bien sûr.

On sait depuis longtemps que les êtres humains résistent beaucoup mieux à des impulsions d'accélération qu'à une accélération appliquée en continu. Mais les moteurs des fusées ne fonctionnent pas ainsi. L'accélération subie par l'astronaute est constante, tout au long de la mise en vitesse de sa capsule. Dans la nef ummite, les choses se passeraient différemment. Le mode de propulsion électromagnétique permettrait de créer un programme séquentiel de mise en vitesse. Pendant un bref intervalle de temps le corps serait soumis à 50 g, puis l'accélération cesserait, et ainsi de suite.

Dans les phases d'accélération la nef ummite emprisonnerait les passagers dans une gangue solide. La gelée qui emplirait l'habitacle aurait en effet la propriété de passer instantanément de l'état solide à l'état liquide sous l'effet d'un champ électrique.

Nous ne connaissons pas actuellement une telle substance, mais elle est tout à fait envisageable. Depuis fort longtemps nous utilisons des fluides ayant des propriétés tixotropiques naturelles, pour effectuer des forages pétroliers.

Qu'est-ce que la « tixotropie » ? Quand on effectue un forage, on injecte un fluide selon l'axe du trépan, qui est creux, et ce fluide sert de lubrifiant. Si on forait « à sec », on casserait aussitôt le trépan. Mais si on procédait en injectant simplement de l'eau, que se passerait-il lorsqu'on interromprait l'opération ? L'eau diffuserait dans les sols poreux et le matériau environnant se collerait au trépan. Lorsqu'on voudrait reprendre le forage au bout de plusieurs jours, ou mois, on casserait l'engin. On utilise alors des boues que l'on trouve au Mexique et dans d'autres endroits, qui ont la propriété de se comporter comme des solides, comme un ensemble de particules hydratées, au repos. Lorsqu'on les soumet à des vibrations, elles redeviennent fluides. On peut donc interrompre les forages sans problème pendant des périodes prolongées.

Ces boues tixotropiques constituent aussi ce que nous appelons les « sables mouvants ». Même comportement. On avance sur ce sol et, au moindre ébranlement, la surface solide se transforme en liquide et vous engloutit. Puis, aussitôt après elle vous emprisonne, étant redevenue solide. Impossible de nager dans un tel milieu. Au moindre mouvement, on s'enfonce encore plus.

Quand j'avais douze ans j'ai failli disparaître à jamais dans l'estuaire de Bénodet, en Bretagne. J'étais boy-scout. Je me promenais en traînant derrière moi une branche d'arbre que j'avais coupée et que je ramenais au camp. Je marchais tout tranquillement et je me suis soudain retrouvé emprisonné jusqu'à la taille dans une boue noirâtre et gluante. Je n'ai pu m'extraire de ce piège mortel que grâce à la branche en question, sur laquelle j'ai pu prendre appui.

Si on en croit les auteurs des documents, lorsque leur vaisseau évoluerait à grande vitesse dans l'espace aérien, ses passagers flotteraient donc dans leur gelée, protégés par leurs scaphandres. Quand le véhicule accélérerait ou ralentirait, cette gelée les emprisonnerait et les protégerait. Les passagers « auraient alors l'impression d'évoluer dans un milieu un peu visqueux ».

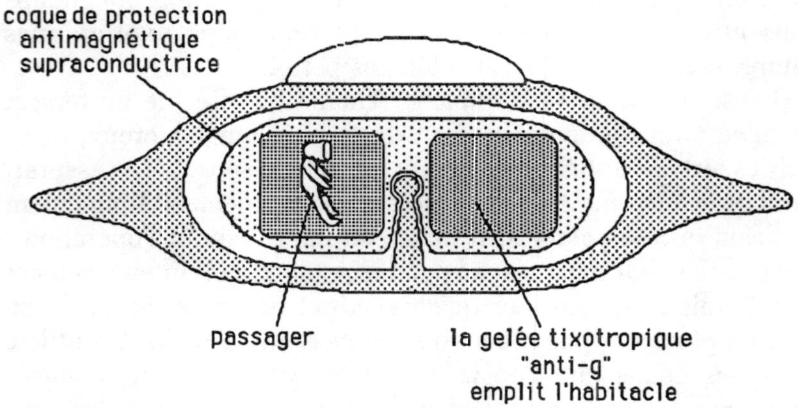

Configuration de la nef pendant une phase d'accélération

On distingue sur l'image ci-dessus un des passagers de la nef quand la gelée a quitté l'espace séparant la coque du toroïde-habitacle et a envahi celui-ci. C'est elle qui permettrait aux passagers de supporter les fortes impulsions d'accélération. Pendant ce vol propulsé intra-atmosphérique, effectué grâce à la MHD, la machine sécréterait un fort champ magnétique alternatif, qui pourrait être préjudiciable aux passagers : ceux-ci risqueraient alors de se retrouver cuits comme dans un four à micro-ondes. Une enveloppe protectrice faite d'un matériau supraconducteur empêcherait donc ce champ magnétique d'agir à l'intérieur de la cabine : l'effet Meissner[1] protégerait à la fois les passagers et les organes de la machine qui seraient sensibles à ce champ variable.

Lorsque la nef évoluerait à vitesse constante, pendant la « croisière », le support du toroïde serait désolidarisé du reste de la machine, pour permettre une rotation lente de l'habitacle, destinée à créer une pesanteur artificielle. Celle-ci serait maintenue durant tout le vol spatial. On sait qu'une absence totale de pesanteur est préjudiciable à l'organisme humain, si celle-ci se prolonge sur de longues périodes, et les Ummites prétendent être des êtres humains assez semblables à nous.

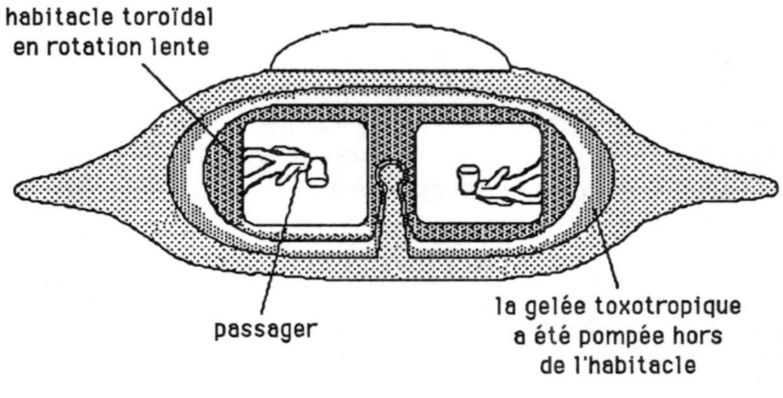

La nef, durant le vol interstellaire proprement dit

1. Une paroi supraconductrice est « imperméable » vis-à-vis des variations de champ magnétique.

Si on se réfère aux dessins des premiers rapports, le corps du passager ne serait qu'à quelques mètres de l'axe de rotation de la cabine. Sa position pourrait donc être comparée à celle d'une personne qui utiliserait un manège de fête foraine d'assez petite dimension. Quand on est dans une telle situation, il se passe des choses étranges dans les canaux semi-circulaires de l'oreille interne, spécialement lorsqu'on tourne la tête. Cela est dû à une force qu'on appelle la force de Coriolis et c'est elle qui rend les gens malades dans ces manèges. Les pilotes des avions à réaction le savent bien, qui, lorsqu'ils font des évolutions serrées, tournent les yeux, mais non la tête.

Les canaux semi-circulaires renseignent l'être humain sur toutes les accélérations qu'il subit, que cela soit en ligne droite ou lors d'un mouvement de rotation (accélération angulaire)[1]. Le cerveau tente d'intégrer tant bien que mal toutes ces informations internes qui sont comparées aux stimuli externes reçus par les yeux. Lorsque les deux systèmes informatifs fournissent au cerveau des données qui semblent à ce dernier contradictoires, cela produit un malaise physique très désagréable : la nausée. Pour assumer une telle situation, quand on est sur un bateau par exemple, il n'y a que deux solutions : soit être très attentif et participer activement aux manœuvres, auquel cas tout le système proprioceptif[2] du corps est en éveil, soit s'abandonner complètement sur une couchette en fermant les yeux (ce qui revient à débrancher le « repère visuel »).

Sur ce plan la force de Coriolis est ce qui crée les effets les plus ravageurs. Les auteurs des documents prétendent être eux

1. Ce système est d'ailleurs très imparfait. Il existe un test très simple qu'on fait subir aux astronautes. On les assied sur un siège qui peut simplement pivoter selon un axe vertical passant par l'axe du corps et on leur bande les yeux. Le fauteuil subit alors une série d'accélérations angulaires aléatoires. Il se met en mouvement, s'arrête, repart dans n'importe quel sens, etc. Au bout de quelques secondes on ne sait absolument plus où on en est. Non seulement on n'a plus la moindre idée de la direction où on se trouve, mais l'horizon lui-même semble basculer, comme si ces mouvements anarchiques avaient créé un sérieux désordre dans les petits cristaux qui baignent dans le liquide contenu dans les canaux semi-circulaires et informent le cerveau des accélérations en effleurant des poils minuscules. L'effet est extraordinaire. Je le sais : j'ai subi un tel test dans un centre spatial.

2. Ensemble du système des « capteurs » humains, externes et internes, qui renseignent l'individu sur la position des parties de son corps et de son attitude dans l'espace.

aussi sensibles au mal de l'espace, et, en mettant leur petite cabine en rotation, ils ne se simplifient pas les choses. Aussi précisent-ils que les passagers des nefs seraient équipés d'un implant, introduit chirurgicalement dans l'oreille interne, pour palier ce désagréable effet.

Quand la cabine tournerait, provoquant une pesanteur artificielle, le passager aurait donc les jambes plaquées contre la paroi de l'habitacle. Celui-ci est exigu. Pourtant une douzaine d'expéditionnaires seraient censés prendre place dans de telles nacelles, pendant des durées très importantes, qui se chiffreraient en moyenne en mois terrestres. L'un des vols Ummo-Terre aurait duré six mois. On peut se demander comment il est possible de faire cohabiter des passagers dans une telle promiscuité.

Les textes de 1968 (reçus par Villagrasa) qui décrivent les vaisseaux apportent une explication. La proximité ne serait pas ressentie par les passagers. Ils ne seraient pas non plus placés en hibernation. En fait, leur scaphandre sophistiqué recréerait toute une « réalité virtuelle ». Celui-ci ne collerait pas à leur peau, mais se maintiendrait à distance par un phénomène électrostatique. Donc les passagers de la nef ne sentiraient pas ce « vêtement ». Seul le casque serait volumineux. Une partie importante de celui-ci serait constituée par un écran qui fournirait des images en relief absolument parfaites, le grain de celles-ci étant supérieur au pouvoir séparateur de la rétine. L'impression de relief serait obtenue à l'aide d'un dispositif sophistiqué, sans nécessiter le port de lunettes, et la gamme des couleurs serait très vaste. Toutes les pseudo-sensations qui seraient envoyées au passager du vaisseau correspondraient systématiquement à des gammes qui excéderaient les capacités de leurs propres organes de perception, que cela soit au point de vue visuel, auditif, olfactif[1] ou cutané[2]. Bref, enfermé dans son scaphandre l'Ummite pourrait vraiment se croire n'importe où, sauf emprisonné à l'intérieur de son minuscule habitacle.

Tout un environnement serait recréé artificiellement. Les passagers seraient nourris par la bouche, à l'aide d'un petit tube. La

1. L'olfaction joue un rôle très important chez les Ummites.

2. La peau des Ummites serait infiniment plus sensible aux infrarouges que la nôtre.

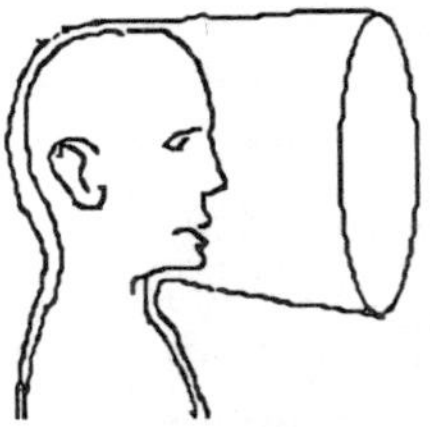

Le casque du scaphandre ummite

défécation ne poserait aucun problème. Une capsule serait introduite dans l'anus qui transmuterait automatiquement les fèces en hélium.

Des dispositifs placés sur les doigts recréeraient des impressions tactiles artificielles, ce qui leur donnerait l'impression de manipuler des objets, si cela était nécessaire à leur équilibre psychologique.

Nous sommes en train, de nos jours, d'entrevoir toutes les potentialités de ces réalités virtuelles et sur ce plan nous n'en sommes qu'au tout début. Il n'y a qu'à comparer les premières images de synthèse avec celles utilisées par Spielberg dans son film *Jurassic Park*. Bien malin qui pourrait maintenant deviner, sans le savoir, que les dinosaures que l'on voit dans le film ne sont pas des maquettes animées, mais de pures créations d'un ordinateur. Si nous arrivons à découvrir les procédés qui permettraient à ces Ummites de créer l'impression de relief, nous serons un jour incapables de savoir si ce que nous voyons par la fenêtre d'un appartement correspond à un jardin verdoyant (et pourquoi pas odoriférant) ou à une image de synthèse. Nous pourrons voyager dans l'imaginaire, nous réchauffer et bronzer sous des soleils simulés par émissions d'infrarouge et d'ultraviolet. Tout cela est réellement sans limite. Ainsi, en 1968, les textes ummites ne faisaient qu'évoquer notre futur technologique. Si ce n'étaient pas des extraterrestres qui écrivaient ces rapports, convenons au moins qu'il s'agissait de sacrés visionnaires.

Les textes disent que leur voix s'atrophierait à la puberté, entre quatorze et seize années terrestres. Dans leur gorge les sons ne seraient pas produits à l'aide de cordes vocales, mais grâce à de simples replis cutanés, beaucoup plus primitifs que notre propre système de phonation. Aussi leur spectre vocal serait-il beaucoup moins étendu que le nôtre[1].

Lorsqu'ils auraient envisagé de venir sur notre planète, après avoir été avertis de son existence, écrivent-ils, en recevant, en 1948 (en temps terrestre), un message radio émis en 1934 (leur planète serait distante de quelques 15 années-lumière de la nôtre), ils auraient choisi les expéditionnaires parmi ceux qui auraient conservé leurs possibilités naturelles de phonation. Sur la planète Ummo, les autres individus (93% d'entre eux) seraient appareillés avant que ne se manifeste une sclérose de leur organe vocal[2]. On leur implanterait alors, à douze ans (terrestres), un réémetteur de la taille d'un pois, à vie, sous la langue. Celui-ci capterait les faibles sons émis par ces êtres devenus quasiment aphones et les retransmettrait à un haut-parleur porté comme un pectoral, « de la taille d'une gomme ». Ma foi, pourquoi pas ?

Une partie du spectre vocal serait simplement amplifiée et, dotés de tels dispositifs, les Ummites parleraient avec leur vraie voix (qui est assez nasillarde, si on se base sur les conversations téléphoniques qu'ils auraient eues avec les contactés espagnols). Gadget astucieux : les hautes fréquences de leur voix, converties en ultrasons, ne seraient alors plus audibles à l'aide des oreilles, par voie tympanique, mais serviraient à commander les différentes machines, sur leur planète ou dans leurs vaisseaux. Tous leurs systèmes seraient à commande vocale. Ce dispositif permettrait ainsi de ne pas ennuyer les voisins quand on s'adresserait à sa soucoupe volante ou à son synthétiseur de glucose.

Je me rappelle avoir vu un ami, qui travaillait dans une société

1. Corroboré par l'analyse d'un enregistrement de leurs voix, effectué lors d'une communication téléphonique, à la fin des années 60 (voir *Enquête sur des extraterrestres...*, *op. cit.*)

2. Les êtres humains ont eux aussi des organes qui se sclérosent assez rapidement. À l'âge adulte un pourcentage important de Japonais doit porter des lunettes. Comme la vision intervient dans la sélection naturelle et que la technologie pallie artificiellement cette carence, le phénomène pourra aller en s'accentuant, de génération en génération. Dans quelques milliers d'années les Terriens seront peut-être tous dotés de lunettes, ce qui ne les empêchera nullement de vivre et de se reproduire.

d'informatique, me faire une démonstration de commande de son ordinateur à la voix. On l'entendait dire à sa machine :

– Ouvre.... fichier numéro tant.... recherche.. telle chose.

Ils étaient deux dans le bureau et son voisin en eut vite par-dessus la tête. Comme nous commentions la démonstration, l'ordinateur capta nos voix et se mit à faire... n'importe quoi.

Il est clair que ces systèmes à commande vocale sont surtout intéressants dans des cas très particuliers : pour un paraplégique ou pour un chirurgien qui opère et dont les deux mains sont occupées.

Envoyer sur Terre des individus dotés de tels gadgets aurait été dangereux, car cela aurait permis de les identifier, et, pis encore, de laisser entre les mains des Terriens des éléments d'une technologie non terrestre. Les textes ummites indiquent donc que, pour cette raison, n'auraient été envoyés sur Terre que des individus ayant conservé un minimum de capacités vocales naturelles.

Toujours selon les rapports, l'Ummite pourrait à volonté demander à voir ce qui se passe à l'extérieur de sa machine en s'adressant à elle par commande vocale. La paroi externe de la nef serait tapissée de capteurs divers et variés et en particulier d'ocelles, d'yeux minuscules, qui enverraient à l'ordinateur, le XANMOO[1], toutes les informations possibles sur l'environnement de l'appareil. La nef ummite n'aurait donc nul besoin de hublots.

Si les ovnis aperçus par des Terriens sont bien des machines d'origine extraterrestre, il est peu probable que les « hublots » vus par les témoins en soient vraiment. Nous avons vu, avec la MHD, que ceux-ci pourraient être des électrodes, mais il pourrait s'agir aussi de tout autre chose, bref de tout... sauf de simples fenêtres.

Lorsqu'un témoin, ou un animal, s'approcherait d'un ovni contenant des passagers humains ou humanoïdes, aucun de ses gestes n'échapperait alors à ses occupants, qui verraient littéralement à travers les parois de leur machine comme si celle-ci était devenue totalement transparente, et cela grâce à leur système de vidéo « tous azimuts ». La paroi de la nef se comporterait

1. En fait, un réseau de 120 unités interconnectées.

donc, entre autres, comme un objectif vidéo braqué dans toutes les directions.

Un tel système permettrait par exemple à un passager de contempler la planète qu'il survole tout à loisir ou d'observer les étoiles. Lorsque deux Ummites, situés dans le même habitacle, voudraient discuter entre eux, à deux ou à trois, un simple ordre vocal les mettrait en communication. Mais cet ordre serait sélectif et cette conversation ne gênerait nullement un voisin qui par exemple, à ce moment-là, dormirait.

La nef ummite posséderait deux modes de déplacement, n'ayant pratiquement rien à voir l'un avec l'autre. Lors d'un déplacement intra-atmosphérique la MHD serait utilisée. Elle permettrait, disent les documents, de croiser à des vitesses pouvant atteindre 15 000 kilomètres-heure. Compte tenu des calculs que nous avons effectués, ceci n'est pas irréaliste. Le contrôle parfait de l'environnement gazeux autour de la nef permettrait de supprimer tout effet de compression frontale de l'air et d'échauffement, sinon celle-ci se volatiliserait et brûlerait comme une étoile filante.

Les témoignages où il est fait état d'un effet de souffle ne sont guère nombreux. Lorsqu'un ovni survole la campagne ou un témoin, il est bien rare que celui-ci sente un souffle quelconque. Certains ont vu la poussière se soulever, mais relativement rarement. On remarquera cependant que la MHD permet à priori d'obtenir un effet de sustentation sans qu'il y ait souffle au sol. Un hélicoptère aspire l'air sur le dessus de son rotor et l'envoie vers le bas. Comme le rotor balaie une superficie assez grande l'effet de souffle reste d'ailleurs relativement modéré. Dès que l'appareil est à une centaine de mètres on ne sent à vrai dire plus grand-chose, même lorsqu'on est en dessous.

Un aérodyne MHD aurait théoriquement la possibilité de se sustenter en aspirant l'air au-dessus de lui et en le rejetant à l'horizontale et non vers le bas.

Mais il existe certains témoignages qui ne collent plus avec ce modèle. Dans le livre récemment publié par l'ingénieur Jean-Jacques Vélasco, déjà cité, responsable du SEPRA, et intitulé *OVNIS, la science avance*[1] se trouve décrit le célèbre cas dit « de

1. Laffont, 1993.

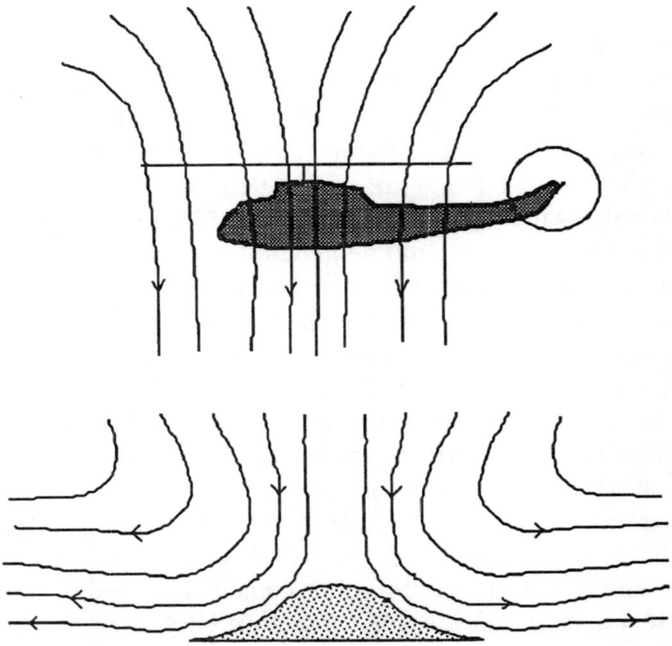

Écoulement d'air produit par un aérodyne MHD en sustentation au-dessus du sol

l'Amarante », qui se situe le 21 octobre 1982. Le témoin est alors un chercheur en biologie, travaillant comme moi au CNRS (Centre national de la recherche scientifique) et qui se trouvait chez lui à l'heure du déjeuner. Vers 12 h 35 il vit un objet de forme ovoïde descendre dans le petit jardinet qui jouxtait sa maison et stationner devant ses yeux à un mètre du sol, pendant vingt minutes, sans aucun bruit ni manifestation quelconque sur les plantes et le gazon autour duquel il lévitait.

La qualité du témoin et les événements qui suivirent ont amené le CNES à conclure à la fiabilité de ce témoignage.

À moins que cet objet n'ait été d'une légèreté extrême, auquel cas il aurait difficilement pu s'élever à grande vitesse (*dixit* le témoin) il lui aurait fallu, pour se sustenter, produire un souffle d'air perceptible. Or cela n'était pas le cas. Il faut donc en conclure que le mode de sustentation était autre que la MHD. C'est là qu'intervient le second mode de sustentation et de déplacement de la nef ummite, dont nous pensons avoir récemment percé le mystère.

CHAPITRE 4

L'étrange dynamique des univers jumeaux

Oyagaa

Je reçus la première lettre en français signée Ummo quelques jours à peine après la parution d'*Enquête sur des extraterrestres...*, mais comme elle ne contenait pas d'information scientifique, je n'ai pas jugé bon de la reproduire. Elle fut suivie par plusieurs autres, qui s'échelonnèrent avec une relative régularité au cours des années qui suivirent. La lettre suivante, qui arriva chez moi début 1992, était aussi en français. La première avait été postée de Paris. La seconde arrivait du Canada. Elle était abondamment illustrée de schémas composés avec un logiciel de dessin. Il y était question du phénomène de transfert hyperspatial à travers une fenêtre « qui en aucun cas ne pouvait être un trou noir car dans ce modèle cosmologique les trous noirs n'existent pas ». La phrase était soulignée.

Un des passages de la lettre attira mon attention :

« Il existe un lien étroit, que les scientifiques de Oyagaa[1] n'ont pas encore perçu, entre la logique tétravalente et la structure du cosmos. Ainsi nous pouvons dire que la masse du cosmos gémellaire est nulle et non nulle. En utilisant cette description primitive que vous nommez équation de champ – une description plus correcte ferait appel à des concepts angulaires et non métriques –,

---

1. Oyagaa, le nom de code de la Terre en langage ummite, est censé signifier « astre froid du carré » (voir *Enquête sur des extraterrestres...*, *op. cit.*).

le second membre de cette équation devrait comporter la différence de deux termes. Alors les solutions que vous engendrerez seraient plus conformes aux observations en particulier en ce qui concerne la structure à grande échelle du cosmos et la morphologie de certaines galaxies de même qu'un certain nombre de phénomènes que vous avez pu observer et qui déconcertent encore vos spécialistes. »

Ces quelques lignes allaient chez moi servir de déclencheur pour tout un ensemble de travaux tout à fait passionnants. Comment, me disais-je, la masse de l'univers peut-elle être à la fois « nulle et non nulle » ? Pendant des mois je retournai cette phrase dans ma tête. J'avais le sentiment que le modèle cosmologique devait être profondément remanié et que l'idée d'un cosmos gémellaire était intéressante. J'avais d'ailleurs publié deux notes aux *Comptes rendus de l'Académie des Sciences de Paris*, en 1977, qui allaient dans ce sens, mais où j'avais utilisé un outillage mathématique (non relativiste) et un mode de représentation géométrique que je trouvais trop primitifs. Le véritable moule de la cosmologie est ce qu'on appelle une « équation de champ ». Toute la cosmologie classique est fondée sur la célèbre équation de champ proposée par Einstein en 1915 :

$$\mathbf{S} = \chi \mathbf{T}$$

Sa simplicité est trompeuse. Les lettres grasses figurent des objets mathématiques qui s'appellent des tenseurs, difficiles à appréhender pour un non-initié. La lettre grasse **S** est un tenseur qui représente « la géométrie » de l'espace-temps. La lettre **T** est un autre tenseur qui décrit le contenu en énergie-matière de ce même univers. La lettre grecque χ (prononcer khi) est la « constante d'Einstein ». Cette équation traduit le fait que la géométrie de l'univers est déterminée, localement, par son contenu en énergie-matière. C'est celui-ci qui déforme, « courbe » l'espace.

En suivant le texte ummite à la lettre, j'écrivis :

$$\mathbf{S} = \chi (\mathbf{T} - \mathbf{T}^*)$$

en me demandant à quoi pourrait bien se référer le second terme du second membre, avec son signe moins.

Une équation livrée sans son mode d'emploi

Je repris l'ensemble du dossier qui était en ma possession. J'examinai phrase après phrase. Il me semblait bien que ce terme **T*** devait traduire l'action de l'univers jumeau sur le nôtre. Les textes disaient que « les deux cosmos s'influençaient mutuellement ». J'avais l'équation, mais je ne savais pas m'en servir et je cherchais son « mode d'emploi ».

Il me fallut des mois pour sortir tout cela de sa gangue. Soudain, tout s'éclaira en quelques heures. Il suffisait finalement d'appliquer à cette équation la méthode classique d'analyse, mais avec deux tenseurs au lieu d'un. Le lecteur mathématicien trouvera tout cela dans l'article publié en juillet 1994 dans la revue de haut niveau *Nuovo Cimento*, reproduit en fin d'ouvrage, qui hélas, pour un non-spécialiste, ressemblera à un ensemble de hiéroglyphes.

Au résultat, la matière de l'univers-jumeau se comportait comme si elle avait une masse négative. Les deux « champs de tenseurs » du second membre décrivaient des « champs de matière ». Chacun d'eux devait être associé à un feuillet d'univers. Dans chaque feuillet la masse était non nulle. Mais, en sommant les contributions des deux feuillets, on obtenait bien zéro. La phrase ummite prenait sens : la masse de l'univers était bien « nulle et non nulle ».

Au fil des mois je m'efforçai de construire à la fois le contexte géométrique et la dynamique du modèle. J'aimerais bien entraîner le lecteur dans cette démarche passionnante, mais j'ai peur de le perdre en chemin, aussi ai-je choisi de détailler tout cela dans un futur ouvrage qui sera intitulé : *On a perdu la moitié de l'Univers*. Qu'on le veuille ou non, c'est quand même un truc à vous surchauffer les neurones.

Passons à des choses plus simples. Le traitement mathématique de cette mystérieuse équation révéla la dynamique des univers jumeaux, qui était étonnamment simple. En la voyant émerger, je me disais : « Comment ai-je pu ne pas y penser plus tôt ? »

Il y avait deux univers jumeaux, deux sortes d'univers parallèles, mais tout se passait en fait comme s'il n'y avait qu'un unique univers, doté d'un endroit et d'un envers[1]. Nous habitions sur ce que nous appelions l'endroit. L'univers jumeau, c'était l'envers du décor, l'envers de l'univers, l'autre côté du « miroir ».

Concrètement, on peut donner une image didactique assez simple de cette situation. Imaginez une surface opaque. Sur le recto vous disposez des pions, figurant des particules. Appelons-les A et B.

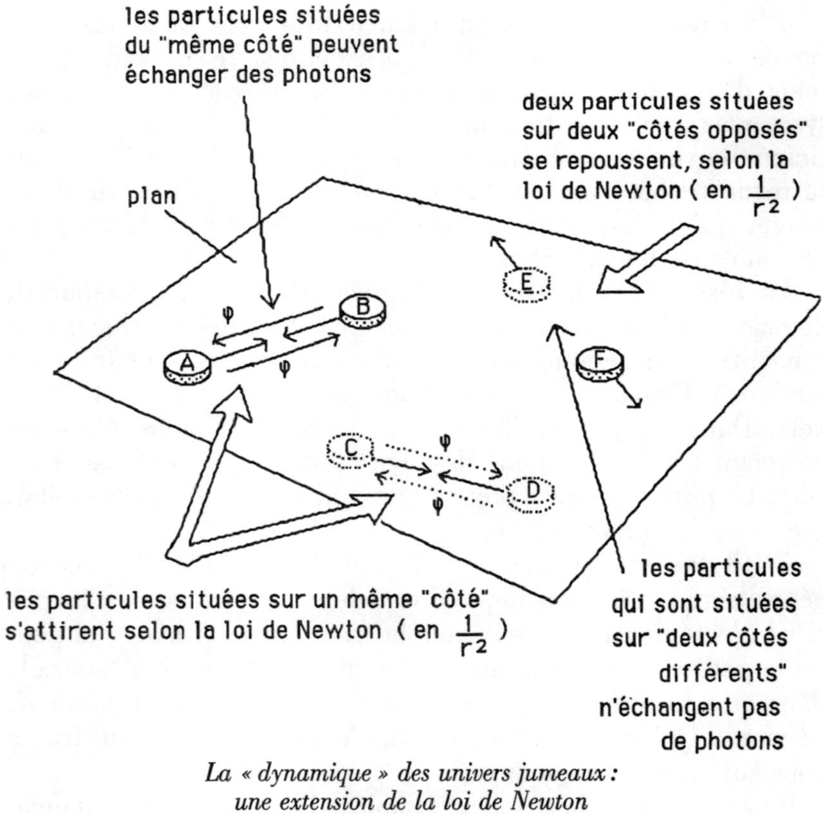

La « dynamique » des univers jumeaux :
une extension de la loi de Newton

1. Il y avait donc à la fois un et deux univers, de même que la masse de celui-ci était « nulle et non nulle ».

Ces deux particules s'attirent selon la loi de Newton : selon une force proportionnelle à l'inverse du carré de leur distance. Ça, c'est la physique classique, normale, familière. Sur l'envers de cet univers, dans ce qu'on pourrait appeler un anti-univers, deux autres particules, de même nature, s'attirent de la même façon, en $1/r^2$.

Mais, à travers le plan, deux particules situées sur deux côtés différents, E et F, se repoussent, selon une force également proportionnelle au carré de leur distance. Newton et anti-Newton, en quelque sorte. Tout cela sortait tout naturellement de cette mystérieuse équation de champ. En fait, tout était dans le signe moins. Si j'avais écrit :

$$\mathbf{S} = \chi (\mathbf{T} + \mathbf{T^*})$$

cela n'aurait rien donné. Le signe moins était la clef de tout.

Le lecteur pourra se trouver déconcerté face à une telle image. Comment des particules peuvent-elles interagir sans pouvoir se voir ou se rencontrer ?

On peut fabriquer une situation qui n'est qu'une image conceptuelle, mais qui est cependant assez parlante. Considérons un plan opaque et disposons des aimants de chaque côté, comme ceci :

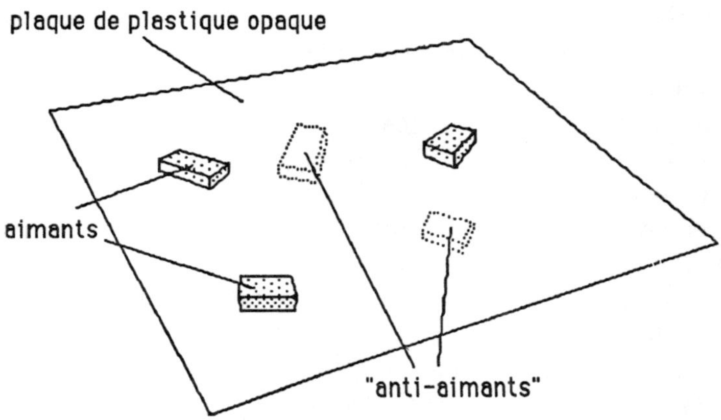

L'image des aimants

Bien qu'ils ne puissent ni « se voir », ni se rencontrer, bien que situés « à la même place », les aimants du dessus vont interagir avec les aimants du dessous.

L'aide apportée par l'ordinateur

Il restait à explorer les implications d'un tel modèle. Mais, très vite, la moisson allait se révéler très riche.

Mes connaissances en mathématiques me permirent de construire des solutions analytiques qui décrivaient un couple galaxie-antigalaxie (voir l'article du *Nuovo Cimento*). Quand une galaxie, c'est-à-dire une condensation de matière, se formait quelque part, sur un des versants d'univers, une structure conjointe se formait, de l'autre côté, qui interagissait avec elle. Je me souvenais de la phrase des textes de 1967 : « Les galaxies situées dans l'univers jumeau n'ont pas la même forme que celles qui sont situées dans le nôtre. »

J'avais été informaticien. J'avais même été sous-directeur du centre de calcul de l'université de Marseille pendant plusieurs années. Je savais donc programmer. Mais je n'avais jamais eu accès à des super-ordinateurs, comme par exemple les fameux Cray. Mon ami Pierre Midy travaillait sur celui d'Orsay. Durant l'été 1992 nous mîmes au point tous les deux un plan de travail. Les calculs étaient simples, mais il fallait ces fantastiques machines pour les effectuer avec une telle rapidité. Nous décidâmes de faire interagir deux ensembles de points, le premier, symbolisé par des croix, étant situé sur des « faces » de cet univers, et le second, symbolisé par des ronds, sur l'autre face.

– Les croix attiraient les croix.
– Les ronds attiraient les ronds.
– Les croix et les ronds se repoussaient mutuellement.

Pierre lança sa puissante machine. Mais nous tenions à éviter ce qu'on appelle les « instabilités de calcul ». Il fallait que ce que nous donnerait ce Cray soit fiable, ce qui nous amena à prendre un certain nombre de précautions, que nous ne détaillerons pas ici. Enfin, après une douzaine d'heures de calcul, la machine produisit le résultat ci-contre :

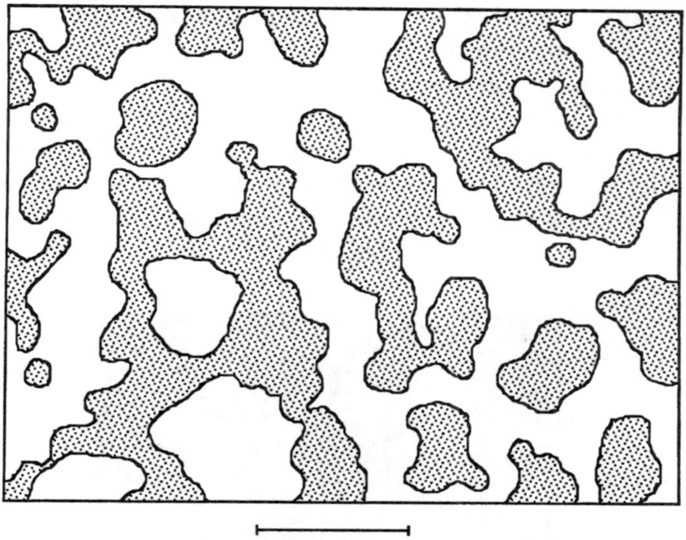

Première fragmentation de l'univers, à l'échelle du milliard d'années-lumière

L'univers floculait. La matière de notre univers et la matière de l'univers jumeau se partageaient l'espace disponible. Dans la figure, la couleur blanche est censée représenter la matière de notre univers, et la couleur grise celle de l'univers jumeau.

On sait que la structure de l'univers recèle un grand mystère : elle est lacunaire. Quand les astronomes se sont mis à pointer les positions des galaxies avec une précision accrue, ils ont eu une énorme surprise. On s'attendait au départ à ce que les galaxies s'assemblent simplement en amas. On connaissait déjà depuis longtemps l'amas de la Vierge et l'amas Coma où des milliers de galaxies, semblables à la nôtre, la Voie lactée, chacune constituée de centaines de milliards d'étoiles, menaient leur ronde. Logiquement l'univers aurait du être pavé d'amas semblables. Éventuellement on pensait que ces amas pouvaient à leur tour constituer des ensembles plus vastes, qu'on avait appelé superamas. Mais, dans les faits, les choses s'organisaient totalement différemment. Les astronomes commencèrent par détecter la présence d'une « plaque de galaxies », qu'ils appelèrent *« the great wall* », « le grand mur », et qui ne collait pas du tout avec cette idée de superamas.

En poussant les choses plus loin on s'aperçut que les galaxies semblaient s'assembler autour d'immenses vides, dont le diamètre était de l'ordre de la centaine de millions d'années-lumière. Les amas étaient en fait les « nœuds » de cet immense maillage spatial, les points de rencontre des cellules d'un univers « en bulles de savon ». Incompréhensible.

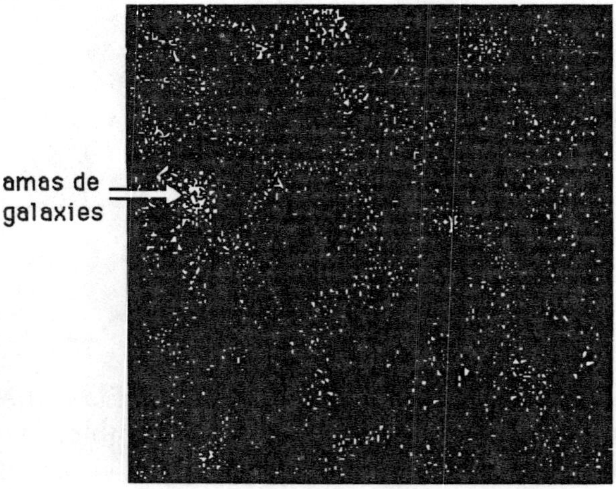

Carte de la distribution spatiale des galaxies
(catalogue de Lick, Shane et Wirtanen, 1967, Seldner, 1977)

Depuis vingt ans les astrophysiciens s'escriment à expliquer ces étranges structures. Leur chef de file est le Russe Zel'dovitch, qui a inventé la « théorie des crêpes » (*pancakes theory*). Séduisant, mais inefficace. Dans un travail très récent (1993), Mellot a essayé de simuler ces « crêpes » à l'aide d'un très puissant ordinateur. Elles se forment bien, mais se dispersent très vite. Copie à refaire.

Dans le travail effectué par Pierre Midy on voyait bien apparaître des sortes de cellules. Elles étaient stables, mais en toute honnêteté cela ne ressemblait pas vraiment à ce qu'on observait.

Frédéric

Il débarqua chez moi un jour de 1993. C'était un grand garçon de vingt-huit ans, qui travaillait dans un laboratoire des hautes énergies, à l'étranger.

– Bonjour. J'ai lu votre livre, sur les Ummites. Je suis venu voir si vous étiez fou ou non.

Nous passâmes deux jours ensemble. Je lui expliquai le modèle, la démarche. Il resta pensif, puis me dit :

– Ça m'a l'air passionnant, votre truc. Je pense que j'aurais de quoi vous aider. J'ai accès à un très puissant ordinateur, à côté duquel votre Cray ressemble à une brouette de jardinier. Je pense que je pourrais faire ce travail. Mais j'ai lu ce qui était arrivé à Lebrun[1]. Apparemment, travailler avec vous, ça craint.

– Ça c'est sûr. Parce qu'il avait travaillé avec moi, ce pauvre garçon, qui avait pourtant obtenu des résultats très brillants, s'est vu signifier que les portes de tous les labos de France et de Navarre lui seraient désormais fermées et qu'il était inutile qu'il se porte candidat pour entrer au CNRS.

– Je sais, j'ai lu. Mais voilà ce que je vous propose : je travaille avec vous, mais dans l'anonymat. Personne ne devra savoir mon nom ni dans quel centre je travaille. Comme ça, on coupera court à tous les ennuis. Qu'en pensez-vous ?

Je trouvai la proposition prudente. Frédéric se mit au travail. Plusieurs fois par semaine, il me téléphonait. Nous communiquions aussi par fax. Il utilisait ce canal pour me transmettre les résultats de ses essais. Très vite il retrouva les résultats de Midy, avec un nombre de points vingt fois supérieur. Extrêmement astucieux, il modifia la grille-programme de manière à accélérer énormément la vitesse de calcul, tout en lui conservant sa fiabilité. On sentait que c'était un type qui, lorsqu'il avait planté ses dents dans un problème, ne lâchait plus prise jusqu'à ce qu'il l'ait résolu.

Au fil des semaines apparurent de nouvelles idées. Jusqu'ici nous avions travaillé avec deux feuillets d'univers de même

1. Voir *Enquête sur les OVNIS*, *op. cit.*

densité. Mais rien ne disait que, là où nous habitions, les choses étaient ainsi. Je dis un jour à Frédéric :

– Vous savez ce que vous allez faire ? Vous allez faire un zoom sur une région de l'univers où la densité dans l'univers jumeau est plus élevée. Normalement, c'est alors cet univers qui devrait mener le jeu, vis-à-vis de l'instabilité gravitationnelle : il devrait produire d'immenses conglomérats, des gros grumeaux. Ceux-ci, en chassant la matière, la nôtre, devraient la repousser dans l'espace interstitiel, en lui donnant une allure lacunaire.

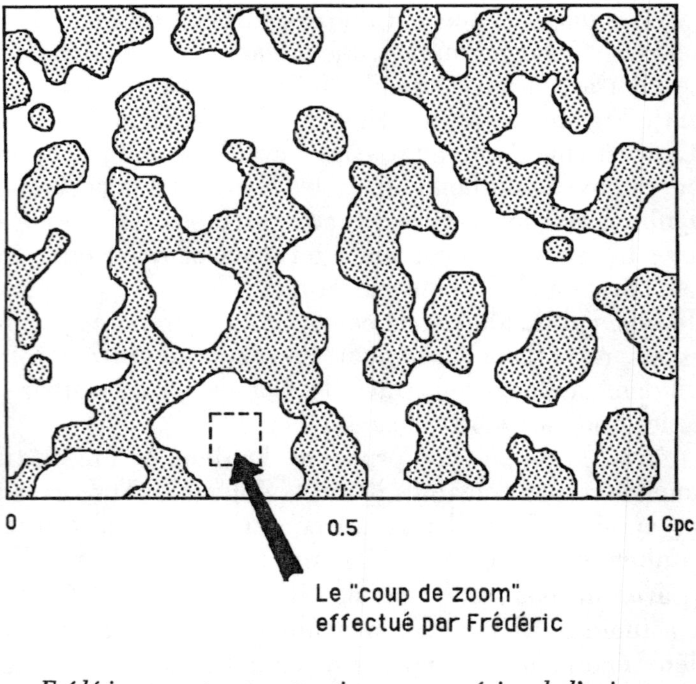

Frédéric concentre son attention sur une région de l'univers où la densité dans l'univers jumeau est trente fois plus élevée.

– OK, je vais essayer et je vous tiendrai au courant.

Une semaine après, Frédéric m'appela :

– Votre truc, ça marche comme vous le dites.

– Que voulez-vous dire ! ?

– J'ai sous les yeux sur mon écran le résultat du travail de cette nuit. Dommage que vous ne puissiez pas voir ça, c'est joli comme tout. Je fais défiler à l'écran les images successives. J'ai mis la matière en bleu et la matière gémellaire en rouge. On voit très bien dans cette seconde population se constituer d'immenses conglomérats à peu près circulaires, qui chassent la matière dans l'espace interstitiel.

– Et alors ?

– Et alors rien. Après, c'est stable sur un paquet de milliards d'années, pratiquement l'âge de l'univers. Je vous envoie des copies d'écran par fax.

Je courus dans la pièce voisine, dans mon appartement, pour attendre ces images. Elles étaient splendides.

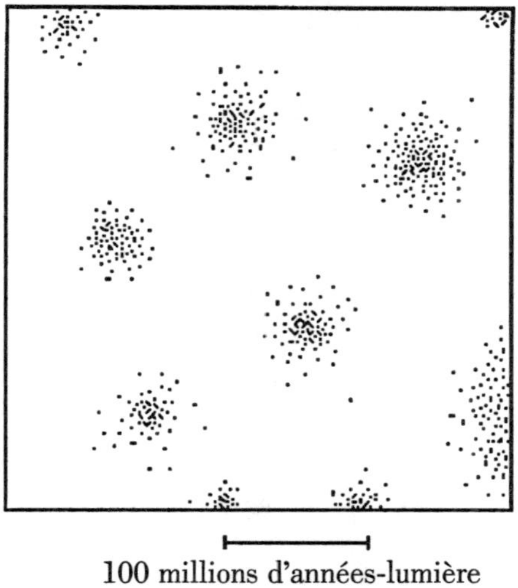

Dans l'univers jumeau la matière se rassemble en d'immenses conglomérats, distants en moyenne d'une centaine de millions d'années-lumière

– Je crois que vous avez gagné le jackpot.

– Comment cela ?

– Cette dernière image, c'est ce qu'on observe. C'est la structure à grande échelle de l'univers. Elle est lacunaire, en éponge.

– Vous voulez dire que c'est ce bazar qui est en dessous qui lui donne cette forme ?

– Je le pense.

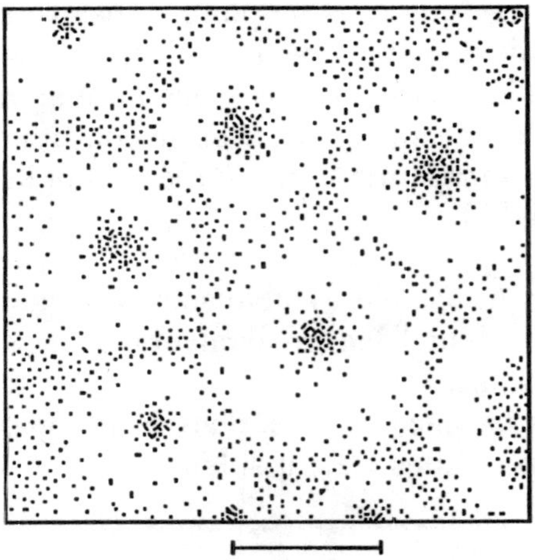

100 millions d'années-lumière

Ces conglomérats repoussent puissamment notre propre matière dans l'espace interstitiel

Chaque point représente un groupe ou amas de galaxies

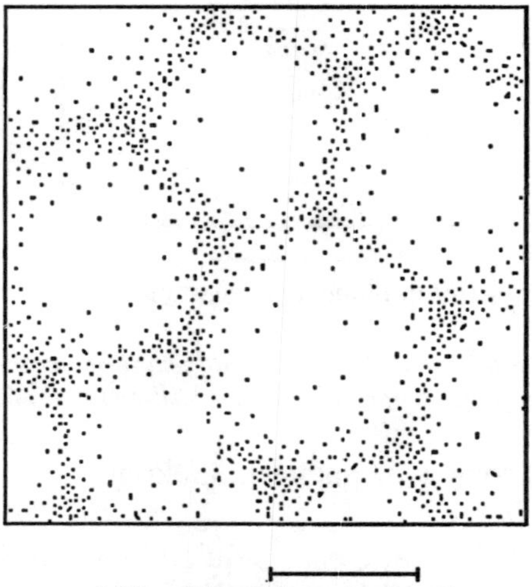

100 millions d'années-lumière

La situation dans notre univers

Les structures de l'univers jumeau sont inobservables optiquement

– Dites donc, c'est marrant de travailler avec vous. Vous n'avez pas un autre problème ?

– J'en ai des tas.

Système D

Les lettres ummites continuaient d'arriver avec régularité, mais je n'y jetais qu'un coup d'œil distrait, tant ces recherches me passionnaient. Je me contentais de les archiver au fur et à mesure. Mais il était clair que tout tournait maintenant autour de la cosmologie. Mes « patrons » avaient l'air contents et envoyaient de nouveaux tuyaux, pour la suite.

Il fallait zoomer de nouveau, à l'échelle d'un petit paquet de galaxies. L'hiver 1993-1994 a filé comme le vent. Frédéric bataillait chaque nuit, réglant en fonction des résultats obtenus les paramètres initiaux.

– C'est coton, c'est très non linéaire.

– Je sais.

Un jour il m'appela, ennuyé.

– Le travail se ralentit. C'est normal, c'est la belle saison.

– Quel rapport entre le temps qu'il fait et ces calculs ?

– Ici, il y a un rapport direct de cause à effet, lié à la température.

– Vous n'allez pas me dire que quand la température se réchauffe les ordinateurs travaillent plus lentement !

– Non, mais ils sont plus occupés.

– Que voulez-vous dire ?

– C'est simple. Un accélérateur de particules consomme une quantité absolument indécente de courant électrique. Pour qu'on puisse bosser convenablement, ici, il faut carrément détourner une partie de la puissance consommée par la ville voisine. Dans mon centre on travaille donc plus l'été que l'hiver.

– Je vois. Maintenant, l'hiver est fini. En ville, les gens coupent leurs petits radiateurs électriques et, dans votre centre, vous récupérez toute cette puissance devenue disponible.

– Vous avez tout compris. Si l'accélérateur travaille à plein rendement, les mesures sont nombreuses. Il faut les traiter. Ça occupe l'ordinateur. Avant j'avais douze heures chaque nuit. Maintenant c'est tout juste si je peux récupérer une heure de temps en temps. Je ne peux pas faire passer ce job comme prioritaire : les gens poseraient immédiatement des questions et on se ferait repérer.

– Ennuyeux.

– Je vais voir ce que je peux faire.

Frédéric était ficelle comme pas un et me rappela une semaine plus tard.

– On ne va pas se laisser emmerder par un truc pareil. J'ai fini par trouver la solution. L'ordinateur du centre ne travaille pas avec une seule unité centrale, mais dix. On en garde cinq en secours, au cas où l'une de ces unités se mettrait à flancher. Ces trucs coûtent la peau des fesses, mais je suis très copain avec le gars de la maintenance. Il m'a prêté une de ces unités de calcul et j'ai été l'implanter ailleurs.

– Comment ça, ailleurs ?

– Grâce à la complicité d'un autre ami, j'ai implanté cette unité centrale chez lui.

– Chez lui ! ?

– Chez lui, je m'entends. C'est dans son centre, dans un autre centre.

– Un centre voisin ?

– Non, c'est dans un autre pays. Les calculs, ça peut se faire partout. Comme ça j'ai un bazar qui tourne en permanence pour nous. De temps en temps je rapatrie les calculs, par une ligne spéciale, et ni vu, ni connu.

– Mais que se passera-t-il si on s'aperçoit qu'il manque une de ces unités centrales de secours ?

– Mon copain me fait confiance. Je lui ai dit qu'au moindre problème j'irai la récupérer d'un aller et retour avion.

Le confinement des galaxies

Le fait que nous existions est en soi un mystère. Nous habitons une galaxie, notre Voie lactée, constituée de deux cents milliards d'étoiles et notre soleil n'est que l'une d'entre elles. Or cette galaxie est animée d'un lent mouvement de rotation. Elle fait un tour sur elle-même en deux cents millions d'années. Cela donne au soleil une trajectoire quasi circulaire, avec une vitesse de quelque deux cent trente kilomètres par seconde. D'où une force centrifuge.

Pour que le soleil ne fiche pas le camp, il faut que s'exerce une force antagoniste, centripète, d'intensité comparable. Cette force est en principe due à la matière contenue par la galaxie (on dit qu'une galaxie est un système stellaire autogravitant : qui orbite dans son propre champ de gravitation). Or la masse que l'on mesure, en sommant toute celle des étoiles observées, s'avère dix fois trop faible. Bref le soleil reste sur sa trajectoire, de même que les autres étoiles constituant cet univers-île, et on ne sait pas pourquoi.

Les astronomes ont alors émis l'idée que cet équilibre pourrait dépendre de la présence d'une mystérieuse matière sombre, une « masse cachée », invisible.

Faite de quoi ? Mystère.

Les premiers calculs analytiques, publiés dans l'article du *Nuovo Cimento*, m'avaient montré que l'action de l'univers jumeau pouvait conduire à un tel effet. Mais je n'avais pu chiffrer cet effet avec assez de précision. Les simulations sur ordinateur constituaient un moyen efficace de le faire.

Frédéric batailla durement, pendant des mois et des mois. Ce type de recherche présente des aspects très empiriques. Finalement les résultats tombèrent. En se formant, les galaxies chassaient la matière gémellaire à l'extérieur de leur « nid ». Mais celle-ci exerçait alors une contre-pression gravitationnelle, qui avait tendance à la confiner.

– Vous êtes sûr qu'il y a un effet de confinement ?

– Tout à fait. Si j'isole la galaxie centrale et que je la laisse évoluer, elle se disperse rapidement, elle éclate comme un fruit mûr.

Nous tenions l'explication du confinement des galaxies. Celles-ci étaient logées dans des « niches » en forme de « trous de gruyère », ménagées dans la distribution de matière de l'anti-univers.

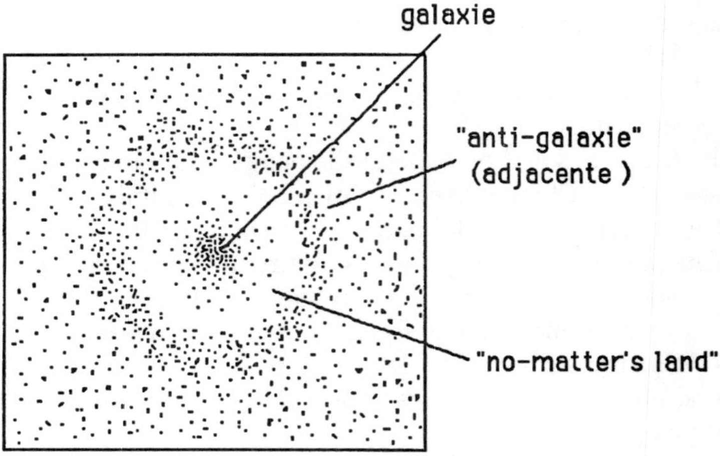

Une galaxie, confinée par la matière de l'antigalaxie, qui l'entoure comme un corset et exerce sur elle une contre-pression gravitationnelle

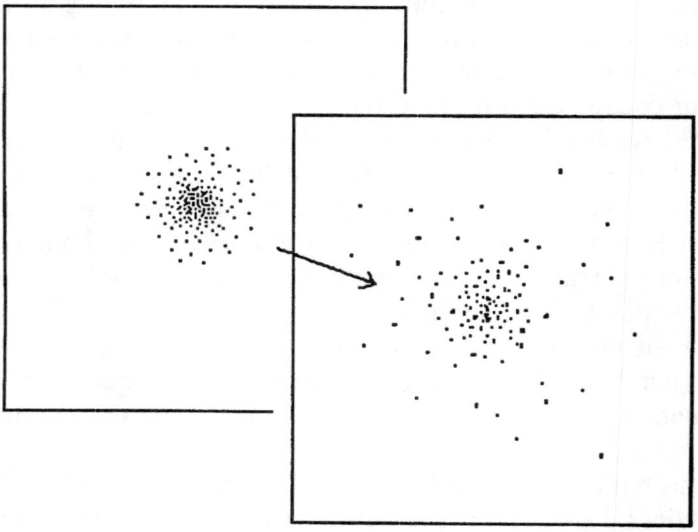

Considérée isolément, sans l'effet confinant dû à la matière gémellaire environnante, la galaxie se disperse rapidement

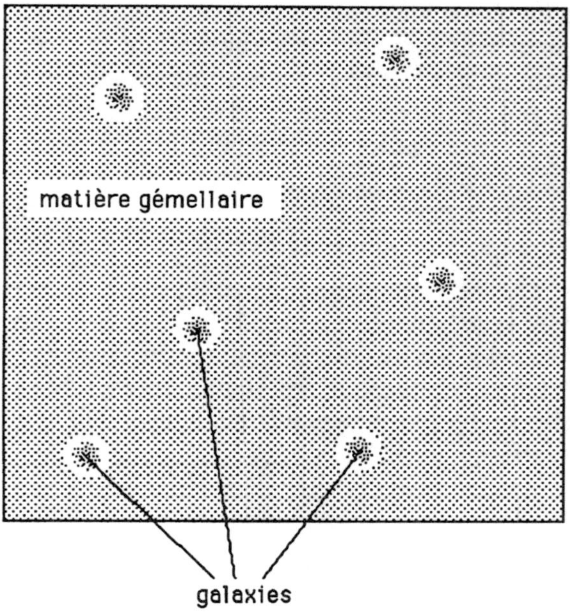

Les galaxies, nichées dans des « trous de gruyère » ménagés dans la distribution de la matière de l'univers jumeau adjacent, qui les « confine »

La structure spirale

Les textes ummites de 1967, qui avaient été en partie publiés par Sesma, disaient clairement que les formes des galaxies, souvent tourmentées, étaient dues à leur interaction avec l'univers gémellaire.

Nous détenions déjà des résultats étonnants. Mais nous voulions aller plus loin. Je demandai à Frédéric de mettre en rotation une galaxie dans son cocon de matière gémellaire. Il le fit. Bien sûr, tout cela prit encore de nombreux mois. Il fallait procéder pas à pas. Je fis aussi beaucoup de nouveaux calculs théoriques pour piloter ces manips sur ordinateur et cela nous fit gagner un temps précieux. Finalement le résultat tomba.

– Allô, c'est Frédéric. C'est superbe.

– Vous avez réussi ?

– Oui, j'ai devant moi une superbe spirale barrée. On dirait une vraie. Elle a déjà fait trois tours et demi, et elle a l'air bien sage et bien stable. Je vous envoie des images, mais c'est dommage que vous ne puissiez pas voir le film. En les voyant, j'ai envie de dire : « Appelez-moi Dieu. »

Je l'enviais. Là-bas, à des milliers de kilomètres de distance, Frédéric contemplait ce que nul œil humain n'avait jamais vu : il voyait l'univers se former. Il était témoin de l'évolution des galaxies. Pour la première fois la structure spirale était obtenue sans artifice, sans perturbation due à une galaxie compagne, « naturellement ». Ce qui était étonnant, c'était que cette évolution naturelle conduise à des formes aussi voisines de celles qu'on observait.

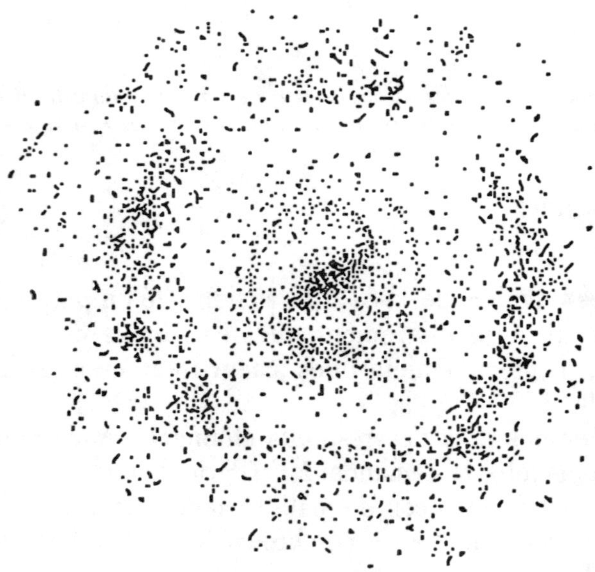

Trois tours : la structure en spirale barrée perdure

On a représenté la structure de l'anti-galaxie, adjacente et invisible

Les deux sous-systèmes, séparément :

La galaxie (ici une spirale barrée)

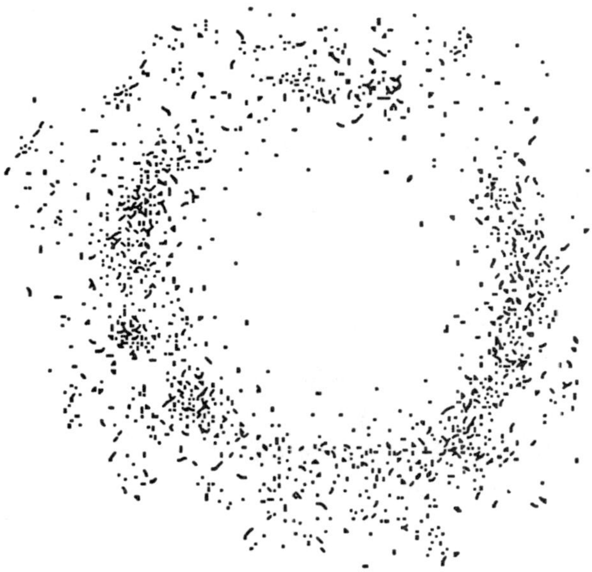

Son « anti-galaxie », « adjacente »

Frédéric continua de créer ces mondes, nuit après nuit. Nous sommes en train de publier ces résultats. J'imagine que cela ne sera pas aisé. Les *referees*[1] des journaux vont sauter en l'air. En effet, si nos travaux sont valables, alors c'est que les leurs ne vaudront plus rien. Nous nous attendons à un très sérieux tir de barrage (il avait fallu une année de bataille serrée pour gagner la partie dans le *Nuovo Cimento*, ligne par ligne, équation après équation).

Les aléas du travail en perruque

Pour le moment ces travaux sont suspendus. En effet Frédéric a fini par se faire repérer. Ce sont ces formes spirales qui se dessinaient sur ses écrans qui ont attiré l'attention de ses collègues. Pendant plusieurs mois il a réussi à leur faire avaler des trucs invraisemblables, dans le genre :

– Je calcule des corrélations en polaires, sur des trajectoires de particules.

Je réclamai des images couleur, ce qui l'obligea à utiliser la luxueuse imprimante du centre, à haute résolution, démarche qui ne passa pas inaperçue. Un premier collègue réagit :

– Tiens, c'est une image de NGC je ne sais combien (dans les catalogues les galaxies sont repérées par les lettres NGC, suivies d'un nombre).

– Ouais...

– Mais, où as-tu trouvé cela ?

– Oh, dans une banque de données de la NASA.

– Ah bon, ça existe ? Il faudra que tu me dises de quelle banque de données il s'agit. Je téléchargerai ces images.

– Oui, je te le dirai. Mais à l'instant t, tu m'excuses, je ne sais vraiment plus où j'ai trouvé cela.

Frédéric était passablement inquiet. Bien qu'il eût été très discret, son patron commençait visiblement à se douter de quelque chose. Peu de temps auparavant, en déjeunant avec lui en tête-à-tête à la cafétéria, l'autre lui avait dit :

– Frédéric, je crois que tu me trompes...

1. Les experts que la revue sollicite pour vérifier si les travaux sont corrects.

Le subterfuge tint encore pendant quelques semaines, jusqu'à ce que mon complice tombe sur une authentique astrophysicienne, une Américaine accrocheuse et revêche, qui ne s'en laissa pas conter aussi aisément :

– Ah non, cher monsieur. Vous ne me ferez jamais avaler cela. Les banques de données de la NASA, je les connais toutes. C'est bien une galaxie, mais qu'est-ce que c'est que ce machin autour ? Expliquez-vous !

Nous arrivions, je crois, au bout de nos possibilités. Pendant presque un an, Frédéric avait, à l'insu de tout le monde, détourné pratiquement dix pour cent de la puissance de calcul de son centre, à notre profit. Sa collaboration m'était devenue trop précieuse pour qu'elle soit compromise par un clash stupide. Nous décidâmes de mettre un terme à cette campagne de recherche clandestine, menée « en perruque ».

Nous poursuivîmes cependant, lui et moi, ces travaux en cosmologie théorique à travers des calculs purement formels. Entretemps mon nouveau collaborateur s'était recyclé en Relativité générale[1]. Nous ne tardâmes pas à découvrir une nouvelle clef de la compréhension des phénomènes du cosmos : l'effet de lentille gravitationnelle inverse.

L'effet de lentille gravitationnelle inverse

La lettre ummite de début 1992 portait la phrase : « ... de même qu'un certain nombre de phénomènes que vous avez pu observer et qui déconcertent encore vos spécialistes ».

Qu'est-ce que nos spécialistes avaient observé et qui était si déconcertant ? Nous cherchâmes pendant de longs mois. Étaient-ce les mystérieux quasars ou les bouffées de rayons gamma observées par les satellites et dont personne n'arrivait à trouver l'origine ?

S'il était un phénomène qui déconcertait bien les spécialistes,

1. Pour ceux que l'aventure tenterait, un des meilleurs ouvrages, à mon avis, est celui d'Adler, Schiffer et Bazin, *Introduction to General Relativity*, Mac Graw Hill Book Cie, 1975 (épuisé, disponible seulement dans les bibliothèques).

c'était le fort effet de lentille gravitationnelle dû aux amas de galaxies et qui produisait par exemple des « quasars doubles ». Un jour, en 1978, un astronome avait trouvé que deux quasars, qui se trouvaient de part et d'autre d'un amas de galaxies, très loin derrière, avaient un sacré air de famille.

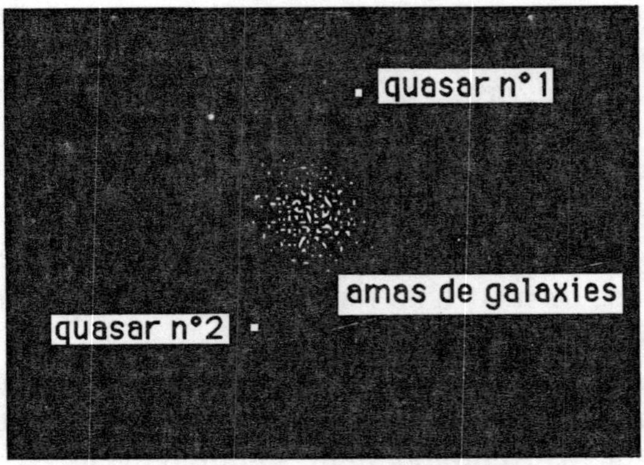

Dédoublement de l'image d'un quasar, dû à l'effet de lentille gravitationnelle produit par un amas de galaxies

On montra par la suite qu'il s'agissait bien du même quasar dont l'image se trouvait dédoublée par un effet bien connu des spécialistes de la Relativité générale. Une concentration de matière dévie la trajectoire d'une particule, que celle-ci soit un simple atome ou un photon. Les masses « attirent la lumière », courbent les trajectoires des rayons lumineux. Ce phénomène avait été à la base d'une des premières vérifications observationnelles de la théorie de la Relativité générale, dans les années 20 : le soleil courbait les rayons lumineux émis par la planète Mercure. L'effet était faible, mais observable.

Pour le quasar, c'était pareil, et l'image ci-après donne l'explication de ce dédoublement de l'image, de cet « effet de mirage gravitationnel ».

On trouva par la suite d'autres systèmes avec dédoublement de l'image d'un quasar et aujourd'hui le phénomène semble scientifiquement établi. Par la suite, en 1987, d'autres astronomes

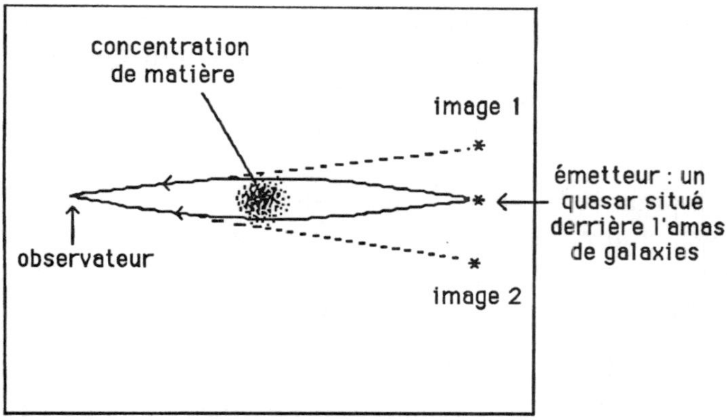

Effet de « lentille gravitationnelle » conduisant à un effet de mirage
L'observateur voit deux quasars, alors qu'il n'y en a qu'un seul

observèrent des images déformées de galaxies, toujours par les amas. Il s'agissait de l'image d'une galaxie lointaine située à l'arrière-plan. L'image de celle-ci était alors distordue et prenait la forme d'un arc :

On trouva par la suite d'autres formations de ce genre. Deux ont été trouvées par un astronome français, Edmond Giraud, de l'Observatoire de Marseille, dans les années 90. Donc l'effet de mirage gravitationnel est maintenant bien ancré dans les observations.

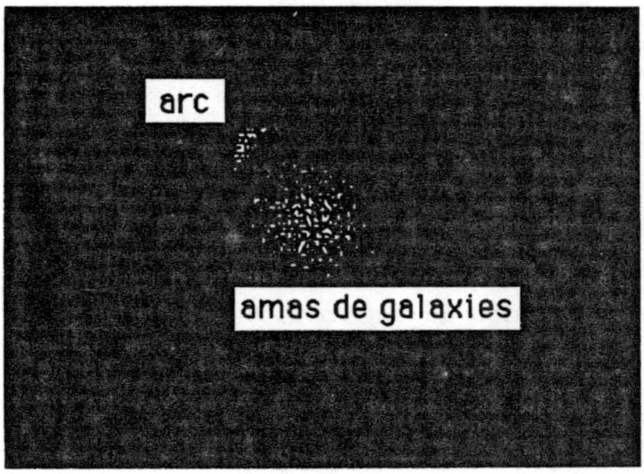

Image d'une galaxie lointaine, déformée (en forme d'arc) par la présence, sur la ligne de vue, d'un amas de galaxies (au centre)

Il n'y a qu'un seul ennui : pour que ces amas de galaxies produisent des effets aussi intenses, il faudrait que leur masse soit dix fois plus élevée que celle qu'on observe. On retombe sur ce même effet de masse manquante, dont souffraient déjà les galaxies.

En reprenant les calculs relativistes, dans le contexte de l'univers gémellaire, nous pûmes montrer que l'univers jumeau produisait également un effet de lentille gravitationnelle, mais « inverse ». Les masses de l'univers jumeau repoussaient les photons.

Un amas de galaxies, dans le cadre de ce modèle gémellaire, est une distribution de matière qui est, elle aussi, à plus grande échelle, logée dans un trou de la distribution de matière gémellaire.

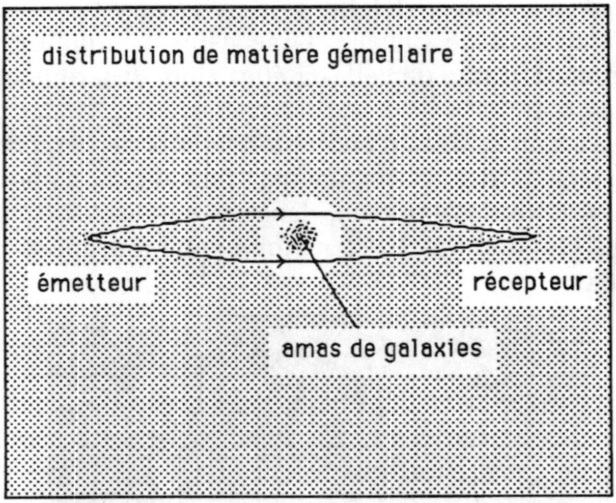

Courbure des rayons lumineux au voisinage d'un amas de galaxies, logé dans une lacune de la distribution de la matière gémellaire

Nous avons montré, Frédéric et moi, à travers nos calculs, que l'environnement de matière gémellaire, autour de l'amas, focalisait les rayons, comme cela :

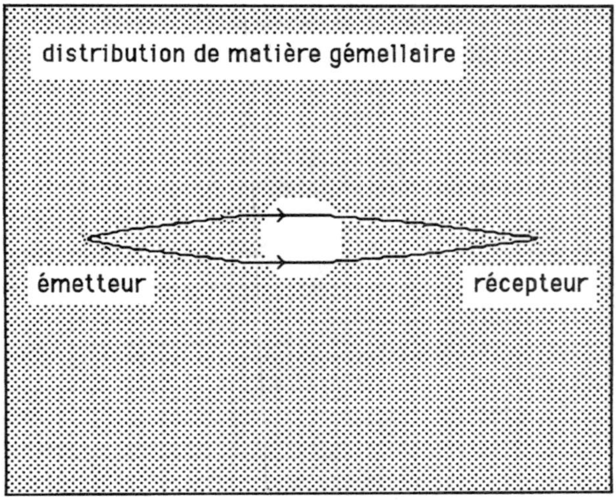

L'environnement de matière gémellaire focalise les rayons lumineux et est responsable pour les neuf dixièmes des effets de lentille gravitationnelle observés

L'amas de galaxies, à lui seul, compte tenu de sa masse, donne ceci :

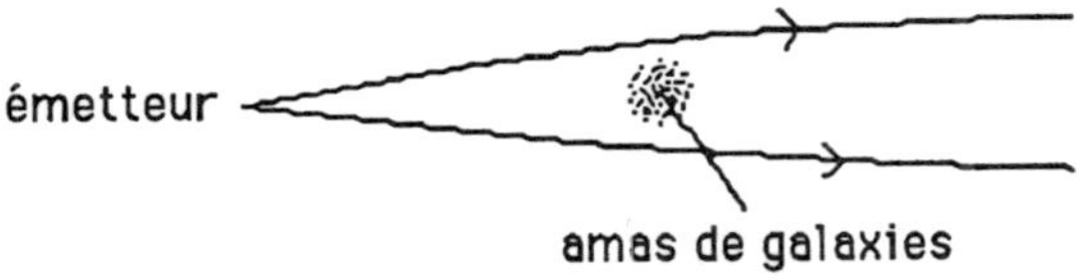

C'est-à-dire qu'il ne contribue à l'effet global observé qu'à hauteur de dix pour cent.

La « masse cachée », la « matière sombre » ou *dark matter*, peu importe le nom qu'on lui donne, existerait bien, mais pas là où on la cherche. Elle ne serait pas dans les galaxies ou les amas de galaxies, mais en dehors de ceux-ci et « de l'autre côté de notre univers ».

CHAPITRE 5

La micro-technologie des Ummites

Dans le dossier Ummo, plusieurs histoires sont enchevêtrées, plusieurs aspects s'entremêlent. Il y a l'aspect science, l'aspect anecdotique et aventureux, plus des tas de choses assez incompréhensibles. Si on voulait résumer on pourrait dire que Ummo c'est :

– un tiers Einstein ;
– un tiers Spielberg ;
– un tiers Marx Brothers.

Nous venons de gérer une séquence qui s'inscrivait dans le premier registre. Pour nous, scientifiques, c'est évidemment la plus intéressante. Mais certains chercheurs, dont je suis, ne dédaignent pas de se muer, si l'occasion se présente, en « savanturiers ».

Une possible explication de la façon dont les ovnis stationnent au-dessus du sol

La percée scientifique de 1993-1994, tout à fait concrète, donne corps à la théorie gémellaire, étant donné la masse des phénomènes qu'elle permet d'éclaircir et d'interpréter (il y a d'autres aspects, mathématiquement plus sophistiqués, que nous n'évoquerons pas ici mais que le spécialiste trouvera dans la reproduction de l'article « Twin Universe Cosmology », en fin d'ouvrage). On a vu que lorsqu'une masse était située « de l'autre côté », dans cet autre « versant » d'univers, elle se comportait comme si elle avait une masse négative.

Les textes ummites prétendent que les voyages interstellaires peuvent s'effectuer en empruntant l'univers jumeau et en « inversant la masse ». Des textes récents (de 1992 à 1994) apportent des précisions sur la façon d'opérer un « transfert hyperspatial », en direction de notre univers jumeau. Les rapports ummites disent que, lorsqu'une nef réalise cette opération, « elle semble se dématérialiser subitement aux yeux du témoin ». Lors de l'opération inverse, « elle semble surgir du néant, comme si elle se matérialisait ».

Si on se fonde sur les dires de témoins, en supposant que ce qu'ils racontent corresponde à un fait réel, ces deux opérations s'effectueraient sans bruit ou dégagement apparent d'énergie. Cela appelle la remarque ci-après :

Considérons une nef de masse M qui serait présente dans notre feuillet d'univers. Elle serait donc soumise à l'action gravitationnelle de la Terre et subirait l'effet de son poids Mg.

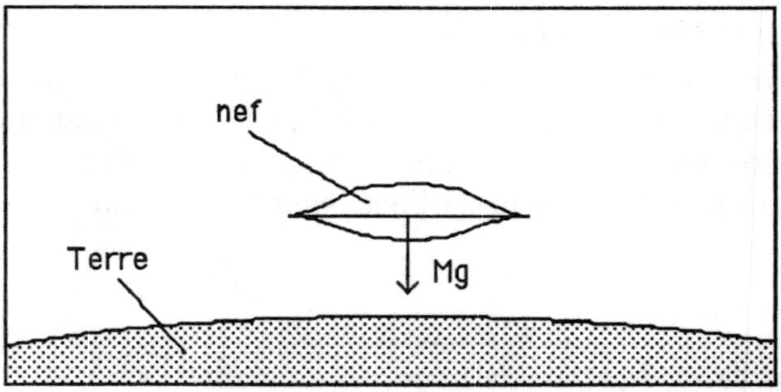

La nef, présente dans notre feuillet d'univers, subit l'attraction terrestre
Son poids est Mg

Imaginons maintenant que cette masse M puisse être transférée dans l'univers jumeau. Elle disparaîtrait à nos yeux. De même les passagers de la nef ne pourraient plus voir la Terre, qui resterait cependant présente, quoique invisible. Mais cette Terre, invisible, repousserait la nef, selon une force – Mg. D'où un effet d'antigravitation. Durant son séjour dans l'univers jumeau, la nef « s'éloignerait » de la Terre.

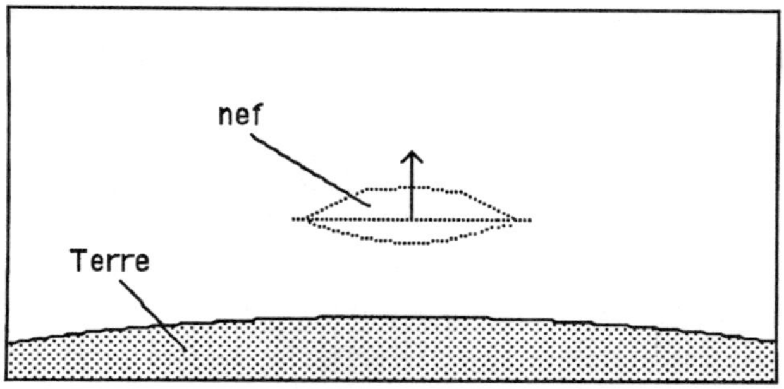

La nef, devenue invisible, est repoussée par la Terre

En alternant à un rythme rapide ces transferts d'un univers à l'autre la nef pourrait ainsi annihiler son poids et « léviter ». En réglant le temps passé dans notre feuillet d'univers, où elle tomberait en chute libre, et celui passé dans l'univers jumeau, où elle monterait au contraire, la machine pourrait à volonté monter ou descendre. Cela pourrait constituer, selon nous, le second mode d'explication de la lévitation des ovnis au voisinage du sol, différent de la MHD.

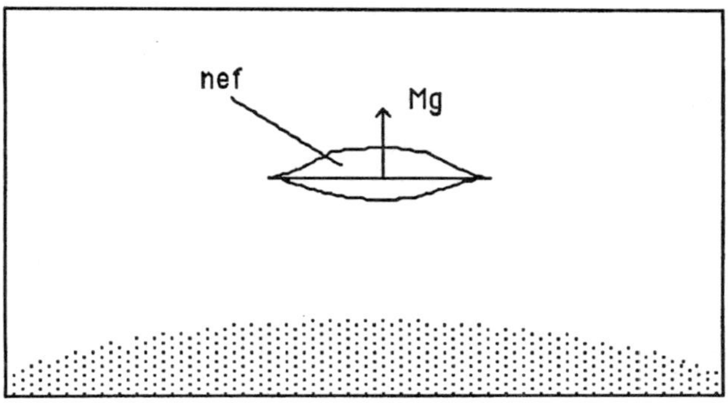

Dans l'univers jumeau, la Terre, devenue invisible, repousse la nef

Un clonage systématique des objets

En 1967, les contenus des textes à caractère technologique avaient de quoi surprendre le lecteur, même scientifique. Mais les choses ont pas mal changé depuis. Nos ordinateurs avaient déjà constitué une fantastique plongée dans l'infiniment petit. Les premières machines, comme le célèbre ENIAC américain, qui servit au calcul de la bombe à hydrogène, étaient faites de lampes, de tubes à vide. Pour faire la moindre opération, il en fallait un nombre hallucinant et tous ces tubes étaient montés à la main. Puis apparurent les transistors[1]. Ceux-ci étaient également, au début, fabriqués à la main. Aujourd'hui aucune main humaine ne serait capable de les assembler. Les lecteurs ayant quelques connaissances en technologie savent que les transistors, qui restent les composants essentiels des « puces », sont fabriqués par gravure, au laser. Les puces sont des structures feuilletées, très astucieuses, constituées couche après couche. Si on découpe l'une d'entre elles à l'aide d'une scie, aussi fine soit-elle, il est exclu de pouvoir en distinguer les composants à l'œil nu : leur taille n'excède pas quelques microns. Chaque année leur taille diminue, simplement parce que le diamètre des outils, les faisceaux des lasers, se réduit aussi. La limite est pratiquement celle de l'atome.

Les ingénieurs terrestres ont commencé depuis quelques années à construire des micro-machines autres que des ordinateurs. On a pu ainsi fabriquer de minuscules pompes, dotées d'organes rotatifs, invisibles à l'œil nu. On a créé des micro-accéléromètres et bien d'autres choses encore. Là encore la fabrication s'effectue par couches.

En ce moment, les ingénieurs fabriquent des « imprimantes tridimensionnelles », où on synthétise un objet dans les trois dimensions, en utilisant une sorte de gelée qui a la propriété de durcir à la lumière. La fabrication s'effectue en couches. On remplit un bassin, qui est l'équivalent (3D) de la feuille de papier

1. Notons au passage que les Ummites auraient été surpris en découvrant, sur Terre, les transistors, qu'ils ne connaissaient pas. Ils auraient, bien sûr, développé des techniques informatiques depuis longtemps, mais sur d'autres bases.

(2D) qui sort de l'imprimante. Un liquide photodurcissable monte lentement et un laser crée cette « image 3D », couche par couche, en opérant un balayage. À la fin de l'opération il suffit d'évacuer l'excès de liquide pour avoir en main un objet « en dur ».

On a ensuite cherché à dupliquer des objets, après les avoir analysés à l'aide d'un scanner à ultrasons. Sur la figure on voit comment le « double » de l'objet est réalisé par couches successives, en couplant la montée du scanner, qui découpe l'objet en tranches de saucisson, et la synthèse de son double, en parallèle, par solidification, à l'aide d'un rayon laser, d'une substance photodurcissable.

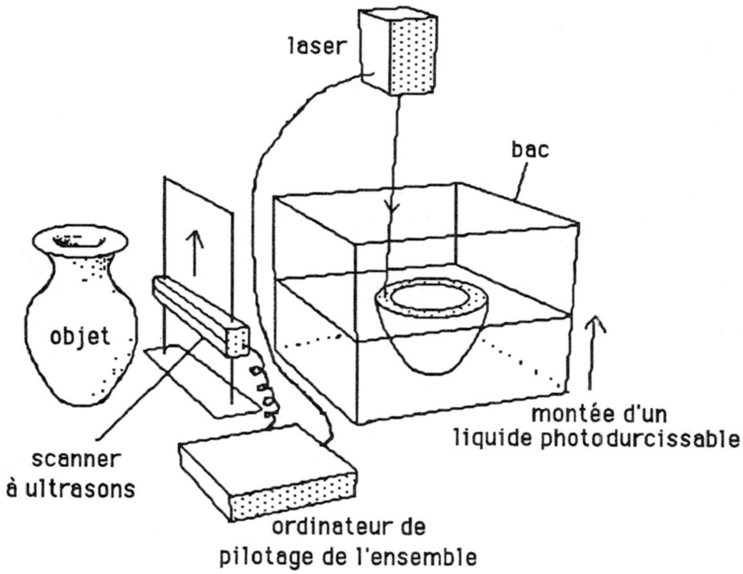

Système (actuel) de duplication 3D (de la forme des objets)

Avec une photocopieuse nous ne fabriquons pas de véritables doubles des objets, mais des images fidèles. Il en sort une feuille de papier recouverte d'un pigment cuit à la chaleur, qui n'est pas identique, moléculairement parlant, à l'encre du document original, même si l'illusion visuelle est excellente et si la reproduction s'effectue au dixième ou au centième de millimètre près.

Mais si on réalise une « photocopie de photocopie », on effectue alors un véritable « clonage technologique », *puisqu'il n'est alors pratiquement plus possible de distinguer l'original de sa copie.* Il faut savoir s'étonner de choses simples. Même remarque si l'objet de l'image ci-dessus était fait de la même matière que la substance photodurcissable qui sert à effectuer la copie. Le clonage tridimensionnel 3D est donc déjà sur Terre une réalité. Derrière ces balbutiements se dessine un concept qui est l'aboutissement logique de notre technologie, pour la fabrication en série des objets, son « point focal » : le simple clonage des objets, molécule par molécule, atome par atome. Conceptuellement rien ne s'y oppose. Aujourd'hui les imprimantes couleur sont très performantes, au point qu'on peut les utiliser pour faire des... faux billets. Utiliser une imprimante couleur à jet d'encre revient à projeter des gouttelettes d'encre de coloris différents, autrement dit à utiliser des « atomes de couleur » différents.

Un jour prochain on projettera des atomes et on les soudera les uns aux autres. On pourra alors fabriquer n'importe quoi, dans les trois dimensions, directement et bien sûr, immanquablement, tout cela se miniaturisera, comme ce fut le cas pour l'informatique. Pourquoi utiliser une machine volumineuse, coûteuse en énergie et en matières premières si on peut faire autrement ?

Sous cet aspect les machines ummites, où la miniaturisation est partout, s'inscrivent dans notre futur technologique de manière très pertinente. Les outils que nous utilisons sont primitifs. Un laser est un outil rectiligne. On pourrait comparer la machine qui sculpte au laser à un technicien qui n'aurait à sa disposition, pour tout outil, qu'une perceuse.

Les outils suggérés par les textes ummites sont beaucoup plus sophistiqués. Chez ces gens, les machines pourraient fabriquer n'importe quoi, y compris des copies d'elles-mêmes. Elles seraient pilotées par ordinateur et seraient capables de créer des composants, puis de les assembler dans les trois dimensions. L'objet serait acheminé selon une trajectoire complexe, en étant guidé soit par des forces électromagnétiques, soit par des forces gravitationnelles (que nous ne savons pas actuellement produire).

Le problème des matières premières ne se poserait plus. Nos Ummites, modernes alchimistes, seraient passés maîtres dans l'art de la transmutation. Autrement dit les assemblages s'effectueraient d'abord au niveau atomique. La machine fabriquerait les atomes dont elle a besoin, à partir d'un corps de base quelconque, ou de plusieurs corps simples de base (comme l'oxygène de l'air ou les pierres des chemins). Puis elle assemblerait ces atomes pour en faire des composants, qui seraient ensuite intégrés dans un tout.

Si on en croit ces mystérieux Ummites et si la planète qu'ils décrivent existe vraiment, celle-ci constituerait un véritable Eden technologique. En effet ils disent savoir synthétiser directement de l'antimatière, par compression. Celle-ci, stockée, servirait d'énergie de base, d'énergie à tout faire. Ils la convertiraient en énergie pour réaliser des transmutations atomiques. Disposant de « l'énergie primordiale » par excellence, ils n'auraient plus besoin de « matière première ».

À l'autre bout de la chaîne, cette énergie illimitée leur permettrait de traiter tout déchet, toujours par transmutation, non pas dans de vastes unités de production, mais carrément à l'intérieur des habitations domestiques. Il n'y aurait pas de poubelles sur Ummo. Tout déchet serait simplement transmuté en hélium, chimiquement neutre et parfaitement respirable, puis simplement rejeté dans l'atmosphère.

Il est clair qu'une civilisation qui aurait atteint ce niveau ferait du même coup disparaître toute intervention manufacturière. C'est ce vers quoi nous tendons sur Terre, de toute évidence, même si cette évolution apporte un contrecoup catastrophique : le chômage généralisé. Lorsque nos futurologues des années 50 prédisaient l'apparition de robots de plus en plus performants, ils oubliaient au passage que ceux-ci mettraient sur le trottoir des millions de pauvres gens, comme jadis les métiers à tisser Jacquart, fonctionnant à l'aide de cartes perforées, firent le malheur de dizaines de milliers de tisserands, les « canuts ».

Même évolution dans le domaine de la bureautique, avec l'apparition des traitements de textes et des logiciels de gestion.

Jadis, lorsque quelqu'un utilisait une machine, il lui incombait de la démonter pour l'entretenir et il en connaissait tous les composants. De nos jours il y a beaucoup de gens qui roulent dans des automobiles sans avoir la moindre idée de la façon dont elles fonctionnent.

Quand les premiers micro-ordinateurs Apple II apparurent, à la fin des années 70, ceux qui les utilisaient pouvaient encore les « démonter », décoder entièrement leur architecture de base. En 1977, lorsque je dirigeais un service d'informatique dans une université, nous l'avions fait, c'était encore possible. Aujourd'hui je m'imagine mal « démontant » mon Macintosh LC III en essayant de lire toutes ses ROM[1]. Ma vie, d'ailleurs, n'y suffirait pas. Le manuel de l'utilisateur informaticien, celui qu'utilisera un créateur de logiciel, a déjà le volume d'une petite bibliothèque. Et les choses n'iront qu'en empirant. L'homme est en train d'accumuler un savoir, en matière d'informatique, dont un seul individu ne saurait être l'unique dépositaire. Notre monde se complexifie sans cesse, de manière inéluctable.

Il y a une dizaine d'années j'avais créé moi-même un logiciel de conception assistée par ordinateur que j'ai commercialisé pendant un temps (mais qui se trouve maintenant totalement dépassé par les produits existants). Quand j'utilise un logiciel de CAO, j'ai une idée assez précise de la manière dont il a été construit. Mais, de plus en plus, nous devons nous résigner à devoir utiliser des choses que nous ne comprenons pas, au sens étymologique du terme, c'est-à-dire que nous ne pouvons ni lire totalement, ni démonter.

Les machines ummites seraient, sur ce plan, d'une fabuleuse complexité. La Xoodinaa d'une nef, sa coque épaisse, pourrait contenir jusqu'à 400 composants par millimètre cube. Elle intégrerait toutes les technologies possibles. Au point de vue mécanique, par exemple, elle se comporterait comme un matériau « intelligent » qui serait capable de modifier ses caractéristiques en fonction des tensions auquel il serait soumis.

Cette idée peut sembler déconcertante. Quand on a en main un matériau, on imagine qu'il possède une résistance spécifique. Si on

1. ROM : *read only memory*, « mémoire que l'on ne peut que lire ». Ce sont les éléments de l'ordinateur où sont inscrits tous les sous-programmes de base.

prend une éprouvette et qu'on la soumet à une traction croissante elle finira par se briser et nous en déduirons ses caractéristiques.

Mais les spécialistes de la résistance des matériaux savent que cette vision est très sommaire. Un matériau peut être à la fois solide et fragile. On peut poser sans dommage un lourd dictionnaire sur un verre à pied, alors qu'on pourra le briser en le frappant légèrement avec un objet pointu.

Et il n'y a pas que la fragilité. Quand on construit un avion, on ne se contente pas de calculer les contraintes maximales auxquelles il sera soumis. On doit aussi tenir compte de deux facteurs beaucoup plus importants. Des phénomènes dits d'aéro-élasticité peuvent engendrer des vibrations destructrices. Le plus grand avion du monde, le plus gros porteur, est l'avion militaire américain Galaxy, construit par la firme Lookeed. Lorsqu'on a essayé le premier prototype, on s'est aperçu qu'il battait de l'aile, au sens strict du terme. Les deux ailes étaient animées d'un mouvement de battement, haut-bas, dont l'amplitude atteignait « en bout de plume » près de 2 mètres, phénomène que les calculs sur ordinateur n'avaient su prédire, du moins à ce point. On dota alors l'avion d'un ordinateur destiné à commander des ailerons pour limiter ce *flutter* indésirable. Mais, aujourd'hui encore, le célèbre Galaxy continue de battre des ailes, plus faiblement, heureusement.

La contrainte la plus importante est la fatigue. Ce qui use les ailes des avions, ce sont les contraintes alternées, la succession des efforts et les non-efforts eux-mêmes. On se souvient de cette terrible catastrophe qui endeuilla l'Angleterre, laquelle avait pris une avance extraordinaire en sortant dès l'après-guerre les fameux Comet, les premiers quadriréacteurs commerciaux. Tout avait été prévu, sauf la rupture à la fatigue des hublots de la cabine des passagers. Lorsque les différents avions mis en service furent bien « fatigués », ceux-ci se brisèrent les uns après les autres, en tuant des centaines de personnes.

Quand on veut certifier un nouvel appareil, comme un Airbus, on charge bien sûr ses ailes jusqu'à rupture, mais on les soumet également à des centaines de millions de flexions alternées. Ce test est d'ailleurs si long qu'il doit être poursuivi sur un des exemplaires alors que les autres sont déjà en service.

Ces problèmes d'aéroélasticité et de rupture par fatigue font que nos avions sont anormalement lourds. Partout il faut renforcer, surdimensionner, pour tenir compte des contraintes qui pourraient découler d'une rafale particulièrement violente.

Les soucoupes ummites seraient plus légères parce que le matériau dont elles sont faites se gérerait lui-même. Il serait parcouru de fines tubulures qui contiendraient un métal facilement liquéfiable. Il est évident que si ce métal est, dans cette structure vasculaire, à l'état solide ou liquide, les caractéristiques de l'ensemble sont différentes. Les Ummites utiliseraient ce système pour réguler les propriétés élastiques du matériau et empêcher les phénomènes de résonance.

Vous savez qu'il est interdit à une troupe de marcher au pas lorsqu'elle passe sur un pont. Il serait tout à fait possible que les impulsions données par les pas cadencés des soldats entrent en résonance avec la structure et qu'une oscillation vienne à s'amplifier et à détruire l'ouvrage. Si notre pont était « intelligent », si ses poutrelles étaient parcourues par de fines tubulures emplies d'un métal facilement liquéfiable et contrôlées par un ordinateur, il pourrait modifier les caractéristiques de sa structure dès que ses capteurs, ses « jauges de contraintes », détecteraient le moindre phénomène de résonance.

Les textes disent que les nefs subissent des impulsions d'accélération et non des accélérations constantes. Ce système de matériau intelligent serait donc là pour annihiler le phénomène de résonance dans la structure. C'est une solution très astucieuse, à laquelle nos ingénieurs terrestres n'ont apparemment pas encore songé.

La paroi extérieure de la nef serait munie de tous les systèmes de capteurs possibles. En ce sens elle s'efforcerait de ressembler à la peau des êtres vivants. Elle serait sensible à la lumière (posséderait des ocelles), à tout rayonnement électromagnétique en général, dans un spectre extrêmement large, et serait capable d'analyser chimiquement l'environnement gazeux ou liquide (ces machines seraient capables d'évoluer sous l'eau).

Cette « peau » posséderait un système de contrôle thermique, de réfrigération par circulation « sous-cutanée » de fluide ou par sudation de lithium. Il existerait sur sa surface des composants qui pourraient changer de couleur à volonté, ce qui permettrait un mimétisme parfait. C'est l'ovni-caméléon.

La paroi supprimerait toute réflexion d'ondes, en particulier des ondes radar. Si ces idées pouvaient surprendre en 1968, elles sont maintenant dans l'air, au sens propre et au sens figuré. La furtivité est à l'ordre du jour, de même que le mimétisme. Le seul problème est que l'avion caméléon « super-furtif » voit son devis de poids sérieusement grevé par l'adjonction de tous ces gadgets et son prix devenir prohibitif.

Fiabilité et maintenance des nefs ummites

Tous les livres ayant trait aux ovnis consacrent une page ou deux au « crash de Rosewell », qui date de 1947. On connaît l'histoire : une soucoupe se serait écrasée dans le désert du Nouveau-Mexique. Supposons, comme le prétendent les Ummites, que cette année-là de nombreuses ethnies soient venues nous visiter. Peut-être s'agissait-il de quelques touristes un peu trop pressés ou d'étudiants en mal de thèse, qui auraient loué une soucoupe à fort kilométrage-compteur, sans vérifier soigneusement leur matériel.

Qu'est-ce que la fiabilité ?

Si vous enlevez le panneau arrière d'un vieux poste ou d'un vieux téléviseur à lampe et que vous coupiez au hasard un des fils, vous avez de bonnes chances de créer immédiatement une panne. Dans une machine, la solution consiste à doubler, ou à tripler tous les circuits. C'est ce qu'on a de plus en plus tendance à faire, surtout depuis que les grandes compagnies aériennes se sont orientées vers le pilotage par commandes électriques. On imagine la tête que ferait un pilote si soudain son manche ne répondait plus, à cause de la mise hors circuit d'un bête fusible.

Sur ce plan, l'être vivant est une machine très fiable. Son système nerveux est un entrelacs très complexe de canaux acheminant l'information. Il y a bien sûr des éléments clés, dont la destruction entraîne une invalidation irréversible, mais dans l'ensemble, c'est sacrément bien fichu. Le cerveau, par exemple, l'organe le plus fragile du corps humain, est protégé des chocs par une épaisse boîte crânienne et baigne dans le liquide céphalo-rachidien. On retrouve ici le thème de la protection contre les accélérations, par immersion du corps à protéger dans un fluide.

L'être humain est une « machine » qui se répare elle-même constamment. Lorsque nous marchons, les chocs qui résultent de ce moyen de locomotion provoquent très souvent des mini-hémorragies dans nos articulations. Celles-ci sont compensées automatiquement par coagulation. Nous ne nous en rendons pas compte. Par contre, c'est un véritable cauchemar pour les hémophiles. Il ne leur suffit pas d'éviter de se couper ou de se pincer les doigts dans une porte. Le simple fait de marcher ou de manipuler une paire de pinces traumatise leurs articulations. Apparaissent des hématomes qu'ils sont incapables de contrôler, étant donné qu'il manque à leur sang un élément essentiel, le « facteur huit », qu'on doit leur injecter après l'avoir extrait de centaines d'extraits sanguins, fournis par des donneurs.

Même remarque pour notre système nerveux. À moins de sectionner totalement un nerf important, celui-ci possède jusqu'à un âge avancé d'étonnantes capacités de récupération et d'auto-réparation.

La nef ummite s'inspirerait totalement des systèmes vivants, comme toute la technologie de Ummo en général, si on y regarde de près. L'information circulerait dans la machine, l'innerverait, en utilisant un nombre redondant de systèmes totalement différents (les textes disent qu'elle serait gérée par un réseau de 120 ordinateurs interconnectés). Comme la nef, avant d'effectuer sa plongée dans l'univers jumeau, devrait engendrer un fort champ magnétique (de même que pour se propulser par MHD dans l'air), il serait exclu d'envisager des circuits électriques, où l'information serait acheminée par un flux d'électrons. Le réseau nerveux de la nef ummite serait donc basé sur trois systèmes. Le premier utiliserait des fibres optiques, le second des phénomènes de résonance magnétique nucléaire et le troisième des ondes gravitationnelles. Seul le premier système nous est maintenant familier, mais nous ignorons totalement comment capter ou produire des ondes gravitationnelles.

On sait que les explosions nucléaires engendrent de très forts champs électriques, surtout lorsqu'elles se produisent en haute atmosphère. Le très fort rayonnement qu'elles émettent ionise les couches supérieures de l'atmosphère et cela engendre des orages mettant en jeu des masses fluides d'une étendue considérable. L'explosion crée un orage artificiel d'une violence extrême, même s'il ne s'accompagne pas nécessairement d'éclairs. Les systèmes électriques, au sol ou embarqués à bord d'avions ou de missiles, sont soumis à des surtensions importantes, qui peuvent se révéler dommageables.

Vis-à-vis d'une attaque surprise, par un flot de missiles en phase balistique, une des défenses consisterait à faire éclater dans la haute atmosphère, à deux cents kilomètres d'altitude, une bombe à hydrogène de forte puissance. On escompte alors que l'effet EMP résultant *(electromagnetic pulse)* pourrait endommager tous les systèmes de contrôle des ogives.

L'auteur des documents ummites n'a pas fait l'erreur de doter sa machine de circuits électriques. Les conducteurs à fibre optique sont en effet insensibles aux champs électromagnétiques. Si les nations industriellement développées poussent en avant la technologie des ordinateurs fonctionnant à l'aide de fibres optiques, c'est en vue d'applications militaires, comme c'est le cas dans beaucoup de technologies.

Dans les textes, les Ummites décrivent comment s'effectuerait la réparation d'un capteur pariétal endommagé par une micrométéorite. La machine posséderait un stock de pièces de rechange qui pourraient être acheminées à travers un système vasculaire en étant guidées par des forces électromagnétiques ou gravitationnelles, pour être positionnées et remplacer l'organe endommagé, qui aura été au préalable détruit.

Est-ce à dire que la nef ummite serait « vivante » ?

Non, pas plus qu'un ordinateur ou un robot n'est vivant. Ce serait seulement une machinerie très perfectionnée, gérée à chaque instant par un complexe de cent vingt ordinateurs, dont la mémoire serait tridimensionnelle (et non pas construite en couches, comme celles de nos *computers*). Les données y seraient stockées dans des petits ensembles d'atomes de titane, formant d'énormes cristaux parfaitement purs (la moindre impureté à l'échelle atomique engendrerait des erreurs). La capacité volumique de stockage des données et des programmes serait, selon ces textes, phénoménale. Il y aurait autant de différence entre la mémoire d'une nef ummite et les mémoires de nos ordinateurs qu'entre ces dernières et une bibliothèque sumérienne, où les données étaient inscrites en cunéiforme sur des plaques d'argile.

La nef ummite serait une sorte de robot très sophistiqué qui se gérerait lui-même à l'aide d'un ensemble de programmes extrêmement complexe, constituant une intelligence artificielle très développée, dont nous entrevoyons aujourd'hui à peine les bases[1]. La multiplication des systèmes de contrôle et la redondance des circuits informatifs donneraient à l'ensemble une fiabilité extrêmement proche de l'unité.

Seul le vivant offre un exemple comparable. Un être humain est finalement une machine remarquablement fiable, sur une grande période de temps. Dans les avions de ligne on trouve un pilote et un copilote. On a estimé en effet, avec juste raison, que la probabilité que tous deux « tombent en panne » simultanément était infime. Autre avantage : comme il y a deux hommes capables de piloter l'appareil, cela permet à l'un d'eux, de temps en temps, d'aller soulager quelque besoin naturel.

Quand apparut le pilotage automatique il arrivait fréquemment que les deux pilotes quittent le poste de pilotage et cela donna lieu à une anecdote haute en couleur. Dans un vol transocéanique, sur une compagnie dont nous tairons le nom, les deux pilotes avaient ainsi confié le pilotage de leur quadrimoteur à la machine et prenaient du bon temps avec les hôtesses, dans la cabine adjacente. Soudain une rafale d'une violence exceptionnelle déséquilibra l'appareil en le mettant sur la tranche. Il perdit aussitôt de l'altitude. Comme le pilote automatique maintenait celle-ci en fonction des informations délivrées par une capsule barométrique, le pilote automatique « tira à fond sur le manche ». L'appareil partit dans une spirale serrée. Les passagers, terrifiés, furent écrasés sur leurs sièges par les g encaissés par l'avion. Quant aux pilotes, aplatis sur leurs couchettes ou allongés dans

1. À vrai dire, même ces bases seraient différentes, puisque ces ordinateurs fonctionneraient sur une logique différente, tétravalente. Nos ordinateurs, aussi sophistiqués soient-ils, se fondent sur une logique binaire (oui/non).

la coursive, ils furent dans l'incapacité de regagner leur siège. Après des évolutions capricieuses l'avion eut la bonne fortune de ne pas se briser en vol et de retrouver une assiette normale. Entre-temps il avait perdu cinq mille mètres d'altitude. Depuis il est formellement interdit aux deux pilotes de quitter leur siège simultanément, même lorsque le pilote automatique est branché.

Dans ces conditions, la fiabilité est-elle absolue ? Pas complètement. Mon ami Massimo Mosca, stewart de la compagnie Alitalia m'a raconté qu'un jour les deux pilotes avaient été simultanément victimes d'une intoxication alimentaire et s'étaient trouvés hors d'état de piloter l'appareil, qui fut ramené au sol par une simple hôtesse, laquelle avait pris quelques cours de pilotage sur avion de tourisme. Nouvelle modification du règlement : avant un vol, les repas des pilotes sont contrôlés et il leur est interdit d'absorber les mêmes menus.

Lorsque la nef croiserait à très grande vitesse dans l'univers jumeau ou dans l'espace intersidéral galactique, elle dévierait automatiquement tous les atomes qu'elle rencontrerait sur son chemin à l'aide d'un bouclier électromagnétique comparable à celui qui protège la Terre du « vent solaire »[1].

La Terre parvient ainsi à se protéger d'un flux de particules, essentiellement des noyaux d'hydrogène et des électrons, déboulant à 10 000 kilomètres à la seconde. Il arrive cependant que ces particules arrivent à passer au travers du bouclier électromagnétique et frappent les hautes couches de l'atmosphère, ce qui donne le phénomène appelé aurore boréale. L'atmosphère de notre planète la protège des petites météorites, qui se consument en y pénétrant à des dizaines de kilomètres à la seconde. Une nef pourrait de même se protéger efficacement d'un flux de particules chargées, en créant autour d'elle un bouclier électromagnétique. Mais celui-ci serait inopérant vis-à-vis de météorites[2]. Les textes

---

1. Une remarque en passant : pour que le pôle nord géographique terrestre puisse orienter les boussoles convenablement, c'est-à-dire qu'elles tournent leur propre « pôle nord » dans cette direction, il faut que cela soit un « pôle sud ».

2. Les militaires américains ont suggéré de bombarder une grosse météorite à l'aide de fusées thermonucléaires, bien qu'une telle rencontre, fréquente il y a des centaines de millions d'années, soit devenue de nos jours extrêmement improbable. Gageons qu'il s'agissait plutôt de trouver un réemploi pour l'arsenal existant.

ummites précisent que celles-ci sont alors volatilisées à distance à l'aide « de lasers pariétaux ».

Il est hors de doute, étant donné l'encombrement croissant de l'espace circumterrestre, qui est jonché de débris de fusées, de boulons, de paires de pinces lâchées par des astronautes au cours de travaux extravéhiculaires, que nos futures stations spatiales devront tôt ou tard être équipées d'un tel dispositif.

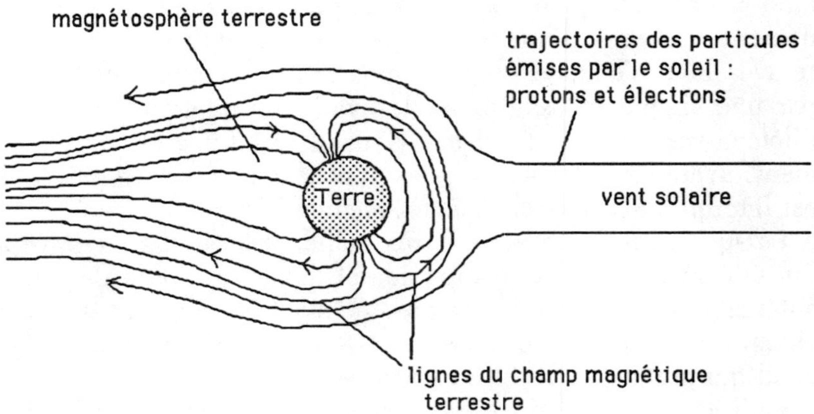

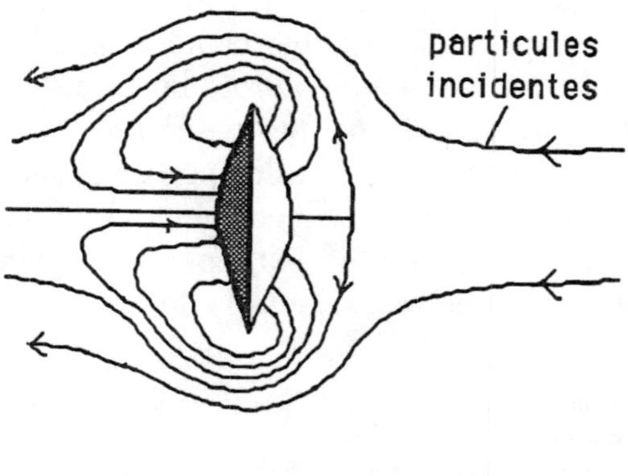

Comment la Terre se protège du « vent solaire » à l'aide de son bouclier électromagnétique

Dispositif similaire sur la nef ummite lorsqu'elle se déplace à très grande vitesse dans un milieu raréfié

Au cours de la croisière ummite des événements plus importants et imprévisibles peuvent survenir. La nef peut passer à proximité d'un astre qui soudain connaîtrait un épisode cataclysmique. L'ultime recours serait alors de changer d'univers.

Selon un des documents, une nef ummite aurait soudain rencontré une nef inconnue, dans l'espace circumterrestre. Celle-ci aurait scanné leur vaisseau en utilisant des faisceaux d'ondes gravitationnelles infiniment plus puissants que ceux qu'ils savaient eux-mêmes produire. Inquiets, les Ummites auraient choisi la fuite en déclenchant « le transfert hyperspatial[1] de leur machine » et en prenant le large.

À chacun ses ovnis...

1. Les Ummites parlèrent alors d'inversion de la masse de leur engin, information qui se révéla précieuse pour construire un modèle théorique d'univers gémellaire.

CHAPITRE 6

Comment effectuer le voyage

Avec la MHD, on a vu qu'on pouvait croiser à vitesse supersonique sans faire de bang, dans l'air dense, à des vitesses allant jusqu'à 15 000 kilomètres-heure. Mais cela ne servirait à rien pour couvrir les distances interstellaires. Comme l'ont remarqué depuis longtemps les scientifiques, ces distances sont hallucinantes. La plus proche étoile est située à une distance qui est dix mille fois plus importante que celle qui nous sépare de Pluton. Quelle que soit la technique utilisée, la barrière luminique imposerait des temps de voyage se calculant en siècles.

Peut-être les extraterrestres, comme l'ont suggéré certains, auraient-ils une longévité considérable, qui leur permettrait d'attendre dans leurs nefs, avec une patience d'ange, ou en jouant aux cartes, d'être arrivés à destination. On a vu plus haut que Ribes et Monnet, s'appuyant sur des technologies conventionnelles (fusion thermonucléaire), envisageaient des sortes de croisières sans retour qui s'échelonneraient sur des dizaines de générations.

Les textes ummites suggèrent une formule beaucoup plus séduisante, fondée sur l'existence d'un univers gémellaire, où la valeur de la vitesse de la lumière serait trente à cinquante fois supérieure à celle que nous mesurons dans notre propre univers. En empruntant ce second univers, l'Ummite prendrait en quelque sorte « le métro express ». Lorsque, arrivé à destination, il referait surface, il semblerait à un brave Terrien que celui-ci aurait croisé à trente fois la vitesse de la lumière.

En fait, dans le schéma ummite, les lois si contraignantes de la

Relativité restreinte ne seraient pas violées. Elles deviendraient : « On ne peut dépasser la vitesse de la lumière dans l'univers où on se trouve. »

Comment les nefs se débrouilleraient-elles pour passer dans l'univers jumeau ? Les textes abondent en détails sur ce point, qui sont autant de fils conducteurs. J'espère que nous réussirons un jour à modéliser tout cela théoriquement. Le point de départ est le fameux problème du « trou noir ». Lorsqu'une étoile à neutrons dépasse sa limite de stabilité, lorsque sa masse excède deux fois et demie la masse du soleil (son diamètre n'est alors que de 15 à 20 kilomètres), elle « implose ».

Les astrophysiciens ont inventé un modèle pour décrire ce processus d'implosion. C'est le « trou noir ». L'étoile collapse bien sur elle-même en un temps qui est de l'ordre d'un dix millième de seconde, mais « dans son temps propre ». Cette théorie suggère qu'il y aurait une sorte de décalage temporel. Pour un observateur extérieur, ce phénomène durerait un temps... infini. Il y aurait « arrêt sur image ».

Pour les Ummites, le trou noir n'existerait pas. Ce ne serait qu'une pure fiction mathématique, sans fondement physique, et je les rejoins sur ce point puisque c'est une solution décrivant un milieu vide, où il n'y a ni énergie ni matière. Tous les mathématiciens vous le diront. Ce qui est extraordinaire, c'est qu'on ait réussi à « vendre » au grand public une telle ânerie depuis des décennies, en profitant du fait qu'il est bien incapable de réaliser qu'on lui offre un fruit pourri.

Je travaille depuis quelques années sur ce problème, depuis la petite conversation de Madrid, en 1988, entre un Ummite et l'ingénieur électricien Dominguez (évoquée en début d'ouvrage), et j'espère déboucher bientôt.

Selon ce schéma, qui se fonderait alors sur l'« équation de champ gémellaire » et non sur l'équation de champ d'Einstein, lorsque l'étoile à neutrons s'effondrerait, l'espace céderait en son centre. Il se créerait un passage en direction de l'univers jumeau. La matière fuirait alors par cette bonde cosmique. En fin d'opération, le tout durant un dix millième de seconde, la « bonde » se refermerait. Il ne subsisterait, en lieu et place, qu'un anneau de gaz, la matière en excès, qui se refroidirait rapidement par rayonnement. Quant à l'étoile à neutrons, elle aurait apparemment disparu, mais se trouverait en fait tapie « sous l'univers », ayant « inversé sa masse ».

Passez muscade

Le transfert hyperspatial de la nef et de ses passagers représenterait la version artificielle du processus, ce qui ne signifie pas que le capitaine de la soucoupe ouvrirait au centre de sa machine une « bonde », à travers laquelle lui et son engin seraient aspirés. L'affaire serait plus subtile. Dans des textes de 1993, les Ummites évoquent la technologie qui serait mise en œuvre. La paroi externe de la nef serait tapissée de mini-lasers pariétaux, en forme de pièges à loup. La nef commencerait par transpirer un bon coup. Qu'elle soit dans l'atmosphère terrestre ou dans le vide intersidéral, elle s'entourerait d'un léger cocon gazeux. Ses lasers pariétaux injecteraient alors une fabuleuse énergie dans cette pellicule de gaz, qui serait absorbée par les neutrons des atomes, provoquant chez chacun d'eux un mini-collapse gravitationnel.

Le papier wc se rompt selon le pointillé. C'est parce que la feuille est ponctuée d'un grand nombre de trous, très près les uns des autres, que la feuille se déchire correctement. Essayez maintenant d'imaginer un papier wc à trois dimensions. La découpe s'effectuerait alors selon une surface et non selon une ligne. Des mini-collapses gravitationnels de neutrons seraient autant de « trous » dans cette surface. La déchirure se propagerait alors à l'ensemble et l'espace se retrouverait découpé à l'emporte-pièce.

Il serait possible de décrire cela plus en détail à l'aide de nombreux schémas, en faisant appel à un concept mathématique qu'on appelle une « chirurgie », mais cela nous emmènerait trop loin. En deux mots, selon ce concept, si une nef opérait un tel transfert hyperspastial, elle semblerait se dématérialiser aux yeux d'un témoin. À sa place : le vide. Un vide qui serait comblé par les molécules d'air en une fraction de seconde.

Pour être tout à fait précis, ce qui emplit le volume occupé par la nef ne serait pas le vide absolu, mais un « morceau d'espace » emprunté à l'univers jumeau qui aurait commuté avec celui-ci. Quant à la nef, elle apparaîtrait dans le même temps dans l'univers jumeau, d'un coup, comme « surgie du néant » (pour reprendre l'expression des textes ummites).

Le retour s'effectuerait en procédant à l'opération inverse. La nef se « matérialiserait » dans notre univers. Les molécules d'air qui se trouvaient dans le volume qu'elle occupait seraient envoyées dans l'univers gémellaire, où elles se disperseraient, tout simplement.

La navigation

Lorsque la nef plongerait dans l'univers jumeau, elle ne pourrait plus se guider à l'aide des repères habituels. L'univers gémellaire serait, aux dires des Ummites, très flou et apparemment exempt de sources ponctuelles proches pouvant faire office de balises. Par ailleurs, il resterait sans cesse mouvant. Sa cartographie resterait incertaine. La solution consisterait donc à « faire surface » de temps en temps pour faire le point. Les Ummites disent qu'ils utilisent pour ce faire un petit nombre de sources radioélectriques, à la fois stables et bien localisées, situées dans notre univers, qui leur servent ainsi de radio-balises. L'opération s'effectuerait automatiquement et la nef opérerait alors des corrections de trajectoire.

Aujourd'hui la navigation des liners s'apparente à celles des nefs ummites. Les premiers avions étaient très tributaires des conditions météorologiques. Si le plafond était bas, ils pouvaient passer au-dessus de la couche nuageuse, mais dans ce cas perdaient tout repère visuel. Le pilote ne pouvait guère, en survolant cette mer de nuages, estimer sa dérive et il lui fallait effectuer de temps à autre une percée pour savoir où il était, avec tous les risques que cela pouvait comporter s'il survolait une région accidentée.

De nos jours un vol transocéanique ou transpolaire s'effectue de la manière suivante. On laisse le pilote décoller lui-même sa machine, pour lui occuper un peu les mains (mais l'ordinateur de bord pourrait très bien assurer lui-même cette opération). L'avion

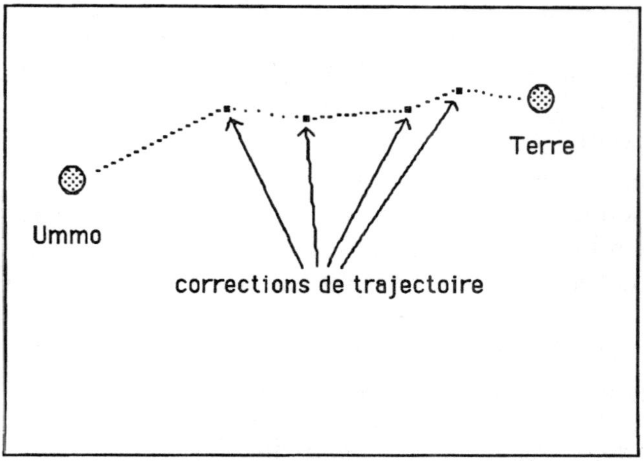

En pointillé : la trajectoire de la nef « sous » l'univers
Les points noirs figurent des « retours à la surface », pour faire le point, assortis de corrections de trajectoire.

décolle quel que soit le temps, ou presque, de jour comme de nuit. Quand celui-ci est en pleine couche nuageuse, le pilote sait exactement où il se trouve grâce au repérage des radio-balises qui se trouvent à proximité de l'aéroport. Il n'a même plus à faire le moindre calcul : sa trajectoire s'inscrit automatiquement sur un écran, en face de lui. Le radar détecte tous les avions en vol et lui signale automatiquement toute anomalie.

Puis l'appareil parvient à son altitude nominale de vol, entre 8 000 et 13 000 mètres d'altitude. C'est là que le vol s'effectue d'ailleurs le plus économiquement. L'air est plus raréfié et offre moins de résistance à l'avancement et le rendement des réacteurs est meilleur. Pour des raisons d'économie de carburant, on vole avec un « centrage arrière » : les Airbus volent ainsi. Ce faisant, l'empennage arrière devient « porteur » et l'avion n'est même plus pilotable manuellement. Demandez aux pilotes, ils vous le diront.

Dès le décollage, le commandant de bord cale la, ou plutôt les centrales inertielles de bord. Il programme ensuite, sur un clavier, le plan de vol complet. Pour éviter les collisions, les appareils suivent des couloirs aériens bien définis. Leurs centrales inertielles de bord sont celles qui guidaient les engins balistiques il y a vingt ou trente ans. Elles sont très précises et au bout d'un vol de plusieurs milliers de kilomètres, l'erreur n'est que de quelques kilomètres.

L'avion effectue automatiquement les changements de cap et d'altitude et, pendant toutes ces heures, le commandant de bord et son copilote n'ont pas grand-chose à faire, à vrai dire. Lorsque l'avion est arrivé à destination, il recale automatiquement sa position en se servant des radio-balises de l'aéroport où il va atterrir. Le pilote reprend alors les commandes et suit la procédure d'approche, guidé par la tour de contrôle et par son propre radar de bord. Chaque piste d'atterrissage est munie d'un faisceau hertzien rectiligne, qui part de l'entrée de la piste et qui matérialise la trajectoire de descente optimale. Le pilote n'a donc plus qu'à se guider sur ce faisceau, même s'il descend dans le brouillard le plus épais. Le pilotage ressemble alors à un jeu vidéo, où la tâche consiste à maintenir l'axe de vol sur un spot qui apparaît sur un écran.

En fin d'approche, le pilote découvre la piste visuellement, grâce aux balises lumineuses qui la bordent et avant de toucher le sol, en l'éclairant à l'aide de ses phares d'atterrissage. À tout moment, un radar altimétrique lui indique son altitude avec une grande précision.

Tout cela pourrait être automatisé depuis longtemps. Cela fait belle lurette qu'on a fait décoller, voler et atterrir des avions militaires sans que les pilotes touchent à aucun moment les commandes. Étant donné la baisse du prix des matériels informatiques, ça n'est même plus une question de coût. Disons qu'on laisse les pilotes s'amuser avec les commandes.

Quand le capitaine de la soucoupe ummite monterait dans son appareil, il se contenterait de programmer les coordonnées galactiques de son point d'arrivée, à proximité de la planète qu'il souhaiterait visiter. Pendant les mois que durerait le voyage (selon les textes, six mois en moyenne pour un trajet Ummo-Terre), les passagers de la nef n'auraient plus qu'à taper le carton. Les cent vingt ordinateurs embarqués se chargeraient de tout. Les radars de bord détecteraient les micro-météorites incidentes et les volatiliseraient à l'aide des lasers pariétaux. Le bouclier électromagnétique protégerait la nef du flux de molécules incidentes qui débouleraient sur elle à vitesse relativiste.

Les retours périodiques dans notre univers, « à la surface », le point sur les radio-balises cosmiques, les changements de cap seraient effectués automatiquement.

Le terme du voyage

Quand la nef croiserait dans l'univers jumeau, sa vitesse serait très élevée, relativiste. Une microseconde de retard pourrait se traduire par une collision avec l'astre, ou, pis encore, la matérialisation de la nef au beau milieu du magma terrestre ! La machine se donnerait donc une marge suffisante pour éviter de tels inconvénients, en « refaisant surface » à proximité du système solaire.

Lorsqu'elle serait en vue de la planète qui constituerait sa destination, elle continuerait sa route en trajectoire inertielle, ou opérerait de nouvelles et brèves plongées. Dans l'atmosphère de la planète, le vol pourrait alors se poursuivre soit par la MHD, soit en utilisant un système de déplacement mixte, déjà évoqué.

Les premiers jours sur Terre

Dans le document sur les premiers jours sur Terre, reçu le 5 mai 1965 par Sesma, déjà évoqué dans le précédent livre, les Ummites décrivent leur arrivée sur notre planète, sur un contrefort alpin situé non loin de la ville de Digne et que nous pensons avoir à peu près localisé, Pastor et moi[1].

L'existence de la Terre aurait été signalée par la réception en 1948 (temps terrestre) d'un signal radio (en l'occurrence du morse) d'une durée de sept minutes. L'interprétation erronée de ce message par les scientifiques ummites leur aurait fait supposer que notre planète aurait tenté de communiquer avec

1. Voir *Enquête sur des extraterrestres...*, *op. cit.*

ses voisines en envoyant « un théorème sur le carré » et ils auraient donné à la Terre le nom de code d'Oyagaa, qui signifie « la planète du carré ». À la distance où ils se trouvaient, les Ummites seraient parvenus à détecter la présence de trois grosses planètes, en l'occurrence Neptune, Saturne et Jupiter et d'une plus petite, qui correspondait en fait au groupe formé par Mars et Vénus, qui se seraient trouvées à l'époque voisines, en conjonction sur leur « ligne de vue ».

Huit mois après la détection du message, de bonnes conditions « météocosmiques » se seraient présentées et la décision d'envoyer un groupe de vingt-quatre expéditionnaires, à bord de deux nefs, aurait été prise.

Les vaisseaux, après s'être rematérialisés au voisinage du système solaire, auraient exploré d'abord Neptune et Mars. À cette distance de la Terre ils auraient capté de nombreuses émissions en provenance de la Terre, qui leur auraient confirmé l'existence d'une vie intelligente sur cette planète. Ils se seraient alors placés en orbite autour de celle-ci à quelque 350 kilomètres d'altitude, et auraient effectué les premiers relevés. Le rapport prétend qu'ils auraient alors analysé la composition de l'atmosphère et constaté que celle-ci était très voisine de la leur. En dépit de l'abondante couverture nuageuse, au-dessus des premières régions survolées ils auraient identifié des formations rectilignes qu'ils auraient assimilées de manière erronée à des canalisations tubulaires (en fait il se serait agi de routes et de voies ferrées[1]).

Les textes en italiques sont la reproduction des extraits des textes originaux.

« La première machine volante terrestre détectée fut un avion qui volait à proximité de l'archipel des Bahamas. L'image fut agrandie et analysée avec curiosité. La descente se poursuivit et de nouvelles images furent captées, correspondant à des centres urbains, des forêts, et des structures flottantes[2]. Les premières photographies

1. Les Ummites disent avoir éliminé depuis longtemps sur leur planète tout réseau routier.

2. Autrement dit des navires.

d'humains furent prises à la verticale de l'agglomération suisse de Montreux.

Les nefs reprirent de l'altitude et toutes ces informations furent analysées. Bien que les images des êtres humains aient été relativement floues, la différenciation des sexes put être établie sur la base de la présence, chez certains individus, de mamelles importantes. Les images n'étaient pas suffisamment bonnes pour donner des détails sur l'habillement. Nous découvrîmes cependant la corrélation existant entre le sexe et les cheveux, "les femmes ayant une pilosité crânienne plus abondante". »

Les expéditionnaires auraient ensuite recherché une zone semi-sauvage pour y déposer un petit groupe d'individus et leur choix se serait porté sur un relief situé à proximité de la ville française de Digne, dans le sud de la France. Ils disent avoir supposé que cet endroit était inhabité sans en avoir aucune certitude. Et le texte dit : « Il était en effet possible que certains groupes d'hommes puissent vivre dans des sortes de fourmilières souterraines[1]. »

Revenons au texte du rapport :

« *La présence de tuyères crachant des aérosols de couleur sombre (des cheminées d'usines) nous intrigua. L'analyse spectrale de ces produits révéla qu'il s'agissait de résidus de combustion d'hydrocarbures. Cette technologie n'ayant jamais été utilisée sur Ummo, nous crûmes que ces dispositifs étaient destinés à enrichir l'atmosphère en produits facilitant la respiration.*

Cette hypothèse fut corroborée par l'observation de tels cylindres dans la bouche de certains individus, crachant des substances chimiques semblables. Mais tous les habitants, en particulier les enfants, n'étaient pas équipés de tels dispositifs, ce qui nous intrigua encore plus.

Nous fûmes sidérés par la variété et la richesse de signaux radio que nous pûmes capter et nous nous demandions quel langage parlaient les Terriens. Au milieu de ce fouillis nous détectâmes des signaux semblables à ceux qui avaient provoqué notre venue

1. Les Ummites ajoutent qu'ils avaient visité auparavant des planètes où les hommes vivaient dans de grandes colonies souterraines.

sur Terre[1] *et nous en déduisîmes qu'il devait s'agir d'un langage commun à tous les habitants de la Terre.*

Pour compliquer encore les choses, en survolant l'Amérique du Nord nous captâmes des signaux correspondant à des émissions de télévision que nous ne sûmes pas décoder et que nous interprétâmes comme des messages langagiers, ce qui accrut notre confusion. En comparant les signaux correspondant au morse, aux émissions de radio et aux émissions de télévision nous en conclûmes que les habitants de cette partie de la Terre parlaient trois langues.

Un groupe de six de nos frères fut désigné pour établir une tête de pont avec cette nouvelle planète, composé de quatre hommes et de deux femmes. Tous apprirent de longs fragments des différentes "langues" captées en ignorant totalement leur signification. »

Le groupe aurait été composé de six personnes, quatre hommes et deux femmes. Parmi les hommes on aurait compté un spécialiste de biologie âgé de 31 années terrestres, un psychobiologiste de 18 ans, un spécialiste en communication de 78 ans, et un sociologue de 22 ans[2].

Le groupe féminin aurait été composé d'une spécialiste de la structure de la matière, âgée de 22 ans, et d'une experte en pathologie du système digestif de 32 ans.

Laissons parler l'auteur du document, qui aurait fait partie de la première expédition :

« *En ce qui concerne le moment le plus favorable pour le départ, nous n'eûmes pas beaucoup de chance. Nous étions en 1949, en temps terrestre. On prévoyait que quelques années plus tard les conditions auraient pu être bien meilleures, mais avec une probabilité hélas trop faible, aussi la décision du départ fut-elle prise. Mais, effectivement, si nous avions pu partir en 1952, notre voyage n'aurait duré que deux mois*[3].

Notre groupe était porteur d'un message de bienvenue, composé par les responsables de notre planète, que nous aurions remis aux autorités terriennes au cas où nous aurions été identifiés et inter-

1. En l'occurrence du morse. Voir ouvrage précédent.

2. Les Ummites disent que cet homme, répondant au nom d'ADAA 66, mourut en 1957 en Yougoslavie dans un accident et que son corps ne fut jamais retrouvé.

3. Ailleurs les textes indiquent que la durée du premier voyage fut de six mois.

ceptés. Ce message avait été gravé sur une plaque faite d'un alliage de fer, de carbone et de chrome-vanadium. C'était un mélange d'idéogrammes représentant des gestes et des attitudes humaines, combinés avec des figures géométriques et des chiffres en système binaire, que les scientifiques de la Terre, pensions-nous, n'auraient pas eu de difficulté à interpréter et qui aurait pu servir de point de départ à la communication entre nos deux ethnies.

L'équipement que nous avions apporté avec nous était complexe, quoique d'un volume réduit. En arrivant à proximité de la Terre nous n'avions pas la moindre idée de la morphologie des plantes et des animaux que nous y trouverions. Nous savions que le message intelligent que nous avions reçu ne pouvait émaner que d'êtres ayant forme humaine[1]*, mais nous ne savions pas, étant donné la grande variabilité de l'espèce en fonction des lois biogénétiques, à quoi ces gens pourraient ressembler.*

Faute de données sur la géophysique de la planète, qui déterminent le profil d'évolution des espèces vivantes et dont nous connaissons les lois avec précision, nous ne savions pas si notre système immunitaire pourrait faire face aux agressions bactériennes.

En prévision d'une telle éventualité nous étions vêtus d'un épiderme artificiel, totalement différent des scaphandres utilisés par les Terriens, qui permet la transpiration tout en empêchant l'infiltration à travers ses pores d'agents chimiques et biologiques. Près de nos orifices naturels une série de dispositifs avait été placés, adaptés à la fonction de chaque organe. Des capsules placées dans nos fosses nasales assuraient notre alimentation en oxygène à partir de la transmutation de carbone pur. Nos yeux et nos bouches étaient convenablement protégés.

Notre alimentation était assurée par un dispositif situé dans la région lombaire et qui pouvait pousser des aliments le long de deux tubes. Le premier acheminait de la nourriture sous forme solide, à l'aide de cils mécaniques, jusqu'à un orifice aboutissant à la lèvre inférieure. Les aliments étaient contenus dans des capsules que notre salive pouvait liquéfier. Ce système était commandé par un signal émis par la paupière (il suffisait de cligner des yeux plu-

1. Les textes précisent que la forme humanoïde serait un « point de passage obligé » du monde du vivant pour le développement de l'intelligence et l'accession à la conscience.

sieurs fois, de façon codée). Le second tube apportait les liquides. L'eau était obtenue en grande partie par le recyclage de notre urine après purification et enrichissement en composants chimiques ad hoc.

Une sonde rectale décomposait nos selles en éléments chimiques de base. Une partie de ceux-ci était gazéifiée et transmutée en oxygène et en hydrogène de manière à synthétiser l'eau et à compenser les pertes dues à la transpiration. Le reste était transmuté en hélium et expulsé à l'extérieur.

Quand nous nous équipons de la sorte, les équipements sont d'abord mis en place, puis l'épiderme artificiel est pulvérisé sur tout le corps. Nous restons alors parfaitement libres de nos mouvements et nous pouvons évoluer sans risque dans une atmosphère et dans un milieu biologiquement hostile. Un tel équipement peut être complété par une nouvelle couche d'un plastique métallisé, renforcé par de fines mailles, qui permet d'évoluer dans le vide spatial lorsque nous visitons par exemple un astéroïde dépourvu d'atmosphère. Cet "habit" est alors plus rigide mais n'entrave en rien nos mouvements.

En plus de ces équipements individuels nous avions emporté avec nous des dispositifs permettant de synthétiser des hydrates de carbone et autres composants de notre alimentation de base, à partir des éléments gazeux présents sur votre planète, au cas où il nous aurait été impossible d'ingérer les vôtres.

Nous avions des appareils pour l'enregistrement des images et des sons, des sondes géologiques ainsi que des dispositifs nous permettant d'assurer notre défense. Cette dotation était complétée par tout un ensemble permettant de faire de nombreuses mesures sur le sol de votre planète.

Nous ignorions tout des dispositifs de détection et de contrôle à distance que vous pouviez éventuellement posséder. Nous avions enregistré vos émissions d'ondes décimétriques[1] *et nous savions que celles-ci pourraient être utilisées pour nous localiser. Au cas où nous n'aurions pas été repérés dès notre atterrissage, nous avions ordre de construire un observatoire souterrain, de nous y*

1. Longueur d'onde classique pour les radars.

installer et de commencer, à partir de cet observatoire, l'étude de votre planète. Mais il nous était impossible de prévoir le tour que prendrait la situation et jusqu'à quel point serait possible l'observation de la structure psychologique et sociale du réseau terrestre.

Les trois nefs composant la flotte de reconnaissance, emportant chacune à leur bord douze passagers, se matérialisèrent d'abord à 7 238 mètres au-dessus du site choisi pour l'atterrissage, une région "semi-sauvage", c'est-à-dire où les gens se promènent assez rarement, mais d'où on pouvait, avec de bons instruments d'optique, observer les faits et gestes des habitants d'une paisible sous-préfecture du sud de la France.

Elles opérèrent ensuite leur descente, de nuit, le 24 mars 1950 à 4 heures du matin, dans un temps assez couvert. Les caméras infrarouges de bord permirent d'avoir une vision des environs. Aucun être humain ne fut détecté. Nous sondâmes ensuite le sol pour rechercher d'éventuelles habitations souterraines, mais ce test se révéla négatif. Les pieds des nefs prirent alors contact avec le sol rocailleux et les six expéditionnaires sortirent par leurs trappes pour prendre contact avec le sol de cette planète.

Nous commençâmes aussitôt à forer une galerie en fondant la roche et en la transmutant en azote et en oxygène. En même temps une partie des matériaux trouvés sur place fut transmutée pour se transformer en arceaux d'étayage extensibles à base de magnésium et d'aluminium. Mais cette activité produisait pas mal d'énergie. Au fur et à mesure que les travaux avançaient, le ciel se dégageait et le jour se levait. Nous étions inquiets à l'idée que les Terriens auraient pu repérer à des kilomètres de distance le panache de vapeur qui s'élevait. Mais heureusement aucun habitant de la région n'y prêta attention et au début de la matinée nos travaux furent achevés. Des réserves de nourriture furent entreposées dans le refuge souterrain, donnant une autonomie de près d'une année terrestre, puis ceux qui repartirent firent leurs adieux aux six de nos frères qui allaient désormais rester seuls sur cette planète inconnue.

Le chef de notre expédition, qui comptait trente-six personnes, restait inquiet. Il craignait en effet que la "fenêtre hyperspatiale" qui avait permis le voyage ne se "referme", bref que l'espace ne se "déplisse" subitement[1]. *Finalement les six expéditionnaires observèrent les nefs qui s'élevèrent rapidement, à la verticale, jusqu'à une altitude de 6 000 mètres, puis se dématérialisèrent*[2] *après avoir porté leur surface à l'incandescence, pour ne pas emporter avec elles de germes inconnus, à la fois dans l'univers gémellaire et sur la planète dont elles étaient issues.* »

Ce premier contact avec la Terre a déjà été évoqué dans *Enquête sur des extraterrestres...*, assez sommairement. Le lecteur qui s'y référera pourra y trouver la reproduction du texte extrait des documents reçus par Sesma en 1966. Nous allons ajouter quelques détails inédits.

« *Lorsque le jour se leva nous pûmes observer les environs tout à loisir, en restant à couvert, puisque la région était presque entièrement boisée. On ne savait pratiquement rien des mœurs des habitants de la Terre. Dans les semaines précédentes nous avions opéré des reconnaissances à l'aide de sondes automatiques et nous avions obtenu de nombreuses images, dont beaucoup nous étaient restées incompréhensibles.*

Nous n'avions pas dans nos équipements de dispositif qui nous aurait permis de décoder les ondes de télévision, ce qui nous aurait pourtant été bien utile. Par contre nous pouvions capter le flot des émissions radiophoniques en provenance des quatre coins de la planète. Nous entreprîmes de décoder ce langage autochtone, en nous aidant de notre ordinateur[3], *mais la richesse linguistique des Terriens semblait monstrueuse.* »

Il ne faut pas oublier qu'il n'existerait sur Ummo qu'un seul continent, qu'une seule ethnie humaine et qu'un seul langage. Apparemment, cela serait le lot des différentes planètes que nos bonshommes prétendent avoir visitées, car ils crurent au

1. Dans tous leurs textes les Ummites insistent sur la brutalité du phénomène.

2. Selon les textes ummites cette dématérialisation s'accompagnerait d'un puissant rayonnement. Lorsque de telles dématérialisations d'ovnis ont été observées par des témoins, les machines s'étaient toujours éloignées d'eux à une distance suffisante pour que cela n'ait pas d'effet nocif sur leurs organismes.

3. Cette intervention systématique de l'ordinateur dans les activités ummites sera analysée dans la suite du livre.

départ que les Terriens parlaient tous le même langage, horriblement compliqué.

« En nous basant sur les images que nos sondes avaient rapportées, nous avions été étonnés de découvrir des gens dont la peau semblait varier d'une région à l'autre et nous avions supposé que les Terriens se couvraient la peau d'un pigment, de manière rituelle, ou pour se protéger de quelque maladie. Ça n'est qu'avec le temps que nous découvrîmes avec stupeur qu'il existait sur cette planète singulière un ensemble d'ethnies et de races différentes, dont chacune avait son propre langage. Nous comprîmes très vite que cela pourrait nous simplifier la tâche, dans le but de nous infiltrer dans un réseau social terrestre, sans avoir complètement assimilé la langue et les coutumes, en prétendant être originaire d'un pays étranger. »

Dans leurs textes, ils disent « qu'ils ne fixent pas la mélanine », que leur aspect est proche de celui des Nordiques terrestres, et qu'ils se servent de cette apparence pour prétendre appartenir à des pays comme la Suède ou la Norvège.

« Assez vite, l'ordinateur nous fournit les premiers éléments linguistiques nous permettant de décoder le langage autochtone local[1]*. En nous aventurant à quelques centaines de mètres du refuge nous découvrîmes un amas de matières fécales, environné de petits animaux qui prirent leur envol à notre arrivée*[2] *et accompagné d'une feuille de papier imprimé jaunie, que nous rapportâmes au refuge souterrain. Nous nous efforçâmes, sans succès, de décoder les idéogrammes qui figuraient sur ce document*[3]*. Aujourd'hui cet objet, qui fut le premier que nous découvrîmes sur Terre, est sur Ummo, où il a été conservé avec des techniques spéciales consistant à réfrigérer avec soin les différentes parties en les maintenant à des températures dépendant du matériau dont elles sont faites. L'un de nous émit l'hypothèse que cela*

1. Apparemment en quelques jours !

2. Des mouches.

3. À propos d'imprimerie, ils précisent qu'ils n'ont jamais utilisé des matrices pour déposer de l'encre sur des feuilles. Ils auraient commencé par brûler la surface des supports, puis auraient utilisé des systèmes à jet d'encre. Actuellement ils auraient des systèmes qui effectueraient des transformations moléculaires dans le support en donnant toutes les nuances de couleur souhaitées.

pourrait correspondre à un geste rituel de quelqu'un qui aurait voulu marquer sa réprobation vis-à-vis de ce document écrit[1].

Une photographie présente sur le document montrait la façon dont les Terriens s'habillaient. En nous aidant de ces informations nous fabriquâmes des vêtements synthétiques en copiant les images découvertes. Comme nous n'avions pas la moindre idée de ce que pouvaient être des boutons, nous les figurâmes à l'aide de taches claires.

Munis de ces déguisements approximatifs, nous nous aventurâmes loin de notre refuge, mais nous réalisâmes rapidement qu'ils étaient inadéquats et anachroniques et nous rentrâmes précipitamment dans le souterrain. Ce fut une chance que nous ne fussions pas repérés avec de pareilles tenues. En effet la photographie trouvée sur le journal se référait à une représentation théâtrale qui avait été donnée dans une salle de la capitale.

Le premier être humain que nous rencontrâmes fut un jeune berger, nommé Pierre, alors âgé de onze ans, qui gardait des mammifères cornus, inconnus sur notre planète. Il était dans un pré, légèrement en contrebas et leva les yeux vers nous. Comme nous avions le soleil dans le dos, il fut ébloui et utilisa sa main comme une visière pour se protéger du soleil. Nous crûmes qu'ils s'agissait d'un salut et nous fîmes de même. Le jeune berger nous salua timidement et partit en emmenant son troupeau.

Inquiets de cette rencontre imprévue, nous décidâmes de nous retrancher dans notre refuge et nous plaçâmes des dispositifs de défense et de surveillance des alentours. Mais rien ne se produisit pendant trois jours. L'enfant revint le lendemain, surpris de cette rencontre avec des gens qui avaient "des vêtements serrés", et fut déçu de ne pas les retrouver. Nous l'observâmes depuis notre refuge mais nous n'osâmes pas sortir[2].

---

1. Ils précisent qu'ils n'ont jamais utilisé de documents imprimés pour se nettoyer, après la défécation, mais des substances spongieuses (comme les Romains) et ajoutent qu'aujourd'hui tous sont équipés dès l'enfance d'une canule rectale qui transforme automatiquement les fèces en résidus gazeux neutres (hélium), par transmutation. Ce fameux document historique était en fait un numéro du samedi-dimanche du *Figaro*, daté du 25-26 mars 1950.

2. Ils disent que par la suite ils rencontrèrent de nouveau l'enfant (qui les aurait alors pris pour des étrangers) ce qui leur aurait permis d'accélérer leur connaissance de la langue locale. Ils furent stupéfaits que l'enfant ne les prenne pas de suite pour des extraterrestres, mais ajoutent qu'à l'époque ils croyaient encore que les Terriens utilisaient et comprenaient

Le 24 avril suivant, nous opérâmes un coup de main sur une ferme des environs[1] *dont nous anesthésiâmes les occupants : un couple, leurs trois enfants et des travailleurs agricoles d'origine espagnole, ainsi que des chiens qui s'étaient mis à hurler. Puis nous pénétrâmes dans le bâtiment et recueillîmes à la hâte des échantillons. Furent emportés : des vêtements, des pièces d'identité (à partir desquels nous pûmes fabriquer des faux d'excellente qualité), des stylos à bille, un hygromètre représentant la Sainte Vierge, des clefs, des timbres-poste, un paquet de lettres et de factures impayées, des livres traitant de l'élevage du bétail, une notice d'utilisation d'un tracteur*[2]*, une encyclopédie enfantine, un rouleau de papier hygiénique, un réveille-matin, des ampoules électriques, le compteur électrique (que nous arrachâmes du mur où il était fixé), des interrupteurs, des tubes de médicaments, six paires de chaussures (tout ce qu'il y avait dans la maison), un poste de radio, le cartable d'un des enfants avec son contenu, une bouteille de jus de citron, deux pommes de terre, un calendrier mural, un savon, un sécateur et un quinquet*[3]*, plus tout l'argent que nous trouvâmes, soit 70 000 francs*[4]. »

On peut imaginer la stupéfaction des paysans après le raid opéré dans leur domicile par ces Ummites.

Comme je l'ai raconté dans le livre précédent, Jean-Jacques Pastor pense avoir retrouvé une trace de cette affaire grâce aux confidences d'un coiffeur de la région qui se souvenait avoir vu les membres de la famille Violat descendre chez les gendarmes pour porter plainte contre ces étranges voleurs, qui avaient

tous les phonèmes qu'ils avaient captés en arrivant, l'ensemble constituant à leurs yeux une langue unique. Lors de la première rencontre, 119 mots auraient pu être identifiés par eux avec précision.

1. Que nous pensons avoir localisée et dont la photo figure dans le précédent livre.

2. Le garage de la ferme contient effectivement un antique tracteur.

3. Lampe à huile portant le nom de son fabriquant et où le réservoir est plus haut que la mèche.

4. Ce qui était pour l'époque une somme considérable. Mais les paysans, soucieux de cacher leurs revenus et peu familiarisés avec le système bancaire, conservaient fréquemment des espèces dans leur domicile.

emmené des éléments de leur carrelage et découpé un pan de leurs rideaux.

Les textes ummites précisent que les expéditionnaires avaient pris soin de prélever sur les corps endormis des sécrétions diverses : salive, sueur, sécrétions vulvaires. L'olfaction jouerait un très grand rôle chez eux. Bien qu'humains, ils auraient des capacités olfactives aussi développées que celles d'un chien, c'est-à-dire qu'ils pourraient reconnaître des milliers d'odeurs différentes grâce à leur flair. Si ces êtres existent vraiment, ce sens jouerait un rôle essentiel dans la fonction d'identification d'autrui, beaucoup plus que la vision. Ainsi, en débarquant sur une planète inconnue, leur souci aurait été de se donner les moyens de fabriquer des parfums imitant l'odeur humaine, afin de ne pas se faire repérer par les Terriens, à qui ils auraient prêté à priori les mêmes capacités que les leurs sur ce plan-là, ce en quoi ils se seraient lourdement trompés.

De fait, si un Ummite convenablement vêtu pénétrait dans un lieu public, il aurait peu de chances d'attirer l'attention des Terriens. Par contre un chien, lui, ne s'y tromperait pas et se mettrait à aboyer furieusement après cet être qui ressemblerait à un être humain mais dont émanerait une odeur complètement différente.

Pour en revenir à cette histoire de refuge souterrain et de ferme, le lecteur aimerait bien savoir quelles ont été les suites. Nous n'avons pu localiser l'emplacement présumé de leur abri souterrain qu'approximativement, dans un endroit nommé la crête de la Blache. Pour aller plus loin il aurait fallu disposer de moyens de recherche sophistiqués, que nous n'avions pas. Dans un tel terrain la seule solution serait pratiquement de faire exploser une charge et de disposer des capteurs sismographiques permettant de mesurer une éventuelle réflexion des ondes.

Quant à l'enquête sur la ferme, elle tourna court. Même si nous avions trouvé le bon endroit et les bonnes personnes, je défie quiconque de faire parler un paysan bas-alpin qui aurait, selon les Ummites, été en 1952 « largement indemnisé des vols qui avaient été commis dans sa ferme ».

Et les Ummites de conclure :

« Cette opération nous permit d'avoir des informations sur les tenues vestimentaires des Terrestres et de nous confectionner des tenues plus crédibles. Nous pûmes ainsi reprendre contact avec le petit berger, qui nous prit pour des étrangers[1]*. Notre bagage linguistique s'accrut alors très rapidement. L'enfant ne parla jamais à son père de ces rencontres, de peur de voir celui-ci lui interdire ces contacts avec des inconnus. »*

1. Cet enfant, disent les Ummites, avait rencontré dans la région des ingénieurs français et suisses qui s'occupaient à l'époque d'une installation hydro-électrique.

CHAPITRE 7

La planète Ummo

Dans le premier livre, j'avoue que j'avais hésité à conter les anecdotes qui précèdent et qui suggèrent la naïveté d'expéditionnaires vis-à-vis de leurs découvertes initiales. Toutes ces histoires peuvent prêter à sourire, mais cette attitude de dérision est-elle justifiée ? Quelle serait notre réaction si nous posions le pied sur une autre planète ?

Plus simplement, imaginons des ethnologues qui exploreraient pour la première fois, de nuit, un village peuplé de « sauvages » ? Quelle signification donneraient-ils aux objets qui tomberaient entre leurs mains et aux scènes dont ils seraient les témoins ? Quels échantillons collecteraient-ils dans une case après avoir anesthésié ses occupants ?

Mais les ethnologues, c'est bien connu, ne prennent en général guère de précautions vis-à-vis de leur objet d'étude. Ils se montrent, carrément, et ce simple spectacle perturbe totalement les gens qu'ils observent.

Nous disposons d'un témoignage très précis concernant l'impact d'une civilisation sur une autre et qui se réfère au premier contact qui eut lieu en 1930 entre des Papous du centre de la Nouvelle-Guinée et des explorateurs blancs, en l'occurrence des chercheurs d'or australiens, les frères Leahy. Cette histoire est merveilleusement racontée dans un excellent livre intitulé *Premier contact*, signé par Bob Connolly et Robin Anderson[1]. Ces

1. Paru en France aux Editions Gallimard, 1989.

deux journalistes eurent l'idée, dans les années 70, de retourner sur les lieux où les trois frères Leahy avait pour la première fois été en contact avec des populations vivant au stade néolithique, qui se croyaient seules au monde, mais dont l'ensemble des ethnies représentait près d'un million d'âmes. Beaucoup des témoins étant encore vivants, Connolly et Anderson purent les interroger et leurs réponses se révélèrent fascinantes. Comme les Papous ignoraient les vêtements, lorsqu'ils virent pour la première fois un blanc glisser sa main à l'intérieur de sa chemise, ils se demandèrent comment il pouvait ainsi l'introduire sous sa propre peau.

Les Papous prirent les chercheurs d'or pour des esprits, des revenants de l'au-delà, pour leurs ancêtres décédés. Une femme, croyant reconnaître dans l'un des porteurs un de ses fils tué au combat quelques années plus tôt, se tordit les mains de désespoir en voyant la cohorte s'éloigner. Partout les Papous furent ébahis devant la puissance incomparable des haches de fer, comparée à celle de leurs armes de pierre. Quand les Blancs, la nuit, allumaient leurs lampes à pétrole, ils croyaient qu'ils sortaient de leurs sacs des morceaux de lune. Ne voyant pas de femmes avec eux, ils en déduisirent qu'ils les sortaient également, le soir, de leurs bagages. Ils prirent les machettes des Australiens pour leurs pénis et, comme ils portaient des ceintures, s'imaginèrent que ceux des Blancs étaient fort longs et qu'ils les portaient enroulés autour de leur taille.

Quand ils virent les Blancs s'affairer avec leurs bâtées dans les rivières où ils traquaient les pépites, ils crurent, comme ils avaient l'habitude de brûler leurs morts et de jeter leurs os calcinés dans la rivière, que ceux-ci étaient revenus et s'étaient mis à la recherche de leurs squelettes.

Hypothèses

Tout ce qui va suivre est évidemment totalement invérifiable et ne trouve sa source que dans les descriptions contenues dans les textes, liés à cette hypothétique planète Ummo.

Si elle existe, où serait celle-ci ? Les textes indiquent la position approximative de l'étoile autour de laquelle elle graviterait, et qui serait située dans la constellation de la Vierge (indiquée par une croix).

Bien sûr, nous n'avons aucun moyen de vérifier ces informations étant donné que nous sommes incapables de détecter une planète à une telle distance.

L'étoile ummite est-elle située avec précision dans les textes ? Pas vraiment. Les auteurs se contentent d'indiquer plusieurs astres candidats en évoquant leur difficulté à se situer dans un référentiel qui n'est pas le leur, vis-à-vis d'étoiles dont les distances mesurées à partir de la Terre seraient entachées d'erreur. Mais peut-être s'agit-il d'une prudence bien compréhensible.

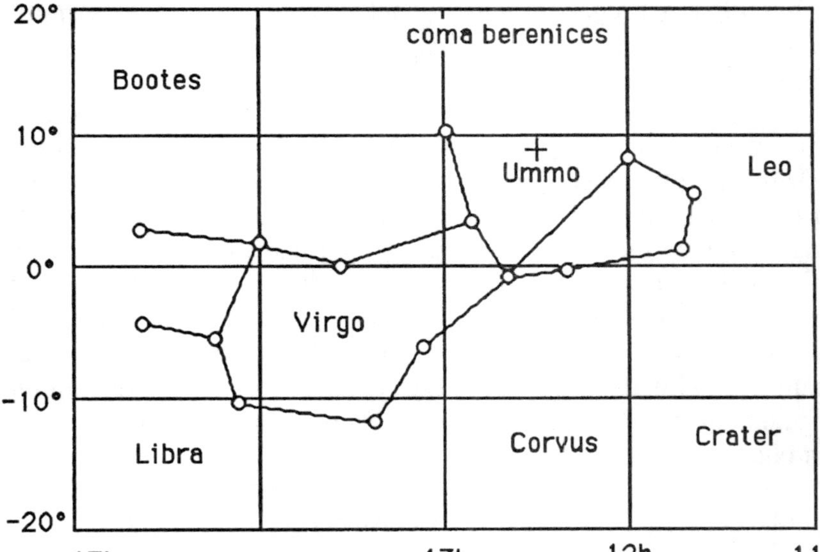

Position de Ummo dans le ciel, vue de la Terre
Ascension droite 12 h 31 minutes, déclinaison + 9°18'7"

Nous avons vu plus haut quelle aurait été la surprise des expéditionnaires ummites, lorsqu'ils auraient découvert l'extrême diversité des régions, des ethnies et des langages sur la planète Terre.

Selon ces textes, le phénomène de dérive des continents serait une exception confirmant la règle. Cette fragmentation continentale est liée à l'activité du magma sous-jacent. Le magma terrestre est animé de puissants courants convectifs. Ce sont les tensions qui résultent de ce brassage souterrain qui fragmentèrent il y a cent millions d'années le continent initial de la Terre, le Gondwana. La surface de la Terre est comparable à une mince pellicule solidifiée, d'une épaisseur ridiculement faible par rapport au rayon terrestre. Les continents flottent sur une mer de magma qui se comporte comme un fluide très visqueux. Mais ce magma n'est pas un solide. Lorsque la surface d'une planète se refroidit, cette boule de magma se recouvre d'une pellicule solide, qui forme le plancher océanique et un continent initial. Lorsqu'il y a fragmentation, les débris de ce continent primitif partent au gré des courants magmatiques, comme des icebergs flottant à la dérive.

Vous avez peut-être un jour contemplé l'écoulement d'une rivière charriant des plaques de glace. Celles-ci se chevauchent parfois. La plaque supérieure peut drainer alors tout ce qui traîne à la surface de sa voisine, comme par exemple de la neige, et la tasser devant elle. C'est ainsi que se forment nos montagnes. La plaque indienne, après s'être séparée du sud de l'Afrique, est remontée vers le nord et, en rencontrant la plaque qui correspond actuellement à l'espace occupé par la Mongolie, a donné naissance à l'Himalaya. De même la botte italienne, en remontant également vers le nord, a percuté l'Europe et donné naissance à la chaîne des Alpes.

Inversement, lorsque les continents s'éloignent, la mince pellicule de magma solidifiée qui constitue le fond des océans se fend. La dorsale médio-atlantique correspond à une ligne de fracture du plancher océanique, qui n'en finit plus de cicatriser. Elle est le siège d'une intense activité volcanique sous-marine. L'Islande est la partie émergée la plus spectaculaire de ce mécanisme tectonique.

Sur la planète Ummo ce phénomène serait totalement inconnu. On ne trouverait donc qu'un seul continent, au relief peu accusé, et les auteurs des textes comparent leur plat pays à l'Irlande.

Avant que ce mécanisme de fragmentation continentale n'apparaisse sur Terre, les montagnes n'existaient pas, les fosses océaniques non plus. Le sud de la France n'était qu'un marais peu profond. Les reliefs les plus importants étaient des restes d'impacts de gros météorites, ou des volcans, que le ruissellement constant des eaux de pluie érodait. Si la dérive des continents n'était pas intervenue, au fil des millénaires, le continent primitif terrestre, le Gondwana, serait devenu plat comme la main, sauf en quelques endroits où le volcanisme aurait altéré quelque peu le paysage.

Aujourd'hui, si cette dérive des continents s'arrêtait, les effets combinés de la pluie, du gel et du mouvement des glaciers réduiraient au fil des millénaires nos chaînes de montagnes, qui ne sont pas d'origine volcanique, à des reliefs beaucoup plus modestes.

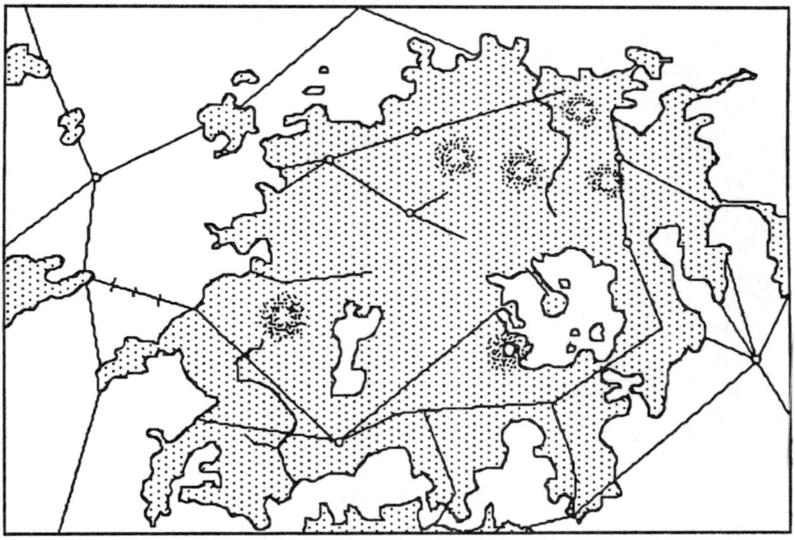

Extrait des documents reçus par les Espagnols en 1967
La planisphère de la « planète Ummo »

Dans les textes ummites de 1967 on trouve une description schématique de la planisphère de cette hypothétique planète.

Le grand lac, au milieu à droite, portant le nom de Auvoa

Saooaa[1], couvrirait une superficie de 276 000 kilomètres carrés et pourrait correspondre à un ancien impact de météorite. Certaines planètes ont été profondément marquées par des traces de ce genre. La face cachée de la Lune, découverte par les Soviétiques, présente en son centre un immense impact, qui occupe une partie importante de la surface de l'astre.

Sur la planisphère ummite les reliefs circulaires correspondent à d'anciens volcans, mais il s'agirait, disent les textes, de formations très anciennes et très érodées, n'ayant rien à voir avec ce que nous trouvons sur Terre. Les lignes sinueuses seraient des fleuves. Certains seraient larges de plusieurs kilomètres. Les petits ronds évoquent des agglomérations (27% de la population y vivrait).

Nous nous sommes amusés à reconstituer approximativement l'allure de la planète, en partant de cette planisphère :

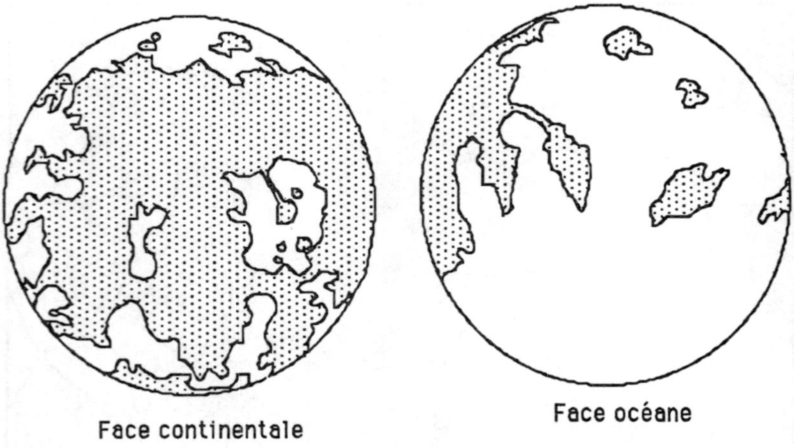

L'hypothétique planète Ummo

Personne ne peut dire si ces informations correspondent ou non à une quelconque réalité. Mais si on suppose que c'est le cas, voici ce que des expéditionnaires terrestres pourraient découvrir en arrivant là-bas. Sur une moitié de la planète, on trouverait un

1. Il y a près de 500 phonèmes dans les textes ummites, recensés dans son livre par Antonio Ribera (*Ummo, le langage extraterrestre*, éditions du Rocher, 1991).

unique continent et sur l'autre un vaste océan. La surface couverte par les océans serait égale à 62% de celle de la planète. Le rayon de celle-ci serait d'environ 7 250 km (contre 6 400 pour la Terre). Le titane serait très abondant dans le sol, sous forme de minerai[1]. La pesanteur serait plus forte. Si nous allions sur cette planète Ummo, notre poids s'accroîtrait de 20%. Inversement, ses habitants, lorsqu'ils fouleraient le sol de la Terre, se sentiraient le pied plus léger.

La Terre est légèrement aplatie sur ses pôles, du fait de la force centrifuge liée à son mouvement de rotation. Sur Ummo ce serait l'inverse. L'altitude moyenne, au voisinage des pôles, serait de 15 kilomètres supérieure à celle du reste de la planète. Les textes disent que cela serait lié à l'intensité du champ magnétique[2] régnant sur la planète (mille fois supérieur au champ terrestre, soit 500 gauss contre 0,4 gauss).

Le climat y serait relativement froid, continental, avec de forts contrastes de température et des écarts de pression plus importants que sur Terre. L'inclinaison de l'axe de rotation de la planète serait de 18° par rapport à l'axe de rotation de l'orbite planétaire autour de l'étoile, au lieu de 23° pour la Terre. Les saisons seraient donc moins marquées. Mais peut-on parler de saisons quand la planète tourne autour de son étoile en deux mois et demi ? Le soleil local, l'étoile Iumma, une naine de classe M, serait moins chaud que notre soleil et de ce fait Ummo orbiterait à une distance plus proche[3]. La planète n'aurait pas de satellite, pas de Lune. Les nuits y seraient très noires et beaucoup plus froides que chez nous, même à proximité de l'équateur[4]. La

1. C'est un métal très intéressant, à la fois résistant et léger. Sur Terre, sa rareté le fait considérer comme un matériau stratégique et il est réservé à la construction des avions de chasse et des coques des sous-marins nucléaires.

2. Par effet magnétohydrodynamique.

3. Toutes les données astronomiques afférentes sont précisées, mais elles ne constituent pas en elles-mêmes une preuve de l'authenticité de ces textes. Elles sont simplement « astronomiquement cohérentes ».

4. Les Ummites précisent qu'ils peuvent très bien dormir en plein air par une température si basse qu'elle serait insupportable pour un Terrien. Cependant, sur Terre, dans le passé, certaines ethnies, comme les Fuégiens (habitants de la Terre de Feu, race aujourd'hui éteinte) pouvaient dormir sur un sol gelé.

température nocturne ne dépasserait pas quelques degrés au-dessus de 0 (en mesure centigrade). L'étoile Iumma exhalerait, comme toutes les étoiles, un vent stellaire qui serait lui aussi intercepté par la magnétosphère de la planète, très puissante (le champ magnétique planétaire serait mille fois supérieur à celui de la Terre). Il en résulterait des effets d'aurores boréales constants et spectaculaires. À les en croire, les Ummites n'en finiraient pas de regarder un ciel drapé de grandes écharpes colorées, qui devrait constituer un spectacle magnifique, à défaut de clairs de lune.

L'activité volcanique serait sur cette planète remplacée par des émissions de méthane et de penthane subcrustaux[1], qui s'enflammeraient au contact de l'air. Ces gaz seraient émis le long de vastes crevasses, et projetés à des altitudes allant de quelques centaines de mètres à plus de 6 kilomètres. Les textes précisent :

« Ces failles font l'objet d'une surveillance constante. Des sphères emplies de composés chimiques et d'instruments de mesure sont projetées toutes les trois minutes dans ces rideaux bleutés de gaz en train de brûler où elles explosent comme des feux d'artifice. »

On trouverait sur Ummo des phénomènes météorologiques comparables à ceux de notre planète, dont de violentes tempêtes de sable, dans quelques régions restées désertiques, qui abraseraient les roches. Le fait que le continent soit vaste empêcherait à priori la masse océane d'assurer une régulation des températures et des pressions. Les températures nocturnes seraient donc basses et les vents fréquents et violents, parcourant le continent sans rencontrer la moindre barrière naturelle. Cela expliquerait la forme aérodynamique des habitations et leur propriété de pouvoir s'escamoter dans le sol (les habitats primitifs auraient été souterrains).

La végétation serait très différente de celle de la Terre, et

1. La présence de méthane subcrustal, d'origine non biologique, n'est pas à exclure dans notre propre planète. Certains spécialistes pensent que ce type de gaz, relativement abondant dans les vastes nébuleuses qui donnent naissance aux étoiles, pourrait avoir été capturé par la Terre lors de sa formation et être présent à des profondeurs de quelques dizaines de kilomètres. Il pourrait se trouver libéré lors des tremblements de terre. Effectivement il existe de nombreux témoignages où son odeur caractéristique aurait été perçue par des témoins, lors de séismes.

abondante. Les arbres, dotés de tailles moyennes bien supérieures à ceux de notre planète, pourraient être comparés, sur ce plan, disent les textes, à nos séquoias. Ils seraient probablement dotés de racines puissantes et de troncs impressionnants, pour pouvoir résister aux vents violents.

Les expéditionnaires disent avoir été extrêmement frappés par l'altitude et l'aspect majestueux de nos montagnes, couvertes de neige. Ils auraient construit chez eux, une sorte de parc de loisirs où les habitants, au nombre de 2 milliards, pourraient admirer à leur aise les curiosités de notre planète, à une échelle évidemment plus réduite.

L'absence de barrières naturelles infranchissables aurait contribué à réduire notablement le nombre d'espèces animales et végétales. Par ailleurs l'intense protection due à un bouclier magnétique, à une magnétosphère plus musclée, aurait beaucoup atténué les effets mutagènes[1] du bombardement issu de leur « étoile solaire ». Tout cela constitue un ensemble somme toute assez cohérent.

Quand il s'agit d'imaginer l'évolution de la vie sur une autre planète, les scientifiques en sont réduits à des spéculations. Nos moyens d'observation ne nous permettent pas de détecter la moindre planète en dehors de celles de notre système solaire. Néanmoins les simulations numériques sur ordinateur ont montré qu'on devait trouver de très nombreuses planètes dans notre galaxie, avec des petites planètes denses, dites telluriques, comme Vénus, la Terre ou Mars et des grosses planètes à l'extérieur du système, constituées d'éléments plus légers. Il suffit alors qu'une des planètes soit située à une distance convenable de son soleil pour que l'eau ne soit ni à l'état de glace (Mars) ni à l'état de vapeur (Vénus) et que la vie puisse donc y apparaître et s'y développer.

Les scientifiques donnent le même chiffre que les Ummites, concernant le nombre possible de systèmes abritant une vie organisée dans notre galaxie : un million.

1. Mais les textes ummites précisent que ce bombardement n'est pas la source principale des mutations et qu'il a en fait en général un effet tératogénétique : les mutations dues à ce type d'agent sont le plus souvent des monstres, à toutes les échelles.

Les textes ummites donnent une fourchette, concernant les paramètres planétaires, qui permettrait, non l'apparition de la vie, mais l'émergence de l'homme à partir d'une vie primitive :

Température superficielle de l'étoile : entre 4 552 et 6 160 ° K
Excentricité de l'orbite planétaire : entre zéro et 0,1766
Durée du jour : de 16 h 30 à 84 h
Température superficielle planétaire : de moins 32° C à plus 46° C
Masse de la planète : de 2,65 10^{27} g à 1,2 10^{28} g[1]
Dans l'atmosphère, à proximité du sol :
– 18% d'oxygène minimum
– 65% d'azote au minimum
Intensité du rayonnement cosmique :
inférieur à 0,48 noyaux/cm²/s

Comme le soleil ummite serait moins chaud, la planète orbiterait à une distance plus faible de celui-ci et l'année ummite serait plus courte : environ 7,5 mois terrestres[2].

Les textes indiquent que la nature n'aurait qu'une imagination limitée pour les formes de vie[3]. Les créatures monstrueuses des livres de science-fiction n'existeraient que dans l'imagination de leurs auteurs. La seule vie possible serait basée sur la chimie du carbone et les premières cartes, les vingt acides aminés de base, seraient les mêmes pour toutes les planètes de l'univers. Les premiers êtres vivants primitifs, élémentaires, qui apparaîtraient sur les planètes seraient assez semblables : les protozoaires, comme les amibes, les bactéries et les virus seraient comparables, voire identiques, sur toutes les planètes porteuses de vie. Les documents précisent par exemple qu'on trouverait sur la planète Ummo un virus en tout point identique, à l'atome près, à celui que nous appelons la mosaïque du tabac[4].

---

1. En gros ± 25 % vis-à-vis de la pesanteur terrestre.

2. Ce qui donne un rythme saisonnier 1,6 fois plus rapide.

3. Mais leurs spécialistes auraient calculé que le nombre d'espèces viables, à toutes les échelles, compatibles avec les différentes données géophysiques dans tout l'univers atteindrait le chiffre astronomique de 10^{520}.

4. Mais un virus n'est pas une bactérie primitive. C'est un parasite qui est apparu après les premiers êtres vivants autonomes. Le virus de la mosaïque du tabac, bien analysé par les

Les textes développent une théorie intéressante concernant la dynamique générale de l'évolution du vivant. À partir des premiers êtres, très primitifs, la diversification irait en croissant. L'évolution comporterait des « nœuds ». À chacun de ces carrefours de l'évolution on aurait une fourchette de « possibles ». Parmi ces formes de vie possibles, certaines seulement seraient sélectionnées par les conditions géophysiques. Cette différenciation passerait par un maximum, correspondant sur Terre à l'époque des dinosaures, à l'ère secondaire. Puis le nombre d'espèces irait en s'amenuisant progressivement.

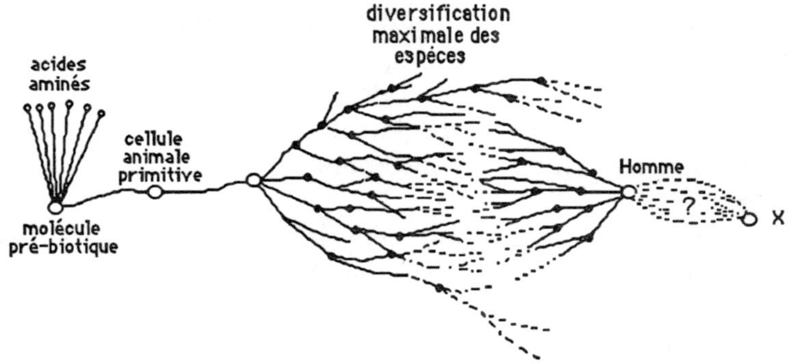

Schéma évolutif trouvé dans les textes, des premiers acides aminés à l'homme

Cette illustration correspond aux documents originaux reçus en Espagne en 1967. À gauche on voit les acides aminés de base, puis la première cellule primitive. On distingue les nœuds qui marquent les différents embranchements évolutifs. À mi-parcours, la diversification maximale, puis la convergence vers un nœud important : l'homme. Au-delà se situerait le futur de la vie, hypothétique. Sur Terre, cette diversification maximale correspondrait à l'époque des dinosaures. L'homme aurait un futur. Les documents sont très riches en idées non orthodoxes concernant la

biologistes, a la forme d'un tube constitué par un assemblage de protéines, en spirale, cette gaine abritant la seule raison d'être du virus : son matériel génétique.

théorie de l'évolution. Nous aborderons toutes ces questions dans un autre ouvrage.

Sur Ummo on trouverait des reptiles, en particulier des sortes de varans, mais « pas de véritables oiseaux ». L'espace aérien aurait été occupé par d'autres espèces, en particulier des mammifères volants, s'apparentant à nos chauves-souris, et dont certains pourraient atteindre des tailles assez importantes. Mais leurs ailes seraient formées différemment, par rapport aux ailes de nos chéiroptères terrestres[1].

Leur océan serait moins profond que nos mers. Sur ce plan il serait alors semblable à l'océan primitif de notre planète. On y trouverait, entre autres, des mammifères marins, vivant dans les régions polaires, dont les Ummites consommeraient le lait. Ces animaux seraient dotés d'un implant encéphalique qui permettrait de les diriger à distance et de les ramener vers la « ferme » au moment de la « traite ». Le lait des mammifères volants herbivores serait également consommé, et collecté de la même manière.

La planète hébergerait également des anthropoïdes assez semblables à nos chimpanzés mais, paraît-il, beaucoup plus intelligents. Jusqu'à quel point ? Cela n'est pas précisé.

La longévité des Ummites serait un peu plus importante que celle de l'homme terrestre mais ils précisent que chez eux la vieillesse n'est pas synonyme de décrépitude. Leur santé serait gérée de manière plus intelligente que la nôtre. Sur ce plan nous trouvons, dans les textes de 1967, toutes les idées qui commencent à s'imposer dans notre société moderne, bien que nous ne fassions pas grand-chose pour porter remède à nos maux : éviter la pollution, le stress, avoir une alimentation et une vie équilibrée. Les documents ummites précisent que nous ne soupçonnons pas ce que peut apporter au plan de la santé le non-respect de ces principes élémentaires, dont les conséquences s'appellent artériosclérose, cancer, etc. Ils prétendent avoir éliminé la plupart des maladies dont nous souffrons, non par des apports

1. Les fossiles terrestres montre que la nature a connu des choix variés pour former les ailes. Quelquefois c'est un doigt qui s'allonge démesurément pour constituer le renfort du bord d'attaque de la voilure, ailleurs c'est l'avant-bras qui joue ce rôle.

médicamenteux et des traitements sophistiqués, mais par une meilleure compréhension du rôle joué par les aliments dans l'organisme et par un examen sévère de la compatibilité génétique des êtres humains avant accouplement.

L'homme vit en symbiose avec ses nutriments. Il est tout à fait logique qu'au fil de l'histoire il ait cherché à accroître les rendements agricoles et bovins, en procédant par sélection. Mais cette obsession du « toujours plus » est une médaille qui a son revers. On s'aperçoit seulement maintenant que l'apport excessif d'engrais dégrade les nappes phréatiques et que le fait de sélectionner des fruits qui ont meilleur aspect et qui se conservent mieux les prive d'éléments anticancérigènes.

Au lieu de chercher à synthétiser sans cesse de nouvelles molécules, il serait peut-être plus sage de reconnaître et de consommer celles que la nature nous fournit si généreusement et si « intelligemment ».

L'« Ummite » serait donc un homme « naturel » au sens profond du terme. Tout son être tendrait vers son intégration harmonieuse dans son environnement planétaire. Par contraste, l'être humain semble bien artificiel.

Cela étant dit, nous n'oublierons pas que les Ummites disent suppléer par des moyens technologiques à des phénomènes de dégénérescence, comme la sclérose de leur voix à la puberté. Les moyens anticonceptionnels des Ummites seraient également à base d'implants. La femme porterait à l'intérieur de ses organes génitaux un dispositif, parfaitement bien toléré, qui la renseignerait sur sa fécondité (comme la femme humaine, elle aurait des cycles menstruels). Mais tout n'est peut-être qu'une question d'équilibre. La technologie n'est pas l'ennemie de l'homme, mais son alliée. Même les animaux l'utilisent. Si les poules n'ingéraient pas des cailloux, qui sont des objets appartenant au monde minéral, étrangers à leur anatomie, elles ne pourraient pas les utiliser pour broyer les grains à l'intérieur de leur gésier[1].

Le drame de l'homme terrestre est qu'il ne parvient absolument pas à intégrer harmonieusement la technologie dans son mode de vie.

---

1. L'invention n'est pas récente : certains dinosaures faisaient de même.

Habitat et vie quotidienne sur Ummo

La maison ummite, telle qu'elle se trouve décrite dans les textes reçus par Sesma, apparaît essentiellement fonctionnelle. Si on se base sur les illustrations jointes aux documents, elle aurait la forme d'un ellipsoïde assez aplati, posé sur un pédoncule, bref d'une maison-champignon. Les bâtiments porteraient des codes de couleurs, en fonction de leur destination. Leur forme aérodynamique leur permettrait de résister à des vents venant de toutes les directions.

Les habitations « modernes » ummites, escamotables

Il leur serait possible de s'escamoter dans une cavité ménagée dans le sol. Le pédoncule sur lequel la maison-type serait juchée coulisserait dans un cylindre, l'ensemble rappelant nos anciens ascenseurs. Elle pourrait tourner sur elle-même. Lorsqu'elle s'escamoterait, les Ummites, à leur manière, « fermeraient les volets ».

Les pièces intérieures seraient dépourvues de portes. L'Ummite, être fondamentalement grégaire, ne souffrirait apparemment pas de la promiscuité, pas plus dans son habitat que dans ses vaisseaux où les douze passagers sont, dans leur habitacle toroïdal, serrés comme des sardines dans une boîte. Dans les maisons, des dispositifs anti-bruit, qui engendreraient des ondes sonores en opposition de phase avec l'origine de la source, permettraient de créer des zones de silence à volonté. Dans les illustrations on voit des pièces vides.

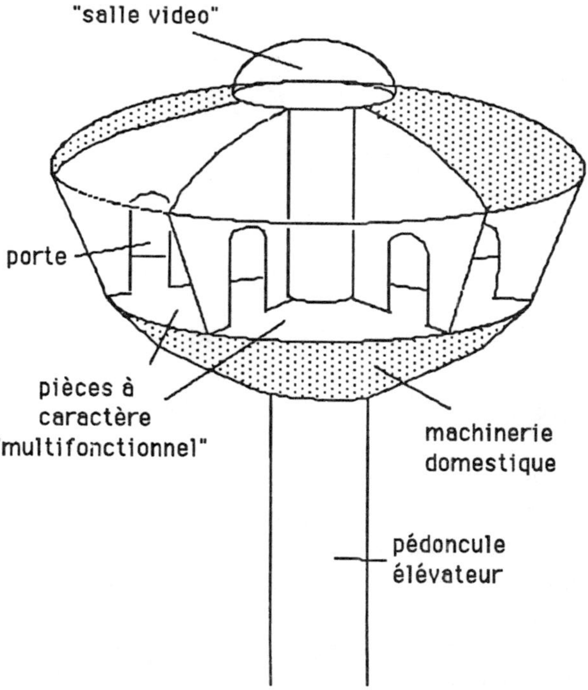

Coupe de la maison ummite

Les documents indiquent qu'aucune de ces pièces n'a de destination particulière et que toutes pourraient indifféremment se transformer en coin-repas ou en chambre à coucher. Ainsi, à l'heure du déjeuner, des trappes ménagées dans le sol descendraient, qui permettraient aux habitants de s'asseoir. Une substance serait pulvérisée sur le sol, transformé en table. Celle-ci servirait alors de « nappe » et serait dissoute après le repas. Sur Ummo, on déjeunerait « par terre ».

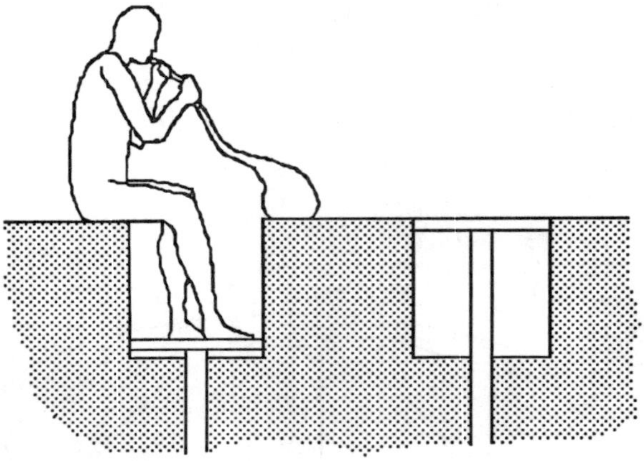

Un Ummite en train de se restaurer

On voit sur le dessin ci-dessus, emprunté aux documents, un homme en train d'absorber une nourriture liquide à l'aide d'un tube branché sur un dispositif évoquant les narguilés orientaux.

Les aliments seraient « calculés » sur Ummo de manière à apporter à l'organisme tout ce qui lui est nécessaire. Les Ummites seraient plus nutritionnistes que gastronomes. Au point de vue saveur, les textes précisent que la cuisine japonaise serait la plus proche de la cuisine ummite. On se concentrerait avant de déjeuner. Cet acte serait important sur le plan de la santé. On mangerait lentement, en silence, en s'appliquant à bien assimiler les aliments. Cela ferait partie des règles de vie qui permettraient d'échapper aux problèmes de santé, et les Ummites d'ajouter

« que nous sous-estimons énormément cet aspect de l'activité nutritionnelle ».

Le verre, la fourchette et le couteau ne seraient pas de mise sur la planète Ummo. Les convives se désinfecteraient soigneusement les mains dans un lavabo assez spécial qui recouvrirait celles-ci d'une fine pellicule et leur permettrait de manger sans couverts et sans être en contact direct avec les aliments. Bref ils mangeraient avec des gants, qui seraient dissous après le repas[1]. Les aliments comme la viande seraient découpés à l'aide de stylets émettant un fin pinceau de rayonnement électromagnétique, assez puissant et concentré pour fendre la chair, dont le dessin est reproduit dans les documents, et qui ressemble à un stylo muni d'un bouton de commande.

Les documents indiquent que les expéditionnaires auraient été très étonnés en découvrant, sur Terre, du moins en différents pays, la fourchette[2].

La maison ummite ne posséderait pas de placards de rangement. Quand on dispose d'énergie à profusion et que l'on sait transmuter les éléments de la table de Mendeleiev, pourquoi s'embarrasser à stocker ? Les Ummites n'achèteraient pas, ils synthétiseraient *in situ* leurs produits de consommation courante ou les recevraient par l'intermédiaire d'un réseau de canalisations distributrices. Il n'y aurait pas non plus de vide-ordures puisque les déchets seraient transmutés en hélium, gaz biologiquement neutre, chimiquement inerte, respirable (l'hélium est la cendre parfaite du nucléaire).

Il n'y aurait pas de WC dans les maisons ummites, ni dans la nature, puisque les enfants au plus bas âge seraient équipés d'une canule qui transmuterait leur fèces en gaz rare. Chez les Ummites, quand on pète, c'est de l'hélium, inodore.

Les documents précisent que les habitants de cette planète Ummo, bien qu'ils soient tout à fait à même de synthétiser les composants de leur alimentation, préféreraient user de produits

1. Ils précisent que dans un passé plus reculé ils mangeaient avec de véritables gants, faits d'un matériau transparent.

2. Dans les pays arabes, même lorsqu'on est fortuné, il est de coutume de manger avec les mains.

naturels, viandes ou fruits. Ceux-ci seraient livrés à domicile après avoir été conditionnés et acheminés par des canalisations comparables à nos « pneumatiques ». Entre chaque plat on « se laverait les mains », c'est-à-dire qu'on changerait de « gants ».

Les aliments carnés ne seraient pas cuits dans de la graisse, mais préparés à l'aide de différents laits d'origine animale, riches en graisses.

Les vêtements seraient de simples ponchos, qu'on enfilerait par la tête, avec deux trous pour passer les bras. Ils comporteraient des codes de couleur (taches plus figures géométriques) qui préciseraient la fonction de chaque individu.

Eux aussi seraient synthétisés et détruits, de même que les lits[1] : il n'y aurait pas de machine à laver dans ces maisons.

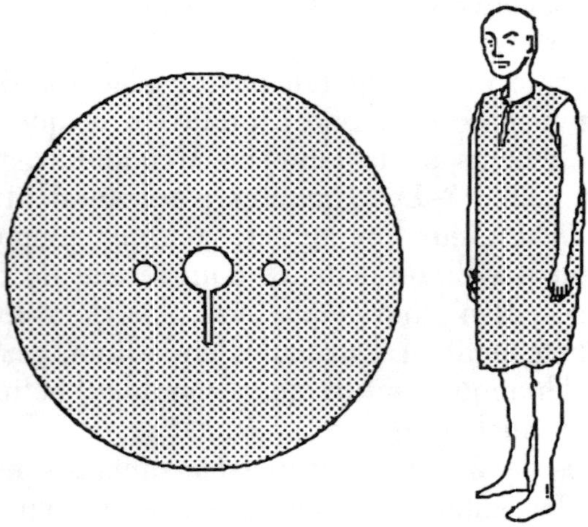

Le vêtement sur Ummo : une sorte de poncho

1. Lorsque le mécanographe espagnol et sa femme auraient reçu les Ummites à leur domicile, ceux-ci auraient refusé d'utiliser les lits. Ils se seraient étendus à même le sol après avoir pulvérisé une mousse jaunâtre qui aurait disparu au matin sans laisser de trace. Les Ummites précisent qu'ils dorment traditionnellement à plat ventre, complètement nus. Leurs « lits » seraient des masses de mousse sécrétée par un dispositif en forme de tore qui flotterait à quelque distance du sol, par lévitation électromagnétique.

Lorsqu'il travaille ou évolue sur un sol rocailleux, l'Ummite pulvériserait sur sa peau une matière qui se solidifierait. Semi-perméable, elle laisserait passer ce qui devrait passer, par exemple la transpiration, et bloquerait le reste.

Lorsqu'il rentre chez lui et qu'il se lave les pieds, le travailleur ummite n'enlèverait pas ses chaussures : elles se dissoudraient dans sa bassine.

Les textes disent que dans le passé les Ummites auraient sérieusement altéré leur environnement en construisant de nombreuses voies de communication terrestres, qui auraient défiguré leur paysage. Puis quand ils ont disposé de moyens de transport aériens performants, ils auraient décidé de faire disparaître toutes ces cicatrices et de laisser la nature reprendre ses droits. Actuellement ils disent utiliser pour le transport des personnes sur de courtes distances des véhicules volants, quoique moins sophistiqués que leurs nefs.

Selon les textes, la technologie de Ummo aurait pris dès son départ un tour systématiquement zoomorphe[1]. Ainsi, dans le passé, au lieu d'utiliser la roue[2], les ingénieurs locaux auraient conçu d'emblée d'étranges véhicules munis de pattes, baptisés « multipodes », comparables aux robots que nous sommes en train de développer pour l'exploration des planètes du système solaire.

Au premier abord cet engin peut sembler assez fantaisiste, mais quand on y regarde de plus près, ce système, avec ses « genoux » artificiels, est assez astucieux et, dans la mesure où son équilibre et sa motricité pourraient être parfaitement contrôlés, semble se prêter assez bien à une locomotion en terrain varié, à une vitesse qui pourrait être non négligeable.

Les textes indiquent d'ailleurs que leurs voies de communication auraient été adaptées à ce mode de locomotion, et seraient donc fondamentalement différentes de nos routes. Les Ummites se seraient contentés de stabiliser les terrains en y injectant diffé-

1. Semblable à l'animal.

2. Certaines civilisations de l'antiquité terrestre, comme celle des Incas, atteignirent un niveau technique assez important (architecture, opérations chirurgicales avec sutures) sans pour cela avoir songé à utiliser systématiquement la roue.

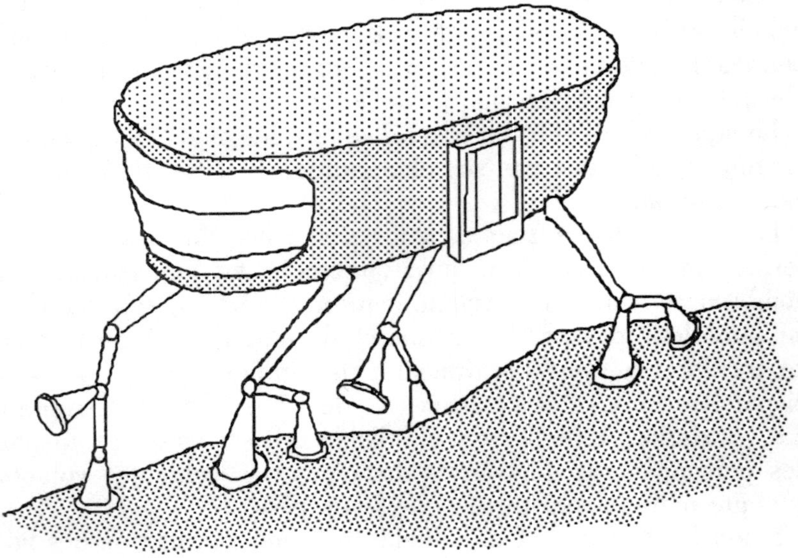

Véhicule multipode ummite

rents composants et en en recouvrant la surface d'un revêtement antidérapant, mais sans modifier notablement la géométrie du sol.

Tout ce réseau de pistes aurait progressivement enlaidi la planète et les habitants auraient un jour décidé de le supprimer en créant un réseau complexe d'acheminement souterrain des matières premières. Le sous-sol de Ummo serait donc actuellement littéralement truffé de canalisations diverses et variées servant à acheminer les produits de consommation courante, du moins les produits naturels, ou certains produits finis complexes.

Les usines, les champs et les jardins potagers seraient souterrains. C'est assez logique si la climatologie est aussi rude (vents, basses températures).

Les Ummites seraient des écologistes dans l'âme. La surface de la planète aurait été complètement remodelée. Le climat des régions situées loin de la côte aurait été amélioré par un système d'irrigation complexe et boisé. Des rivières artificielles auraient été creusées et les espèces animales, moins nombreuses que sur Terre, systématiquement protégées.

Le texte ajoute (nous citons) : « L'homme put ainsi se débarrasser d'une des tares les plus graves qui grevaient son progrès culturel : sa distance avec la nature. »

La structure sociale ummite

Elle serait de type totalitaire. En vérité, les structures mentales de ces gens semblent si différentes des nôtres que cette organisation ne serait pas vécue du tout comme une contrainte. L'espèce serait grégaire au plus haut point. La société ummite aurait quelque chose d'une fourmilière. Bien sûr, elle aurait évolué au cours du temps, mais cette grégarité semble avoir toujours été son trait essentiel.

Actuellement, l'ensemble de la population ferait l'objet d'un contrôle permanent. La société vivrait en symbiose avec sa technologie et un réseau de cent vingt centres informatiques gérerait l'ensemble des activités. Le peuple ummite aurait dégagé des lois psychosociales considérées comme suffisamment fiables pour que la conduite des affaires publiques (et privées) ait pu être confiée à l'ordinateur.

En lisant les textes on ne peut s'empêcher de songer au *Meilleur des mondes* d'Aldous Huxley et au principe directeur sans cesse rappelé dans ce remarquable ouvrage de science-fiction : « Identité-stabilité ».

Notre planète est instable parce que nous sommes très différents les uns des autres. On y trouve de fortes différences culturelles d'une région à l'autre et entre les individus. Ces différences seraient pratiquement inexistantes chez nos Ummites. Sur cette planète les paramètres permettant de différencier deux individus seraient essentiellement basés sur leurs capacités mentales et physiques[1]. Les différences entre individus seraient en conséquence beaucoup moins accusées que sur Terre. On ne peut parler de leurs croyances puisque leur idéologie serait entièrement basée sur un pragmatisme scientifique. Ils ne sembleraient

1. Dans la Grèce antique la beauté était un élément de séduction en matière de politique. Mais le concept de beauté semble chez l'Ummite dénué de toute signification.

pas être dotés d'une imagination particulière. Donc ils « croiraient » tous les mêmes choses, auraient les mêmes schémas mentaux et personne, sur cette planète Ummo, ne se poserait de question dans la mesure où sa société estimerait avoir apporté des réponses cohérentes aux problèmes essentiels, en particulier aux problèmes de la naissance, de la fonction de l'homme sur sa planète, de la mort et de l'après-vie. Leur représentation de l'univers serait basée sur l'analyse scientifique et leur histoire n'aurait engendré aucun mythe ou religion, au sens classique du terme. L'Ummite moyen semblerait ainsi délivré de toute angoisse métaphysique, puisque, de ce côté-là, le problème aurait été résolu une fois pour toutes, scientifiquement. Il recevrait une éducation très stricte, basée sur des techniques de conditionnement, qui n'est pas sans rappeler l'hypnopédie proposée par Huxley, et qui lui fournirait une représentation cohérente de l'univers.

Tout écart vis-à-vis de ce schéma, indiscutable puisque fondé sur des preuves scientifiques, serait interprété comme une pathologie et traité en conséquence.

Apparaîtraient cependant sur Ummo quelques rares déviants sérieux, cette déviance se manifestant par une délinquance, rapidement détectée. Une précision : là-bas, la délinquance commencerait dès qu'on s'écarterait du modèle général, celle-ci pouvant aller jusqu'au meurtre. Au cas où une rééducation poussée n'aurait pu réduire cet état chronique, si l'individu était considéré comme inguérissable, celui-ci serait alors totalement et définitivement privé de tout droit et de son statut d'être humain. L'État ummite pourrait dans ces conditions utiliser son corps à son gré, en particulier pour des expériences biologiques[1].

La déviance pourrait avoir un fondement psychologique ou un fondement somatique. Les textes précisent que, dans l'histoire de la planète, seraient apparus soudain des mutants qui auraient gravement perturbé, malgré eux, les communications entre individus, en étant la source d'un parasitage intense, de nature télépathique. Identifiés et localisés, « ces malheureux auraient

---

1. Mais il est précisé que *« celles-ci ne sont ni douloureuses ni dommageables pour son anatomie »*.

été tués à distance à l'aide d'un pinceau de micro-ondes », parce qu'ils auraient représenté une nuisance au développement harmonieux du « tissu social planétaire ».

En principe les jeunes Ummites, conditionnés dès leur plus jeune âge, n'auraient pas des tempéraments de rebelles. L'idéologie serait celle d'un socialisme assis sur de solides bases métaphysiques. Parmi les punitions pratiquées, la plus terrible consisterait à mettre l'individu, quel que soit son âge, dans une cage transparente, entièrement nu (nous aurons l'occasion de discuter plus loin sur ce point, qui pourrait apporter des lumières sur le psychisme très particulier de l'espèce).

L'homme et la femme seraient, par principe, égaux en droits. L'âge ne conférerait aucun privilège, en particulier vis-à-vis des structures hiérarchiques, qui seraient très rigides. Celui qui commanderait serait celui qui aurait été jugé comme étant le plus compétent, quels que soient son sexe et son âge[1]. Mais, *de facto*, la hiérarchie ummite (gouvernement, parlement) ne comporterait que 27% de femmes.

L'individu recevrait à sa naissance, sur Ummo, un certain nombre d'attributs physiques et intellectuels, qu'il pourrait développer plus ou moins bien. Il serait alors évalué de nombreuses fois au cours de son existence, en particulier à l'âge de 13 années terrestres où interviendrait son orientation. Celle-ci se déciderait à la fin de l'adolescence intellectuelle chez l'Ummite (alors que sa maturité sexuelle est plus tardive que sur la Terre).

C'est également l'âge où il quitterait définitivement sa cellule familiale en partant pour des sortes d'universités où lui serait donné un complément d'éducation, approprié à ses capacités. La rupture serait réelle. Après avoir été élevé par des parents, il serait désormais totalement pris en charge par la société et n'aurait plus aucun rapport avec ses parents nourriciers.

Telle qu'elle apparaît dans les documents, la société ummite se présente comme totalement égalitaire et la propriété privée est un concept vide de sens. Si cette planète existe, elle n'est composée

1. Selon les documents, l'Ummite le plus âgé, lors de la première expédition sur Terre, n'aurait pas été pas le chef du groupe.

que de... fonctionnaires. Les individus y occuperaient des places comparables à celles des cellules dans un être vivant. Il n'y aurait ni privilégiés, ni esclaves. Il s'agirait effectivement d'un communisme parfaitement achevé, construit sur le modèle de la termitière. L'ambition profonde de tout Ummite serait donc de se sentir totalement intégré dans le « corps social » et fonctionnel. L'Ummite serait « foncièrement raisonnable ». La technologie ayant permis d'assurer un niveau de vie confortable à chacun, celle-ci ne serait donc pas rude. Le cheptel humain serait maintenu constant grâce à un contrôle très strict des naissances. La procréation *ad libitum* resterait hors de question. Les individus seraient libres de s'accoupler en fonction de leurs affinités, mais avant toute procréation, on procéderait à une évaluation complète des deux candidats. La procréation semblerait considérée sur Ummo comme une activité fonctionnelle et non comme le résultat d'un engouement réciproque. Si le résultat des tests se révélait négatif, sur la base de critères génétiques et psychologiques, on dissuaderait les impétrants de consommer cette union. Selon les textes, l'immense majorité se soumettrait au verdict.

Bien que le contrôle des naissances soit extrêmement strict, la procréation serait obligatoire sur Ummo. Vouloir y déroger serait considéré comme une attitude pathologique. Les individus procréeraient dès qu'ils auraient atteint leur maturité sexuelle, comme des animaux. Cette maturité se manifesterait vers 16 ans et cette loi ne souffrirait aucun retard. Les textes disent d'ailleurs que cette règle, considérée comme une loi de la nature, est générale sur toutes les planètes que les auteurs disent avoir visitées et qu'ils ont été surpris de constater que sur Terre autant d'individus y échappaient.

L'Ummite serait en droit de choisir ses activités au sein de la société, théoriquement. Mais le « programme de gestion » de la planète tendrait à l'orienter vers telle ou telle direction, en fonction de son profil psychomatique, de ses aptitudes intellectuelles et physiques et des besoins de la société à l'instant t. Telle qu'elle apparaît dans les documents, la planète Ummo a tout d'une immense administration, comportant des postes qui doivent être pourvus. On inciterait donc les individus à se diriger vers les postes vacants, au mieux des intérêts de la planète.

Si un individu refusait la voie qui lui est indiquée, il serait libre de le faire. Mais sa vie serait simplement plus difficile (tout est relatif).

L'argent n'existerait pas sur Ummo. Comme le sens esthétique et le goût de la thésaurisation y seraient lettre morte, on ne verrait pas très bien ce qui pourrait inciter un individu à s'écarter de la voie proposée par un tel système. Les textes précisent qu'un tel refus se produit rarement. Si l'individu optait pour un comportement déraisonnable, il serait considéré comme nuisant à l'intérêt général, en s'orientant bêtement vers une voie qui ne correspondrait pas à ses capacités, et connaîtrait une vie un peu moins agréable.

L'oisiveté serait rigoureusement impossible sur cette planète, le système de gestion pénalisant immédiatement le paresseux. Personne n'échapperait à la règle[1]. Les privilèges n'existeraient tout simplement pas, comme chez les termites.

Les activités de l'Ummite moyen, qui ne connaîtrait aucun problème de santé tout au long de sa vie, les sources de maladies ayant été éradiquées par tout un ensemble de moyens, seraient les suivantes :

– il « travaillerait[2] » (peu, trois heures par jour) ;

– il élèverait sa progéniture ;

– il se livrerait à une activité que l'on pourrait assimiler à de la méditation.

Cette troisième activité semblerait essentielle à son équilibre. À travers celle-ci, il se brancherait sur « l'âme collective planétaire ». Apparemment, sur cette hypothétique planète, la part du psychisme collectif semblerait l'emporter nettement sur celle qui se référerait à son psychisme individuel.

Dans le monde de Huxley l'angoisse métaphysique était traitée par une drogue, le soma, sans effets secondaires. Elle permettait à l'individu d'échapper à tout questionnement concernant ses origines, le sens de sa vie ou son devenir. Les maladies avaient

1. Les capacités des individus, dans tous les domaines, ayant été évaluées avec précision, la société ne lui demanderait pas plus que ce qu'il serait capable de faire. Mais en revanche il ne pourrait pas faire moins. Le surdoué et le moins doué, dont les contributions seraient nécessairement très dissemblables, auraient droit au même traitement (dans tous les sens du terme).

2. Par « travail » il faut entendre participation à la vie sociale.

été éliminées par les progrès de la science. L'approche de la mort se traduisait par une décrépitude brutale, sur tous les plans. Le soma était alors administré à doses massives, jusqu'à l'inconscience.

Chez les citoyens romains, les distractions tenaient une place essentielle dans la vie quotidienne. Délivrés du souci de travailler pour vivre, étant donné la foultitude d'esclaves qui se chargeaient de toutes les basses besognes d'une part, et l'abondante nourriture qui était fournie par les peuples soumis d'autre part, il ne lui restait plus qu'à se distraire. Il y a vingt siècles Rome comptait plus d'un million d'habitants. Il y avait parmi ceux-ci des centaines de milliers de citoyens. Certains disposaient de larges revenus (les patriciens) et les autres (les plébéiens) vivaient des subsides fournis par les greniers de l'État. La stabilité de cette masse d'individus ne pouvait être assurée qu'à travers une industrie de distractions qui n'a jamais connu d'équivalent historique.

L'hippodrome de Rome, où se déroulaient des courses de chars, pouvait accueillir entre 200 000 et 300 000 personnes, soit le quart de la ville. Le Colisée, où se déroulaient les combats de gladiateurs, entre eux ou avec des animaux, pouvait accueillir 50 000 personnes. Il y avait un autre lieu où se déroulaient des « naumachies », ou combats nautiques. L'empereur Titus y fit représenter une reconstitution de la bataille navale entre les Corinthiens et les Corciréens, avec mort d'hommes évidemment, qui nécessita la participation de 3 000 hommes. À côté d'une telle manifestation nos concerts de rock font figure de fêtes de patronage.

Il y avait, à l'apogée de la puissance romaine, 200 fêtes par an. La stabilité politique *(panem et circenses*[1]*)* était à ce prix. Chaque jour on sortait du Colisée des centaines de corps de gladiateurs et d'animaux qui avaient péri dans les combats. Le jeu n'était pas une industrie, mais un service public.

Sur Terre, aujourd'hui, les habitants des pays développés évoluent d'une manière semblable. Notre Colisée familial s'appelle télévision et on y tue, sur l'ensemble des chaînes, une

1. Du pain et des jeux.

centaine de personnes chaque jour, au figuré, fort heureusement. Il est vrai que le spectacle des tueries ou des catastrophes réelles qui se produisent quotidiennement apporte, pour les amateurs, un surcroît de réalisme.

La planète Ummo, telle qu'elle se trouve décrite dans ces documents d'origine non identifiée, se présente comme un modèle de démocratie très fortement hiérarchisée, comme dans une termitière. Certains individus y seraient sélectionnés soigneusement en fonction de leurs aptitudes intellectuelles et mentales pour constituer le gouvernement, composé de 200 personnes. Cette élite de politiciens aurait reçu une éducation très poussée, dans de nombreux domaines. Parmi ces 200 âmes, 4 seraient retenues pour constituer un gouvernement central, les 116 autres équivalant à une sorte de parlement. Celui-ci veillerait à ce qu'aucun de ces tétrarques, dont le mandat serait de 4 ans, n'exerce un ascendant sur les trois autres, sinon il serait immédiatement destitué et remplacé. Le système ne fonctionnerait pas par des élections, mais se fonderait sur une évaluation, considérée comme scientifique et fiable, des capacités des individus. Selon les textes, pendant une grande partie de l'histoire (récente) de la planète, l'attention aurait été portée sur les « sciences sociales », traitant de l'art de vivre en société. Des lois auraient été dégagées et introduites dans l'ordinateur central, qui gérerait l'ensemble de l'économie et de la vie sociale de la planète.

Cela ne veut pas dire que l'ordinateur est devenu le maître de cette planète. Il matérialiserait simplement « le règlement ». Sur Ummo nul ne serait censé ignorer la loi et tout Ummite, à tout instant, pourrait demander conseil à cet ordinateur pour savoir si une conduite envisagée serait ou non licite.

Les pouvoirs législatif, juridique et exécutif seraient totalement séparés. Le pouvoir juridique veillerait, sans faille ni compromission, à vérifier si le règlement est bien appliqué. Le pouvoir exécutif prendrait les décisions en fonction des principes élaborés par le pouvoir législatif (comme par exemple la décision d'envoyer un groupe d'expéditionnaires sur la Terre, puis d'établir une procédure de contact).

L'assemblée législative ferait évoluer les lois en fonction de l'évolution de la société et des principes directeurs, à fondement scientifico-métaphysique. Elle jouerait en quelque sorte le rôle d'un « comité d'éthique ».

Ce système est en tous points calqué sur l'architecture d'un être vivant. Dans notre corps les cellules ne se divisent pas quand bon leur semble, sinon ce phénomène s'appelle le cancer. Le comportement de la population des cellules est soumis à des mécanismes régulateurs. Si une partie de la peau a été endommagée, les lèvres de la cicatrice repoussent, jusqu'à ce que la pression qui apparaît lorsque ces lèvres sont au contact, stoppe ce processus. Si une perte sanguine est enregistrée, la moelle osseuse se met au travail et compense automatiquement. Chaque cellule reçoit ce qui est nécessaire à un bon fonctionnement, en substances chimiques spécifiques et en oxygène. Si un ensemble de cellules nuit à l'équilibre général, cela est interprété comme un dysfonctionnement et elles sont éliminées aussitôt par des cellules spécialisées : le lymphocytes-tueurs. Les raisonnements, les stratégies sont élaborés par des cellules spécifiques, les neurones. Il se trouve que celles-ci doivent bénéficier, pour assurer leur travail, d'un fort apport en oxygène, mais nul biologiste ne les considérerait comme des cellules privilégiées. Tout cet ensemble de cellules concourt à permettre à l'être vivant d'assurer sa mission : se nourrir, procréer, participer à la sélection naturelle. Les préoccupations individuelles des cellules s'effacent totalement devant celles de l'animal tout entier. Celui-ci est immergé dans une espèce, dont il suit aussi les lois. Il existe une sociologie cellulaire comme une sociologie animale.

On en vient à l'homme. Toute l'architecture politique de cette hypothétique planète Ummo ne fait sens que si la fonction de l'espèce humaine planétaire a été reconnue. Sur Terre nous en sommes à une lutte archaïque, tribale, entre ethnies. La planète Ummo aurait sur ce plan franchi un stade important dans le schéma évolutif.

Les textes proposent une sorte de réponse à cette interrogation fondamentale. Mais ce sujet est trop vaste pour pouvoir être abordé ici et fera l'objet d'un autre ouvrage.

La vie sexuelle

Les organes génitaux des Ummites seraient identiques aux nôtres. La femme n'aurait pas d'hymen, élément, paraît-il, typique des Terrestres. L'accouplement avec des Terriens serait chose possible, mais les textes précisent que cette union donnerait des monstres, non viables, en particulier à cause des très grandes différences affectant l'architecture encéphalique[1]. De toute façon, une telle union serait considérée comme interdite, « contre nature », sur la base des normes éthiques en vigueur.

Apparemment la nudité ferait l'objet d'un tabou très strict. Être exhibé nu constituerait pour les Ummites une punition très durement ressentie.

Les enfants recevraient une éducation sexuelle très détaillée, avant d'être en âge de passer à l'acte. Lors de travaux pratiques d'anatomie ils pourraient manipuler à leur gré des individus matures, qui auraient perdu leur statut de citoyen à la suite d'une faute quelconque.

Nous avons dit plus haut que, sur cette hypothétique planète, les jeunes étaient incités à l'accouplement dès qu'ils avaient atteint leur maturité sexuelle et que la copulation et la procréation étaient obligatoires, s'y soustraire étant considéré comme antinaturel. Mais cet acte, qui donnerait naissance à un couple de parents nourriciers, serait précédé par une série d'examens prénuptiaux très complets, sur le plan psychologique et génétique. On notera au passage que cela remplace totalement la sélection naturelle. Les mâles n'ont plus à entrer en compétition pour conquérir une femelle. On n'épouse pas le plus riche et le plus puissant, puisque ces concepts n'ont plus cours. Mais le feu vert n'est donné que si l'analyse complète des deux individus a préalablement révélé que le produit de leur accouplement irait bien dans le sens d'une amélioration de l'espèce. On comprend au passage pourquoi toutes les maladies à caractère plus ou moins héréditaire auraient pu être éliminées, ce qui s'effectue naturellement sur terre dans les populations dites « sauvages ». À l'inverse, en développant la pharmacothérapie et la thérapie

1. C'est à ce niveau que les différences avec l'homme terrestre seraient les plus accusées.

génétique, nous affaiblissons sans cesse le capital génétique de l'espèce humaine terrestre en perpétuant l'existence de mutants qui nécessitent une assistance coûteuse (exemple : les hémophiles).

Une telle position, axée sur l'éradication, peut choquer. Mais les ressources économiques de notre planète ne sont pas infinies. L'argent que nous consacrons à cette recherche médicale de pointe nous fait laisser d'immenses populations dans un état de dénuement total sur le plan nutrition et santé[1].

Nous sommes sur le point, sur Terre, d'avoir accès à quelques éléments de la génétique humaine, mais comme nous ignorons quels sont les desseins et les lois de la Nature, il y a de grandes chances que nos interventions dans ce domaine se révèlent plus catastrophiques que constructives (comme lorsque nous tentons maladroitement d'implanter des éléments d'une culture dans une autre).

De toute manière, dans l'espèce humaine, le phénomène de sélection naturelle s'est beaucoup transformé. Lorsqu'un employeur a besoin de recruter des ingénieurs et doit faire un choix, il ne les laisse pas dans une pièce armés de bâtons et préfère leur faire passer des tests psychotechniques.

Cet examen de la situation prénuptiale, sur Ummo, manque singulièrement de romantisme. Mais n'oublions pas que si ces gens existent, ils se perçoivent principalement comme une espèce et accessoirement comme des individus (alors que chez nous c'est exactement l'inverse). Quand des candidats se présenteraient, après s'être découvert des affinités plus olfactives et intellectuelles que visuelles, si une réponse négative leur était donnée, elle signifierait : trouvez d'autres partenaires, vos génotypes ne donneraient pas un « produit performant ».

Toujours est-il que lorsqu'un couple se formerait, après que cette union aurait été autorisée, la première copulation et la défloration des deux impétrants tiendraient lieu de cérémonie.

---

1. Mais comme nous sommes incapables de contrôler notre démographie planétaire, nous, individus privilégiés à très faible taux de fécondité, considérons plus ou moins inconsciemment que cette misère du tiers monde nous protège contre sa démographie potentiellement galopante.

L'imprégnation olfactive serait jugée essentielle et, pour ce faire, les deux conjoints devraient s'abstenir de se laver pendant les trente heures qui précéderaient leur union (un jour et une nuit sur cette planète, dont la période de rotation serait de 31 heures). Les facultés de perception infrarouge joueraient un rôle important lors des ébats sexuels.

Les textes disent que la fellation serait considérée sur Ummo comme une pratique courante. Ils indiquent aussi que la femme ummite aurait des tendances masochistes, considérées comme naturelles.

L'art

Ce chapitre sera extrêmement bref. Dans leurs écrits, les Ummites avouent humblement « qu'en matière d'organisation des sons, des formes et des couleurs, les Terriens sont nos maîtres ». Vis-à-vis des paysages, sur Ummo, le mot d'ordre consisterait essentiellement à laisser la nature créer le décor, en lui facilitant la tâche. L'Ummite semblerait faire peu de cas de l'architecture, laquelle serait sur sa planète essentiellement fonctionnelle. Si ces gens existent vraiment, ils paraissent ne pas très bien comprendre ce qu'est l'art, lorsqu'ils écrivent : *« Les arts plastiques ne se sont pas développés sur notre planète, peut-être parce que les techniques photographiques sont apparues très tôt chez nous*[1]*. »*

Les arts plastiques n'ont rien à voir avec la technique. Bien avant l'invention de la photographie, les hommes préhistoriques étaient des dessinateurs remarquables. Si ce genre d'activité ne s'est pas développé sur cette planète, c'est que ses habitants n'en ressentaient pas le besoin. Cela n'aurait présenté aucun caractère

1. La technique de fixation des images aurait été fondée, dès le départ, sur un procédé électrostatique assez voisin de celui qui est utilisé dans nos photocopieuses, et où le pigment aurait été constitué par des pollens. Aujourd'hui leurs « photographies » seraient stéréoscopiques et leur fixation sur un support plan se fonderait sur des transmutations et des manipulations des molécules, qui produiraient un effet de relief « direct », avec une résolution chromatique et un pouvoir séparateur angulaire excédant celui de l'œil.

fonctionnel pour eux. Sur Terre, la fonctionnalité de l'art est d'essence mythique. Le lecteur attentif ne trouvera nulle trace d'un mythe quelconque dans les textes ummites.

Et le rapport ajoute :

« S'est développée sur notre planète une forme d'art fondée sur la manipulation des parfums. Nous possédons un sens olfactif beaucoup plus développé que le vôtre, qui nous permet d'identifier des milliers d'essences différentes. Nous apprécions non seulement le spectre olfactif engendré par nos "orgues à odeurs", mais aussi l'évolution de ce spectre dans le temps. »

En transposant, les mélanges d'odeurs seraient assimilables à des « accords » et l'évolution dans le temps du signal olfactif comparable à une mélodie. Sur Ummo les « concerts d'odeurs » constitueraient la manifestation culturelle par excellence. Il n'est fait mention dans les textes d'aucune autre. La musique et la littérature sembleraient pour ces gens lettre morte.

Le corps des habitants

Sur Terre, d'éventuels expéditionnaires extraterrestres auraient connu des problèmes élémentaires de sécurité. Pour faire leur travail, il leur aurait fallu pouvoir s'immiscer dans notre société sans se faire repérer. Mais, disent les textes, le corps de l'un d'eux serait tombé entre les mains d'un des « pays de l'Est » : ils n'auraient pas pu le récupérer et celui-ci aurait constitué pour ce gouvernement une preuve tangible de leur existence. Lors de l'attentat de Vienne (voir l'ouvrage précédent), perpétré par des Palestiniens contre les passagers qui faisaient tranquillement la queue devant les guichets de la compagnie israélienne El Al, deux Ummites auraient été blessés et leurs compagnons n'auraient pu récupérer leurs corps que d'extrême justesse, en se faisant passer pour des médecins.

Comme nous l'avons déjà dit, ils utiliseraient des odeurs humaines artificielles pour éviter d'attirer l'attention des animaux, en particulier des chiens. Ceux-ci se mettraient aussitôt à aboyer s'ils voyaient un être qui ressemblerait à un humain, mais ne porterait pas son odeur.

Les textes disent qu'ils ont sur leur corps une tache pigmentée dont ils omettent de mentionner la localisation. Mais une tache pourrait être éventuellement atténuée par tatouage.

Leur voix étrange, nasillarde (si on se fonde sur l'unique enregistrement dont nous disposons), ne serait pas un problème en soi. Ces expéditionnaires posséderaient des caractéristiques beaucoup plus difficiles à camoufler.

Les humanoïdes que certains témoins prétendent avoir rencontrés à partir de 1955 avaient les aspects les plus variés. Les Petits Gris nord-américains étaient décrits comme des êtres de petite taille avec un visage de fouine[1]. Ailleurs, des témoins ont dit avoir vu sortir des machines des êtres immenses, de plus de 2,50 mètres de haut. Cet aspect taille n'est pas fondamentalement invraisemblable. Nous avons eu l'équivalent sur la Terre. L'être humain le plus petit qui ait vécu sur notre planète mesurait moins de 80 centimètres et le plus grand, le Russe Marchnov, atteignait près de 2,50 mètres, soit un rapport en poids de 40. L'évolution animale et les fossiles montrent que tout semble possible dans la nature. Certaines libellules préhistoriques étaient 10 fois plus grandes que celles que nous trouvons maintenant, soit 1 000 fois plus lourdes. Inversement les premiers éléphants étaient gros comme des oies.

Les documents indiquent que le corps des habitants de la planète Ummo présente de nombreuses différences vis-à-vis du nôtre, bien que leur image « exomorphique » soit très semblable à celle des Nordiques. Ils fixeraient mal la mélanine et on peut donc s'attendre à ce qu'ils aient la peau et les cheveux très clairs. Si ces êtres existent, ils pourraient être sensibles aux « coups de soleil ».

L'ouvrage d'Antonio Ribera abonde de détails, donnés par eux, concernant les différences entre le cerveau des habitants de la planète Ummo et le nôtre, mais ceux-ci sont trop techniques pour qu'il en soit fait mention ici.

À propos de leur sang, il existerait une énorme différence au niveau de la concentration de carboxyhémoglobine : moins 77%.

1. Dans un de leurs textes les Ummites parlent d'une ethnie extraterrestre dont la dentition serait dépourvue de molaires (donc carnassière ou frugivore, voire... vampirique).

Leurs cheveux contiendraient un composé qui n'existe pas chez nous et dont voici la formule :

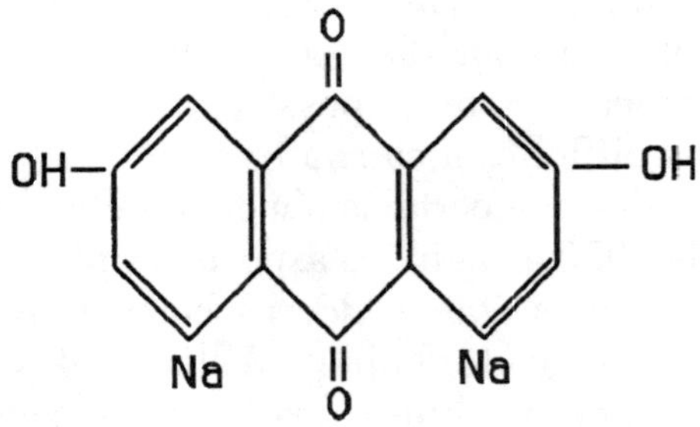

Je ne suis pas chimiste mais il est possible que cette simple indication puisse se révéler suffisante pour identifier l'un de ces êtres, en disposant d'une seule de ses mèches de cheveux.

L'ensemble de ces données pourrait constituer des indications en vue d'une identification par autopsie.

CHAPITRE 8

Du lard ou du cochon ?

Le dossier Ummo est immense. Dans cet ouvrage nous n'avons fait une nouvelle fois qu'entrouvrir quelques dossiers, pas tous. Le lecteur notera, dans ce qui précède, que je ne cautionne nullement, à priori, la véracité des contenus des documents : je me suis contenté de faire une analyse de ces textes, du point de vue de leur cohérence, sur la base de quelques connaissances scientifiques. Au stade où nous en sommes j'aurais envie de lui demander :

– Alors, qu'en pensez-vous ?

Il pourrait aussitôt me retourner la question, en me disant :

– Croyez-vous que ces documents, que vous exploitez, émanent réellement d'extraterrestres ?

Je répondrais, comme j'ai toujours répondu : que le verbe croire ne fait pas partie du vocabulaire du scientifique. En science, le possible et l'impossible sont des choses mouvantes au cours du temps. Pour juger, il faudrait disposer de preuves irréfutables, tangibles. Un scientifique ne peut et ne doit jamais répondre qu'en fonction d'un savoir donné, des éléments dont il dispose, en traduisant sa réponse en termes de probabilités.

Après vingt ans de travail (déjà), je serais tenté de répondre que la probabilité pour que cette affaire ait réellement une origine extraterrestre me semble néanmoins élevée. Les hypothèses développées par certains auteurs, ufologues ou journalistes : farce montée par des scientifiques, manipulation issue de services secrets, me semblent compliquées à défendre.

Ces hypothèses ont été abordées sur un plateau de télévision de la Cinq. Le journaliste a même tenu à présenter un dossier où on voyait deux vieux Anglais qui montraient comment ils avaient fait des « ronds dans les blés » pendant vingt ans, « pour se distraire ». J'avais répondu :

– Si un jour se présentent les « pépés cosmologistes et spécialistes de la physique des plasmas » qui me feraient ainsi courir depuis vingt ans, et s'il s'agissait bien d'une farce de leur part, je leur tirerais mon chapeau. Mais j'ai peur de ne jamais les rencontrer.

L'affaire Ummo dure depuis bien longtemps (trente ans). Elle est trop riche, trop complexe, trop cohérente, malgré la multiplicité des domaines abordés, pour que l'hypothèse terrestre s'impose comme une évidence.

D'un simple point de vue scientifique, l'hypothèse extraterrestre doit être envisagée avec sérieux.

À ce sujet, considérons un argument, que les scientifiques produisent parfois, et qui mérite d'être analysé. Mon ami le mathématicien Jean-Marie Souriau l'a repris à son compte lors d'un débat public auquel j'ai participé durant l'été 1994.

– Le principal obstacle, disait Jean-Marie, qui se dresse face au problème d'une rencontre entre ethnies issues de deux systèmes différents est la barrière-temps. En effet il existe des étoiles d'âge très varié. S'il se trouve, comme nous le pensons, autour de ces étoiles, des planètes susceptibles d'abriter la vie, alors celles-ci seraient aussi d'âge très différent. On ne voit pas comment, dans ces conditions, nous pourrions être synchrones vis-à-vis de proches voisins, disons à mille ou dix mille ans près, ce qui reste très bref vis-à-vis de l'âge d'une planète, qui se chiffre en milliards d'années.

Je lui ai répondu :

– Jean-Marie, connais-tu les mécanismes qui président à l'apparition et au développement de la vie sur une planète ?

– Non...

– Sais-tu ce qui déclenche l'explosion de la vie sur une planète et quand ce phénomène se produit ?

– Non plus.

– Alors, sur quoi fondes-tu ton calcul de probabilité ?

Souriau n'avait su quoi répondre.

Certains pensent que si des êtres nous visitent, ceux-ci pourraient, étant donné l'état avancé de leur évolution, n'avoir plus forme humaine. Ce que les témoins disent avoir vu : soucoupes, pilotes humanoïdes, ne seraient que des leurres, des robots. Les textes ummites eux-mêmes pourraient avoir été fabriqués dans la même optique par d'authentiques extraterrestres, non humains. C'est une possibilité que je n'exclus pas à priori.

Effectivement, ce qui étonne, c'est que des parties de ce message soient intelligibles, exploitables. On peut hasarder l'hypothèse la plus simple, au cas où ces Ummites existeraient vraiment : qu'ils soient réellement comme ils se décrivent, qu'ils habitent une planète plate comme la main, etc.

Les textes indiquent que, sur le simple plan de la technologie, l'avance des Ummites par rapport à nous représenterait quatre siècles terrestres. C'est peu. Si nous étions confrontés à nos ancêtres de cette époque, nous les surprendrions peut-être beaucoup, mais nous aurions des tas de choses à nous dire. Cette distance est faible. Cela dit, en considérant notre état technologique actuel on peut se dire qu'en quatre cents ans, on peut faire du chemin et découvrir pas mal de choses.

Quinze années-lumière est une distance ridicule, comparée au diamètre de notre galaxie, qui est de cent mille années-lumière. Or, si on en croit leurs écrits, les Ummites nous disent que nous aurions plein de petits copains à proximité, dans un rayon de moins de cent cinquante années-lumière (le millième du diamètre de notre galaxie). Il y en aurait des plus avancés que nous, des moins avancés, qui barboteraient encore dans des marais, avec des doubles paupières et de la peau écailleuse[1]. Beaucoup de voisins des Ummites auraient une science et une technologie similaires à la leur.

S'il en est ainsi, c'est qu'une grande horloge cosmique réglerait l'évolution du vivant sur les planètes, que nous ne connaîtrions pas. Mais nous restons assez ignorants des choses du ciel : nous ne savons même pas pourquoi nous sommes là et à quoi nous servons.

1. Ne haussez pas les épaules : la peau écailleuse fait partie des mutations classiques des « monstres » terrestres.

Comment, me direz-vous, le cosmos pourrait-il contrôler le *timing* de la vie sur une planète ?

Vous savez à quoi sert un réfrigérateur ? Quand on refroidit des aliments, on ralentit les réactions chimiques de décomposition. En principe, plus on refroidit et plus on gèle les réactions biochimiques. Des mammouths ont pu ainsi être consommés par des chiens, dans la taïga russe, des dizaines de milliers d'années après avoir été pris dans les glaces. Donc, en principe, plus on baisse la température et plus on ralentit les réactions chimiques, au point de les stopper totalement.

Mais cela n'est pas tout à fait vrai : des chercheurs russes ont montré que certaines réactions chimiques, qu'on peut stopper en abaissant la température, repartent tout d'un coup en dessous d'un certain seuil, vers quelques degrés Kelvin (donc dans des conditions très voisines du zéro absolu) par « effet tunnel[1]. »

Supposons alors, en faisant nôtre la vieille théorie de la « panspermie » (ni plus bête, ni moins bête qu'une autre : nous ne savons pratiquement rien des origines de la vie, puisque nous n'avons jamais été capables de la recréer en laboratoire), qu'une réaction chimique clé, verrou de la naissance de la vie, ne puisse se produire, disons, qu'en dessous de 7° absolus, dans le grand vide intersidéral.

Tant que le rayonnement cosmologique aurait une température supérieure, cette réaction clé ne pourrait démarrer et tout resterait en *stand by* : les autres molécules, prêtes à s'assembler, les planètes, prêtes à recevoir ces éléments prébiotiques, etc.

Il y aurait des planètes d'âge très différent. Mais cette contrainte ferait que le « top départ » ne pourrait avoir été donné qu'il y a 4 milliards et demi d'années (précisément lorsque, dans tout l'univers, la température du fond de rayonnement serait descendue en dessous de ce seuil hypothétique).

Ce thème de l'inhibition de certains processus à l'échelle de l'univers entier ne concerne pas que le vivant. Ce même rayonnement cosmologique, tant que la température du four cosmique ne descend pas en dessous de 3 000° (en maintenant l'hydrogène

1. Une des multiples diableries de la mécanique quantique.

à l'état ionisé) empêche toute condensation de matière[1]. C'est aussi ce rayonnement primordial qui inhibe le démarrage des réactions nucléaires dans les proto-étoiles, *à travers tout l'univers* et non dans telle ou telle galaxie. Certains phénomènes sont *globaux* et non *locaux.*

Pourquoi la vie, que nous connaissons si mal, ne serait-elle pas rythmée par quelque chose qui pour l'instant nous échappe ?

Je ne prétend pas détenir la vérité, ou la solution, mais simplement inciter les scientifiques à garder une attitude prudente en toute chose, en ne concluant pas à la hâte, tel l'académicien Evry Schatzman, il y a vingt ans. Nous sommes face à un phénomène qui nous interpelle, le phénomène ovni. Étudions-le sans à priori et sans tirer sans cesse de conclusions hâtives.

S'ils existent, qui sont ces gens ?

– Tu sais, j'ai passé quelques semaines à relire les documents. Une chose semble se dégager.

– Laquelle ?

Jean-Jacques Pastor paraissait avoir découvert quelque chose.

– Supposons que ces types soient effectivement des extraterrestres. Ils pourraient donner des tas d'informations les concernant, mais dans une certaine limite, dans la mesure où cela ne compromettrait pas leur sécurité.

– Oui, je me souviens. Les textes mentionnaient l'existence d'une tache pigmentée.

– Je pense qu'il s'agit d'une espèce de mœurs nocturnes, d'une espèce nyctalope[2].

– Pourquoi ?

– Il y a de nombreux indices. Même le plus malin des extraterrestres peut faire des erreurs, laisser filtrer des informations par inadvertance. Je me suis replongé dans leur prose. Les Ummites disent par exemple que leurs villes s'animent à la

1. Pour comprendre ceci précisément, lire ma BD *Mille Milliards de soleils*, Éditions Belin.

2. Qui voit la nuit.

tombée de la nuit et que c'est à ce moment-là que leurs maisons sortent de terre, sur leur pédoncule.

– Oui, ça, je me souviens.

– Or, sortir leurs maisons de leurs logements équivaut, pour eux, à ouvrir les volets. Ça ne cadre pas avec des mœurs diurnes. Il y a des tas d'autres choses du même genre. Quand ils parlent de leurs horaires, ils se plantent plusieurs fois. Il me paraît de plus en plus évident que ce sont des gens qui s'activent la nuit et qui dorment le jour. Rappelle-toi ce texte datant de 1967 où ils évoquaient ce produit qu'ils pulvérisaient sur leur cornée et qui fonçait à la lumière du jour. À cette époque les lunettes de soleil de ce genre n'avaient pas encore été inventées, il me semble.

– Des êtres qui auraient des mœurs nocturnes devraient être ainsi équipés, pour ne pas être éblouis. Cela cadrerait en outre avec deux sens qui seraient chez ces individus très développés : l'olfaction et la sensibilité à l'infrarouge. Par contre la vision resterait pour eux un sens assez secondaire. D'où cette totale absence de sens de l'esthétique.

– Certes : on voit mal une taupe réagissant devant un tableau de Rembrandt.

Jean-Jacques arpentait son salon de Digne, tel Sherlock Holmes, en lissant sa moustache. Cela devenait passionnant.

– Tu sais, en outre, qu'ils disent qu'ils ne fixent pas la mélanine, que leur peau est blanche.

– Une espèce nocturne n'a pas besoin de bronzer.

– Reprends les textes sur l'habitat et sur leur histoire. La promiscuité ne les gêne guère. Dans un passé ancien ce sont des humains qui vivaient entassés par centaines dans des terriers.

– Dans ces conditions la vision ne serait guère utile, du moins dans la gamme du visible, pas plus que la voix. On ne joue pas les Caruso dans des couloirs. L'olfaction aurait été plus utile pour retrouver son chemin dans des galeries, de même que la sensibilité à l'infrarouge. Ce sens pourrait d'ailleurs avoir été accentué par manipulation génétique, ou par sélection. Cela n'est pas absurde à priori.

– Mais c'est une chose qu'ils devaient cacher à tout prix. Une odeur, ça se masque. Une peau, ça peut se tatouer, des cheveux, cela peut se teindre et même s'implanter. Mais va donc modifier la structure d'une rétine !

– Dans un aéroport on coincerait en cinq minutes un type qui posséderait une prothèse cornéenne. Il suffirait de lui faire un « fond de l'œil ».

– Il me semble.

Pastor commençait à voir les choses sous un angle tout à fait nouveau.

– Mais pourquoi une espèce humaine, puisque ces Ummites disent qu'ils seraient des êtres humains, se serait-elle développée la nuit et non le jour ? demandais-je.

– Pourquoi la chouette est-elle nocturne et l'épervier diurne ?

Ces choses-là sont liées aux conditions de vie. L'homme primitif n'était après tout qu'un petit prédateur minable, un charognard. Sur Terre, l'*Homo sapiens* aurait très bien pu dériver d'une espèce nocturne et cela ne l'aurait nullement empêché de développer une technologie, d'avoir une histoire.

– On peut remarquer qu'il y a des régions du globe où la vie diurne est pratiquement inexistante. Dans les déserts, par exemple. Au Kenya on travaille la nuit. Le jour, les lions somnolent. Les touristes doivent se lever aux aurores pour voir les fauves chasser. Le matin, la plupart des animaux rentrent du boulot. À la tombée du jour, ils partent travailler.

Jean-Jacques poursuivait le fil de ses idées, en continuant de parcourir la pièce de long en large.

– J'ai repensé à une chose. Tu sais que sur Ummo, la punition suprême est la nudité. Selon les textes, c'est ce que les ressortissants de cette planète semblent avoir le plus de mal à supporter.

– Paradoxal, puisque les textes indiquent que sur cette planète le sentiment de pudeur est inconnu.

– La pudeur est un sentiment d'espèce diurne. Tu ne vas pas mettre un cache-sexe à une taupe. Par contre, que faisait-on, dans le temps, chez nous, pour punir un galopin ?

– On le mettait au coin, on lui mettait un bonnet d'âne ?

– Mais non, on le mettait au cabinet noir !

– Pourquoi cela serait-il alors ressenti comme une punition ?

– Cela priverait l'Ummite de son repère le plus important : la vision. Son espace vital s'en trouverait aussi réduit.

– Tu veux dire que sur cette planète, quand on voudrait punir quelqu'un, on le mettrait au contraire en pleine lumière ?

– Exactement. Dans nos civilisations, quand on veut exclure quelqu'un de sa tribu, on l'enferme, on le met au cachot. Sur Ummo, quand on voudrait exclure un type, on le mettrait... dehors, en plein lumière. On le virerait du terrier.

– Les documents disent que les condamnés seraient dans des cages transparentes.

– Cela aurait à mon avis deux fonctions. Primo, ceux-ci recevraient de plein fouet la lumière du jour, vis-à-vis de laquelle ils n'auraient aucune protection. Il est même possible que leur épiderme ait développé un phototropisme négatif, et qu'ils craignent carrément la lumière. Ils ne supporteraient par exemple pas l'ultraviolet. Secundo, la cage transparente les priverait des deux informations qui sont pour eux essentielles : l'infrarouge et l'olfaction.

– Pour nous vient d'abord la vision, puis l'audition, enfin le toucher. L'obscurité plus le silence, c'est stressant.

– Pour l'Ummite, le stress maximal serait la lumière que nous nommons « visible », plus la privation d'informations olfactives et infrarouges.

Les textes insistent sur la similitude morphologique entre l'être humain et l'habitant de la planète Ummo. La théorie de Jean-Jacques débouchait sur d'autres perspectives et il était passionné par son sujet.

– Tu sais, on se fait des tas d'idées sur ce à quoi pourraient ressembler des extraterrestres humanoïdes. Primo, on a déjà sur Terre des échantillons de ce que la nature peut produire, par exemple vis-à-vis de la taille.

– Recense ensuite toutes les bizarreries que nous nommons ici tératologiques, mais qui dans d'autres biotopes, d'autres conditions géophysiques, pourraient s'imposer comme normales.

– Exact. Il y a eu des êtres humains recouverts de poils, totalement ou partiellement. D'autres n'avaient au contraire pas la moindre pilosité. D'autres encore avaient des écailles, comme les serpents, sur certaines parties de leur corps. Des types avec un sacrum hypertrophié, une queue, ont vécu tout à fait normalement. Les albinos sont effectivement dépourvus de mélanine.

– Si nous débarquions sur cette planète et si nous pouvions voir ces gens dans leur milieu naturel, nous tomberions peut-être sur une population d'albinos.

– Je crois que si on allait faire un tour sur d'autres planètes, on aurait des surprises. Finalement, nous devrions peut-être accorder plus d'attention aux récits des rencontres du troisième type.

– Pense à la première histoire de ce genre, dans le Kentucky, en 1955, aux Etats-Unis.

– Là où une famille de fermiers disait avoir été assaillie toute une nuit par des petits bonshommes dotés d'énormes oreilles ?

– Oui.

– Tu veux dire qu'il pourrait exister une sorte d'espèce humaine extraterrestre, dotée d'oreilles immenses. Mais pour quoi faire ?

– Les extraterrestres, s'ils nous visitent, déboulent toujours chez nous la nuit. Soit ils chercheraient à passer inaperçus, soit ce seraient tous des nocturnes.

– Si nous, Terriens, débarquions sur une planète, avant de partir en exploration, on attendrait que le jour se lève. Pour des nocturnes, ce serait l'inverse. Mais alors, cela pourrait signifier que...

– Que nous serions, en tant qu'espèce humaine diurne, une exception.

– Ça promet !

– Pense aux Ummites. Quand ils appellent, c'est toujours vers 3 heures du matin.

– Tu suggérerais qu'ils appellent simplement « aux heures de bureau » ? Mais *quid* du gars de tout à l'heure, avec ses grandes oreilles ?

– Dans les espèces animales développées, il y a des tas de variantes. Un loup, une souris peuvent être considérés comme des représentants d'une espèce relativement développée. Or il existe (pour la souris) et il a existé (pour le loup[1]) deux variantes,

1. Le loup marsupial, ou thylacine, de Nouvelle-Zélande, s'est éteint au début du siècle.

l'une mammifère placentaire et l'autre non placentaire[1]. Les humains constituent une espèce mammifère placentaire. Les femmes ont un utérus, un vagin et des seins. Mais on pourrait très bien imaginer qu'il existe quelque part, sur une autre planète, une espèce humaine marsupiale, où les femmes trimbaleraient leur fœtus dans une poche et où celui-ci, après un temps de gestation très court, serait allaité par du lait qui suinterait le long de poils, à l'intérieur de la poche, comme chez les kangourous.

– Bref, sur une telle planète, un représentant en soutien-gorge n'aurait aucun succès.

– Si on reprend l'histoire de la créature aux longues oreilles, on peut se demander, si ce témoignage est authentique, si celle-ci, de mœurs nocturnes, n'aurait pas opté pour un système de perception style chauve-souris.

– Quelle horreur !

– Ce qui est plus extraordinaire encore, c'est d'imaginer la façon dont ces êtres nous percevraient.

– Que veux-tu dire ?

– Le réel aurait pour ces êtres un aspect totalement différent. Tout ce qui réfléchirait les ultrasons serait « blanc » et tout ce qui les absorberait serait « noir ». Ils verraient le monde comme des cambrioleurs qui éclairent un décor avec une lampe torche. Quand un de leurs copains approcherait, ils « verraient la lumière de sa lampe torche », ou le reflet de celle-ci sur les objets, c'est-à-dire qu'ils recevraient sa propre émission ultrasonore, ou sa réflexion sur des obstacles. La fraction du spectre absorbée se traduirait pour eux par une « couleur », qui est une impression par essence subjective. De plus ces « couleurs » seraient altérées par l'effet Doppler. Ce qui s'approcherait tirerait vers le « violet », alors que ce qui s'éloignerait glisserait vers le « rouge ».

– Ces gens percevraient non seulement la position des objets, mais aussi leur vitesse, en temps réel. Donc leurs schémas mentaux seraient incroyablement différents des nôtres.

---

1. Le placenta est une invention de la nature qui sert d'« interface » entre la mère et son fœtus.

– Mais tu oublies une chose : ils pourraient voir à l'intérieur de nos corps.

– Comment cela ?

– L'échographie, ça ne te dit rien ?

– Ouah ! Ces être verraient notre squelette à travers nos masses de chair. Ils sauraient si notre estomac est plein ou vide. Ils verraient les bébés dans le ventre des femmes enceintes !

– Fantastique !

– Finalement, ces différences sont peu de chose en regard des architectures mentales qui en découleraient. Si un jour il nous était donné de rencontrer, en chair et en os, ces fameux Ummites, s'ils existent, ce qui nous déconcerterait le plus n'est pas leur aspect extérieur, mais ce qu'ils auraient dans la tête....

– Que veux-tu dire par là ?

– Que leur « *soft* » pourrait se révéler beaucoup déconcertant que leur « *hard* ». Les structures mentales d'êtres humains nyctalopes ne se développeraient pas nécessairement comme les nôtres. Il pourrait y avoir des différences phénoménales. Plus je lis leurs textes et plus j'en suis convaincu : si ces êtres existaient, ils n'auraient pas de vraie personnalité, au sens où nous l'entendons. À mon avis nous pourrions être face à un être collectif, qui serait plus comparable à une termitière qu'à une communauté humaine. Leur sensibilité, s'ils en ont une, pourrait être totalement différente de la nôtre. Ils disent qu'ils se séparent très tôt de leur progéniture et qu'ils perdent alors tout contact avec elle. C'est un comportement plus proche de l'animal que de l'humain. Une chatte, dès que ses petits sont capables de se débrouiller par eux-mêmes, cesse de s'y intéresser. Elle a fait son travail de génitrice, c'est tout.

– Tu veux dire qu'il n'y aurait pas de liens familiaux sur cette planète ?

– Les liens familiaux sont déjà très différents d'une ethnie à l'autre, chez nous. Il y a beaucoup de tribus africaines où la famille s'efface presque totalement devant l'appartenance clanique.

– Ce que tu veux dire, c'est qu'il en serait de même sur cette planète, sauf que le clan compterait alors 2 milliards d'âmes.

– Mais le sentiment collectif serait tout aussi intense. Staline a dit un jour : « Un mort, cela m'émeut. Un million de morts, c'est de la statistique. » À l'opposé, un Ummite dirait « Un million de morts, cela m'émeut, un mort c'est du détail. »

– Bref il s'agirait d'un monde parfaitement totalitaire.

– Totalitaire, moins les inégalités. C'est le Meilleur des mondes, mais sans distinctions sociales[1].

Une symbiose homme-machine

Les textes abondent en détails concernant la structure sociale de cette hypothétique planète. Historiquement, celle-ci aurait connu une phase paroxystique, où une femme aurait exercé un pouvoir absolu sur des centaines de millions d'êtres humains. Ce régime dictatorial aurait été particulièrement atroce, laissant loin derrière ce que nous avons pu connaître sur Terre. Les Ummites se seraient finalement débarrassés de ce tyran en l'assassinant. Puis une réflexion globale se serait amorcée, pour tenter de jeter les bases d'une société plus juste, d'une société « idéale », optimale. Les habitants de la planète Ummo auraient alors pris des mesures extrêmes. Ils auraient séparé les enfants de leurs « géniteurs », dès le plus jeune âge, pour les soustraire à toute « contamination idéologique ». Ils auraient ensuite mis en place un système social hyper-organisé, qui puisse déboucher sur quelque chose d'enfin stable, harmonieux à leurs yeux.

En faisant la synthèse du système évoqué dans ces textes, plusieurs idées semblent se dégager.

– Ces gens s'estimeraient capables d'évaluer les individus en analysant leurs cerveaux, neurone par neurone, connexion synaptique par connexion synaptique, avec « un haut niveau de fiabilité ».

– Ils auraient développé, à l'aide d'une « logique tétravalente », une intelligence artificielle extrêmement performante,

1. Dans le monde imaginé par Huxley, l'humanité serait constituée d'« alpha plus » (les « intellos ») et de « béta moins » (les OS).

autonome, qui n'aurait strictement rien à voir avec ce que nous sommes actuellement capables de faire.

– Ils penseraient avoir découvert la fonction de l'homme dans l'univers[1] et les « lois morales » du cosmos.

Le mélange de ces trois concepts donnerait alors une mixture redoutable. En effet la gestion de la planète pourrait dans ces conditions être entièrement confiée à un ordinateur, « capable de s'autoprogrammer », c'est-à-dire, *stricto sensu*, intelligent. Ces êtres, s'ils existent, auraient sous-traité la « fonction intelligence », de même que nous avons sous-traité nombre de nos facultés à l'aide de notre technologie. Cela fait déjà bien longtemps que nous ne marchons plus, ou dans de rares occasions, pour nous rendre d'une automobile à un ascenseur, ou vice versa.

Le visionnaire Kubrik, dans *2001*, avait évoqué un ordinateur intelligent, Hal, qui, à la fin du film, se mettait à dérailler. Percevant les membres de l'équipage comme des entraves à sa mission, il tentait de les éliminer l'un après l'autre. Ce risque serait en principe jugulé dans le Xanmoo, le super-ordinateur évoqué dans les documents ummites, puisque celui-ci contiendrait les « lois morales » (selon lesquelles l'homme est fondamentalement nécessaire pour l'évolution normale d'une planète).

Quand on analyse tous les textes, on voit se dessiner une vision à côté de laquelle celle de Huxley, dans son *Meilleur des mondes*, ressemble à une nouvelle écrite par un collégien. Sur Ummo l'ordinateur gérerait tout : la démographie, la procréation, la justice. On a vu plus haut que la maîtrise technologique aurait fait disparaître toute intervention manuelle, dans quoi que ce soit. Le concept de travail perdrait toute signification. Les problèmes des matières premières, de l'énergie et des déchets n'existeraient plus. Les problèmes économiques non plus.

Que fait l'habitant d'un tel Éden technologique ? Il joue au tennis ? Non, puisqu'il est incapable de se servir de ses mains. Il se livrerait, selon les documents, à des activités méditatives, que l'on pourrait qualifier de transcendantes (les seules que la

1. Dont il sera question dans un prochain ouvrage.

machine ne serait pas capable d'assumer). L'habitant de Ummo informerait le psychisme collectif planétaire en continu. Ce serait son seul boulot. Les machines s'occuperaient du reste. Si on voulait comparer les êtres vivants à la surface d'une planète à des cellules, l'être humain en tant que tel, sur cette planète Ummo, serait parvenu au stade ultime de son développement. Il se comporterait comme un « neurone », un système de captation et de transfert d'information.

Un individu habitant une telle planète pourrait-il ressentir une forme de révolte face à un tel système ? Non, dans la mesure où cette machinerie, qui représenterait une véritable symbiose homme-ordinateur, aurait contrôlé sa propre évolution, pour éviter toute révolte. Elle serait merveilleusement autostable. On pense au principe énoncé par Sa Forderie, dans *Le Meilleur des mondes* :

Identité = stabilité

Imparable : on ne peut pas se révolter contre soi-même. Sur cette planète, l'éducation se fonderait sur un conditionnement très serré, dès le plus jeune âge. Ces êtres seraient totalement endoctrinés, standards, passés au moule. Toute déviance serait immédiatement détectée et traitée. Les textes montrent clairement que le lavage de cerveau serait opéré non seulement par le langage, mais de manière concrète, « en agissant sur les formations amygdaliennes de l'encéphale ». Au fil de sa croissance, l'Ummite garderait ainsi un cerveau parfaitement *clean*. Les déviants incurables seraient d'ailleurs déchus de leur statut d'êtres humains et traités comme des cobayes : celui qui ne serait pas « comme tout le monde » ne mériterait pas le statut d'être humain. L'enseignement porterait sur une connaissance rationnelle des choses de l'univers. La culture ummite, par rapport au sens que nous donnons à ce nom, n'existerait tout simplement pas.

Si ces êtres existent, ces principes seraient vécus par eux comme des choses naturelles. Pourquoi tenter de se révolter contre l'intérêt collectif, qui prime toute chose ? Cela équivaudrait à se révolter contre soi-même.

Tout cela ne serait tolérable que si on ne possède ni imagination, ni véritable personnalité. Si on se fonde sur le contenu des textes, la marge de manœuvre des expéditionnaires, ou des ressortissants de la planète, ne laissait guère de place à l'initiative ou à l'imagination personnelle. Avant l'apparition d'ordinateurs « capables de s'autoprogrammer », selon les textes, le progrès des connaissances aurait été sur cette planète beaucoup plus lent que sur Terre. Pourquoi ? Parce que les Ummites, essentiellement pragmatiques, ne posséderaient pas nos capacités imaginatives. Les machines, qu'ils auraient inventées au fil de leur histoire technologique, auraient possédé très vite des capacités supérieures aux leurs.

Ne rions pas. Qui s'amuserait, de nos jours, à rivaliser avec un robot-usineur, pour tailler une pièce ?

Quel portraitiste serait assez fou pour se mesurer avec un appareil photographique ?

Qui chercherait à calculer plus vite qu'un ordinateur ?

Bien sûr, il est bien difficile d'imaginer un ordinateur doté d'une intelligence réellement autonome. Je pense connaître assez bien le domaine de l'intelligence artificielle, ayant conçu et commercialisé des programmes de conception assistée par ordinateur et construit un programme de jeu d'échecs. Dans ce domaine, nous savons maintenant programmer un ordinateur en lui donnant une masse de séquences comportementales pré-engrammées, qu'il peut activer en les incorporant dans son programme (à la manière dont une cellule active ses « gènes dormants »). Mais il serait incapable de les concevoir *ex nihilo*, par lui-même. Ces machines ne sont pas autonomes. On peut au demeurant parfaitement concevoir que des ordinateurs puissent un jour le devenir, au prix d'un saut conceptuel important[1].

Quelle définition peut-on donner de l'intelligence ? Elle comporte une part de stratégie. L'être intelligent sait adapter, modifier son comportement dans un but précis. En ce sens les programmes de jeu d'échecs possèdent, de manière très primitive, cet attribut mental.

---

1. Les Ummites précisent que ce saut conceptuel implique le passage d'une logique divalente à une logique tétravalente (que nous nous efforçons de développer en ce moment).

Un second attribut est la créativité. C'est le pendant de la faculté d'analyse. Le créatif sait, à partir de la masse de données qu'il a captées, *inventer* un modèle interprétatif du phénomène dont il est témoin, éventuellement à caractère prédictif. Les ordinateurs, sur cette planète Ummo, auraient atteint un tel stade. Cela expliquerait la faiblesse de l'effectif du corps expéditionnaire (de 4 à 20 individus, 16 aujourd'hui) pendant les trente années écoulées. Ce ne seraient pas ces expéditionnaires qui auraient « compris » comment fonctionne la Terre (notre biotope, plus l'ensemble de notre réseau social planétaire), mais... leurs ordinateurs.

Les documents indiquent avec quelle rapidité le corps expéditionnaire a été à même de décoder les langages terriens. Comment une poignée d'individus aurait-elle pu mener à bien un tel travail en aussi peu de temps, à moins de posséder des « super-cerveaux » ? On peut hasarder une hypothèse : l'ordinateur aurait lui-même effectué ce travail de saisie des données linguistiques, d'interprétation et de décodage. Les expéditionnaires se seraient contentés, pendant trente années, de mettre en place des systèmes de captation de données, de manière à alimenter leur fantastique machine à comprendre.

Comme on le verra plus loin, tous les gens impliqués dans cette affaire Ummo semblent suivis en permanence (« à travers leurs verbalisations et leurs écrits »). Si ces Ummites existaient vraiment, ils devraient nécessairement, pour suivre en continu l'évolution de notre Terre, capter tout ce qui se passe au jour le jour dans toutes les chancelleries et laboratoires de la planète. On voit mal comment tout ceci pourrait être assuré et géré par 16 personnes. L'hypothèse qui vient alors à l'idée est que tout serait saisi en temps réel par un système d'intelligence artificielle, capable de « s'autoprogrammer », qui décoderait ce qu'il engrange (de manière alors parfois assez fantaisiste).

Le Terrien possède un imaginaire puissant, qui lui permet de se projeter dans l'avenir le plus lointain. Celui-ci est basé sur ses structures mentales inconscientes. L'intuitif est celui qui « réfléchit sans s'en rendre compte ». L'homme terrestre est à la fois rationnel et irrationnel. Sur certains plans, c'est un handicap certain. Mais du point de vue imagination, c'est redoutable.

Cela permet de transgresser, d'envisager l'impensable, l'impossible, le « vrai et faux », le paradoxal, bref l'irrationnel. Pas mal de grandes découvertes ont été faites par des hommes qui avaient emprunté des voies « déraisonnables, absurdes, illogiques ».

En matière de recherche, la rationalité est indispensable pour marquer les points. Mais les idées, on les trouve en général ailleurs. Ce qui n'empêchera pas, plus tard, que ces nouvelles idées puissent être à leur tour insérées dans un paradigme étendu, dans une « nouvelle rationalité » où elles deviendront alors de nouvelles « évidences logiques ».

S'il existe, l'Ummite ne semble pas posséder d'inconscient. Ce serait un être « totalement rationnel ». Jamais, sur cette hypothétique planète, ne se seraient, selon les textes, manifestés les phénomènes que nous appelons art et religion. Dans cette planète Ummo, même les conceptions métaphysiques auraient des bases concrètes, rationnelles, tangibles. La croyance n'y aurait pas droit de cité. Le psychisme se... mesurerait !

Notre inconscient de Terriens nous donne une imagination exceptionnelle, mais nous permet également d'héberger les engrammes de peurs ancestrales, celles-là mêmes qui font que les scientifiques, les politiques et les militaires ont si peur du phénomène ovni, même s'ils n'en sont pas conscients.

Vis-à-vis du progrès des connaissances, il y a là du bon et du mauvais. Les textes disent que le Terrien éprouverait une peur inconsciente vis-à-vis de la connaissance, qui freinerait son développement. L'habitant de Ummo ne subirait pas cette contrainte, puisqu'il n'aurait pas d'inconscient. En revanche son imaginaire serait... inexistant. Il ne penserait pas plus loin que le bout de son nez, ce qui constituerait quand même une sorte de handicap. Les documents stipulent que le progrès des connaissances, bien que fondamentalement rationnel, aurait été beaucoup plus lent que sur Terre. Être irrationnel peut avoir du bon.

Pour pallier cette carence imaginative, les habitants de la planète Ummo se seraient tout simplement dotés d'un imaginaire artificiel[1].

1. La logique tétravalente, dont les quatre propositions sont « vrai-vrai », « faux-vrai », « faux-faux » et « vrai-faux », est, en soi, un « simulateur d'inconscient ».

Vous trouvez cela fou ? Vous avez tort. Que croyez-vous que fait le compositeur Xénakis lors qu'il utilise un ordinateur pour créer de la musique aléatoire ? Il simule la créativité musicale.

L'homme a créé une fantastique machinerie créative dont il est devenu prisonnier sans le savoir : sa médiasphère avec le redoutable système de l'audimat. À travers ce bouclage, cette machinerie est devenue *autonome*. Par exemple : elle sécrète de la violence en image, modèle les esprits, qui en redemandent. D'où un *feed-back* redoutable. Les gens d'images s'imaginent qu'ils utilisent cet outil de « communication », alors qu'en fait ils n'en sont plus que les rouages.

Notre médiasphère n'est contrôlée par aucun système de lois morales internes. Vous cherchiez une « machine autonome », je vous en montre une. Il y en a d'autres.

Que ferait l'habitant de Ummo lorsqu'il serait confronté à une situation donnée ? Selon les textes, il consulterait immédiatement son ordinateur de poche, relié au système central planétaire, au « Xanmoo », pour que celui-ci lui suggère une conduite à tenir.

– Dois-je porter mon choix sur cette femme-là ? Notre union va-t-elle dans le sens de l'amélioration du patrimoine génétique ? Comment fonctionne cette planète ? Quels sont les risques de guerre nucléaire à l'instant ? Saddam Hussein attaquera-t-il le Koweit ? Quelle est le coefficient d'intelligence abstraite de Jean-Pierre Petit ? Quelle chance y a-t-il de tomber sur un Terrien qui réussisse à utiliser les données que nous dispersons à travers cet astre froid ?

Pour chaque question, la machine fournirait une réponse chiffrée, précise : 27%, $2{,}9.10^6$, et un éventail de suggestions, assorti de probabilités de réussites.

Ne nous leurrons pas. Si cette affaire n'est pas la plus fantastique blague de l'histoire humaine, la plus coûteuse, la plus sophistiquée et la plus absurde, alors nous ne sommes pas face à une autre espèce humaine, mais à un... ordinateur, auquel on a dévolu la tâche de nous comprendre et de nous gérer.

CHAPITRE 9

Sur le fichier

J'avais été évidemment étonné, pendant quinze années, étant donné les efforts méritoires que j'avais déployés pour la compréhension de ce dossier, que les auteurs de ce document, quels qu'ils soient, ne se soient pas mis directement en contact avec moi. Périodiquement je devais aller à la source espagnole. Rafael Farriols recevait de temps en temps des courriers où mes travaux se trouvaient mentionnés et parfois commentés. Mais pourquoi, me disais-je, ces gens ne m'écrivent-ils pas, alors qu'ils ont souvent envoyé des messages aux Espagnols qui ont montré quelque intérêt pour cette affaire ?

Les textes ummites sont une belle machine à penser. Ils ont suscité nombre de travaux scientifiques de valeur. Depuis vingt ans, sans préjuger de l'origine exacte de ces textes, nous avons tenté de discerner leur logique sous-jacente. Des documents reçus ultérieurement ont semblé fournir un début d'explication. Selon leurs auteurs... tous ces textes n'auraient pas été conçus pour être compris, et encore moins exploités scientifiquement !

La lettre que je reçus en 1992 de Ryad, et qui figure à la fin de l'ouvrage, témoigne d'une certaine perplexité. Suivant mes efforts et travaux depuis le début, les auteurs des documents y avouaient leur surprise d'être tombés sur un Terrien particulièrement têtu et perspicace, apparemment plus doué que la moyenne de ses congénères.

En 1988, il y avait eu cette étrange nuit, à l'hôtel Sandvy de Madrid, contée dans *Enquête sur des extraterrestres...*, sous le titre de « Souvenir ou rêve ». Bien sûr, ça n'est qu'un témoignage.

Nous n'avons aucune preuve que cela se soit réellement produit. Dans cette lettre de 1992 les auteurs disent en clair qu'ils avaient « passé mon cerveau au scanner » pour étudier une architecture encéphalique qui apparemment les déroutait passablement.

Je reçus une première lettre en 1990, en français, adressée à mon domicile. Ses auteurs se contentaient de donner des commentaires sur un ouvrage que je venais de publier. Dès que j'avais été mis en contact avec les textes ummites, j'avais été très intrigué par l'évocation d'une « logique tétravalente », sans équivalent terrestre.

À l'automne 1992 je trouvais enfin le premier angle d'attaque de cet édifice logique[1]. Alors le « réseau ummite » réagit avec une rapidité tout à fait surprenante. Quelques jours plus tard, je reçus une lettre de Ryad. Elle évoquait, en clair, les travaux que je poursuivais à l'époque dans ce domaine. Ce qui m'étonna tout de suite, c'est que personne n'en connaissait l'existence, à part... mon ordinateur Macintosh, mon seul confident en la matière. Je précise tout de suite qu'à l'époque ma machine n'était connectée à aucun réseau à travers un modem (elle ne l'est toujours pas d'ailleurs).

Je savais très bien que j'avais mis le doigt sur quelque chose d'essentiel en matière de logique. Les indications données dans la lettre étaient d'ailleurs directement liées à ces travaux, et avaient un sens pour moi.

Aussi je choisis de prendre cette missive au sérieux. Quels que fussent ses auteurs, elle émanait bien de « la source ». La première chose que je fis fut d'aller rendre visite à mon ami Jean-Jacques Pastor, à Digne, sans l'avertir de cette lettre par téléphone. Lorsque nous fûmes ensemble je lui proposai une promenade à la campagne et c'est loin de tout œil indiscret que je lui montrai la lettre, qui me demandait de joindre un des contactés, Jordàn Peña. Elle précisait que celui-ci avait joué un rôle central dans les contacts avec l'Espagne.

– Alors, qu'en penses-tu ?

– Si cette lettre est authentique, on dirait qu'on passe à la vitesse supérieure.

---

1. En utilisant les « entiers de Gauss ».

– Il faudrait donc que je me mette en contact avec José-Luis Jordàn Peña. Mais ce qui m'embête, c'est que Rafael soit dans ce coup-là. Je l'adore, mais j'ai peur qu'il ne bavarde inconsidérément, ne crois-tu pas ?

– Écoute, si ces gens ont mentionné son nom dans la lettre, c'est que tu peux avoir confiance. Rafael a reçu de très nombreuses missives d'eux et leur a parlé souvent au téléphone.

– Bon, je vais me mettre en contact avec Rafael.

Jean-Jacques insistait.

– Contacter directement Jordàn serait une grave erreur psychologique. Rafael a toujours considéré qu'il était au centre de cette affaire. Si tu contactais Peña sans le prévenir, il risquerait de le prendre mal, je pense.

Je lui tendis un petit ordinateur de poche, que j'avais acheté à son intention.

– À tout hasard, pour maintenir une certaine confidentialité et pour jouer le jeu, je l'ai configuré en y introduisant un programme de codage. J'ai été officier du chiffre, pendant mon service militaire, et je sais composer un tel programme. Il nous permettra de communiquer pour des choses importantes.

– Comment ferai-je ?

– Tu as des jeunes, dans le foyer social dont tu t'occupes. Si je t'envoie une lettre où je dis : « Voilà les quelques problèmes de mathématiques que tu m'avais demandés pour les jeunes de ton foyer », par exemple :

$$6{,}302456\ X - 0{,}7982456\ Y + 5{,}234001\ (3{,}765009 - Y) = 0$$

etc., il te suffira de ne retenir que la séquence numérique, en oubliant tout le reste, les signes, les virgules et les lettres.

– Et qu'est-ce que je fais avec tout cela ?

– Tu prends l'ordinateur et tu fais simplement RUN. Cela lancera le programme. La machine te demandera alors une clef numérique que nous aurons en commun. Tu l'apprendras par cœur et tu ne la noteras nulle part. Comme cela, elle sera « dans ta tête ». Puis tu entreras la suite des nombres. L'ordinateur décodera automatiquement le message qui s'affichera sur la petite fenêtre à cristaux liquides, pendant dix secondes. Une message du genre : « Rendez-vous le 12 janvier 8 h 45 à Marignane pour le vol Ibéria 612. » Puis l'ordinateur effacera automatiquement la suite numérique et la clef. Pour finir, tu brûleras la lettre, c'est tout.

– OK.

Nous convînmes de continuer à parler de cette affaire Ummo au téléphone, comme si de rien n'était, au cas où des services secrets auraient écouté nos conversations. Quand on veut cacher quelque chose, il faut la noyer dans un « bruit de fond ».

Quel rôle jouait Peña dans toute cette histoire ? Nous n'en avions pas la moindre idée, mais nous avions supposé longtemps qu'il avait pu être l'auteur des illustrations qui accompagnaient les documents ummites. En effet nous savions qu'il dessinait et avions trouvé une certaine ressemblance entre ses dessins et ceux des rapports ummites. Était-ce lui, le mystérieux dactylo ? Ça ne collait pas avec une enquête que nous avions faite sur ce sujet. Quels que fussent les gens qui tiraient effectivement les ficelles de toute cette histoire il y avait peut-être le dactylo qui tapait et Peña qui se chargeait des illustrations. Nous nous perdions en conjectures.

Pastor pensait qu'il avait été mentionné sur la lettre parce qu'il pourrait servir d'interprète entre Peña et moi. En effet, il parlait couramment l'espagnol, et moi, pas du tout.

– Ce qui est étrange, remarqua pourtant Jean-Jacques, c'est que Lou (Hiltrud Franz) n'ait pas été aussi mentionnée. Pourtant elle a bénéficié apparemment de la confiance des auteurs des documents, de longue date.

De retour à Aix j'essayai d'établir le contact avec Rafael, par lettre. J'évoquai ce courrier en termes vagues, lui disant qu'il était en français. Rafael me demanda aussitôt, par fax, d'envoyer la lettre.

Après bien des hésitations, je la postai d'une localité située à quelque distance d'Aix, par précaution.

La suite fut complètement catastrophique. Lou me téléphona dans les jours qui suivirent :

– Allô, Jean-Pierre, nous sommes très contents que tu aies reçu cette lettre des Ummites et elle semble très intéressante...

Et elle se mit à évoquer son contenu en clair au téléphone. Je fus atterré. En fait, dès que Rafael avait reçu la photocopie de cette lettre, il avait réuni son groupe à son domicile, la leur avait lue et leur avait distribué des photocopies. Puis il avait écrit une longue lettre à Peña en lui disant :

« Cher José-Luis.

J'ai été très heureux d'apprendre que tu avais été depuis tant d'années l'intermédiaire principal vis-à-vis des Ummites, et j'ai une liste de questions à te poser :

– Comment se sont-ils mis en contact avec toi ?

– Les as-tu rencontrés ? etc. etc. »

La lettre se terminait par : « Réponds-moi par fax, ça ira plus vite. »

Peña répondit à Rafael :

« Cher Rafael,

Tu sais, cette histoire Ummo n'a jamais été pour moi qu'une affaire parmi toutes les autres affaires d'ovnis et elle ne m'a jamais particulièrement intéressé... »

Rafael, interloqué, me transmit ce courrier par fax en me demandant si j'avais une explication.

Lou m'appela :

– Alors, Jean-Pierre, que penses-tu de cette étrange réponse de Peña ?

– C'est simple : c'est un « message sicilien ». Cela veut dire que toute l'opération est annulée. Peña s'est replié au fond de sa coquille comme un escargot parce que vous avez été trop bavards (j'ignorais à l'époque à quel point).

Je retournai voir Jean-Jacques, à Digne. Il était de mon avis. Nous décidâmes que j'écrirais moi-même à Peña, à Madrid. C'était une lettre où je proposais de venir le voir. Il me répondit :

« 26 janvier 1993

Cher Jean-Pierre,

J'ai appris par notre bon ami Farriols l'entrevue qui se tiendra prochainement à Madrid. Je doute de l'utilité de ma présence, étant donné ma difficulté à m'exprimer oralement[1]. En effet mon vocabulaire demeure aussi restreint que la dernière fois que nous

1. Résultant de l'attaque cardiaque qu'il a subie au milieu des années 80.

nous vîmes[1]. Cependant j'apprécie l'intérêt que tu portes aux messieurs de Ryad.

À mon avis les Ummites ne méritent pas d'intérêt, car il s'agit d'un grand montage géré sur Terre, en dépit du crédit que tu apportes à ces enseignements.

Le dossier Ummo n'est pas plus important que l'ensemble du dossier Ovni, discrédité par la science officielle. Je prends néanmoins acte de la proposition faite par Rafael Farriols, concernant cette rencontre.

Avec toute mon affection
José-Luis Jordàn Peña. »

Même type de réponse qu'à Farriols.

– *Stand by*, conclut Jean-Jacques.

Les mois passèrent. Rafael reçut un appel téléphonique des Ummites, de Cuba. La communication était mauvaise. Comme d'habitude ces gens lui fournirent des « clefs d'identification ». C'est un procédé qu'ils utilisent toujours. Quand ils écrivent à quelqu'un, ils n'omettent jamais d'évoquer quelque information que la personne est en principe seule à connaître. Quand ils s'adressent à moi, il s'agit de références scientifiques très « pointues », qui excluent toute intervention d'un farceur, ou d'une information scientifique clé, utile pour mes recherches. À Rafael, ils parlèrent d'un placement bancaire qu'il se proposait de faire, et qu'il était, nous dit-il par la suite, seul à connaître.

Au téléphone il leur demanda si la lettre que j'avais reçue était authentique. Ils répondirent par l'affirmative et souhaitèrent alors que Farriols organise rapidement une sorte de colloque. Une lettre suivit peu après, mentionnant toute une liste de gens. Les Ummites doublèrent cet appel par un courrier où ils insistaient pour que Peña soit présent et puisse nous dire « tout ce qu'il savait ».

– C'est complètement idiot, remarqua aussitôt Jean-Jacques. Ces types n'ont qu'à nous envoyer directement des rapports.

Les gens mentionnés étaient par ailleurs de parfaites « pas-

1. À Madrid, en 1988, à l'hôtel Sandvy.

soires ». La liste était longue et s'y trouvaient mentionnés un certain nombre de journalistes connus pour leur indiscrétion notoire. La lettre précisait que ces gens, s'ils le souhaitaient, pourraient éventuellement amener leurs femmes...

– À mon avis, dit Jean-Jacques, il s'agit d'une nouvelle manœuvre de désinformation. Vas-y si tu veux. Moi je préfère rester chez moi. Jouer à ce jeu-là ne m'intéresse guère.

– Ces gens sont réellement impossibles !

– Oui, mais si ce sont réellement des extraterrestres, ce sont les seuls qu'on ait sous la main. Il faut faire avec et, si tu veux mon avis, les autres sont peut-être franchement pires.

J'étais agacé par la tournure que prenaient les choses. Dans cette dernière lettre, les auteurs se faisaient insistants et Rafael répercutait leurs demandes. Ils souhaitaient que la réunion se tienne à Madrid en donnant une fourchette de dates : entre le 28 février et le 29 avril 1993.

Une des phrases les plus mystérieuses de cette lettre disait qu'ils auraient la possibilité de participer à cette réunion en étant *mimetizado*. Cet adjectif, un néologisme de leur invention, n'existe pas en espagnol. On pourrait le traduire par « mimétisé ».

J'avais ma fille avec moi pendant une semaine, à l'époque des vacances de Pâques. Je dis à Farriols, par l'intermédiaire de Lou :

– Toute cette histoire ne tient pas debout et ressemble fort à une grossière opération de désinformation. Je n'ai pas envie de faire le voyage à Madrid, car j'estime que nous perdrions notre temps. Par contre, comme il avait été prévu de longue date que ma fille et moi viendrions chez Rafael pour les vacances, celui-ci n'a qu'à organiser la réunion chez lui, pendant cette période.

La réunion de Barcelone

La réunion se tint donc à Barcelone, pendant la période de Pâques 1993, dans la vaste demeure de Rafael. Le jour dit, les différentes personnes convoquées arrivèrent et les palabres commencèrent. Mais, très vite, Rafael apporta une nouvelle information. Il avait insisté auprès de Jordàn Peña pour qu'il vienne, lui offrant même de lui payer son voyage. Mais José-Luis, malade, avait décliné l'invitation; par contre il avait répondu à Rafael en lui envoyant une longue lettre, dont celui-ci nous donna lecture (Lou me la traduisit au fur et à mesure).

Peña y déclarait tout simplement que c'était lui, le véritable et seul auteur de la manipulation Ummo. Il ajoutait qu'il avait lancé cette opération en 1965, dans le but de voir comment pourrait se créer et s'entretenir un mythe et précisait qu'il avait, pendant toutes les phases de cette opération, agi seul, et à l'insu de ses proches. Pour la partie scientifique, disait-il, « il s'était servi d'ouvrages de science-fiction ».

Il disait qu'il avait ainsi régulièrement alimenté les différents réseaux et contacté jusqu'à la fin des années 80, où l'affaire lui avait échappé, d'autres personnes s'étant mises à envoyer à leur tour des rapports, dont, selon lui, « une secte indienne ».

Rafael soupira et nous dit :

– Caraï ! Je m'étais toujours demandé si Peña était fou. Maintenant, j'en suis sûr !

L'affaire Ummo est bien déconcertante. On a déjà dit que Ummo, c'était un tiers Einstein, un tiers Spielberg, un tiers Marx Brothers. Là, nous nagions dans la soupe au canard.

Tout cela paraissait effectivement totalement abracadabrant. Comment un homme seul aurait-il pu, ne serait-ce que faire envoyer des rapports de très nombreux pays différents : Zimbabwe, Mongolie, Australie, etc. Se faire envoyer des documents par une personne résidant à l'étranger est une chose facile, mais cela demande une complicité qui, à terme, peut se révéler dangereuse. Or Peña prétendait avoir agi totalement seul.

Passons sur cet aspect technique de cette « manipulation ». Pour le scientifique que j'étais, il m'apparaissait impossible et insoutenable qu'un psychologue espagnol ait pu construire, à partir de bribes glanées dans des ouvrages de science-fiction, un ensemble d'informations liées les unes aux autres qui auraient pu produire un édifice scientifique cohérent.

Rafael, en dépit de cette boutade à l'égard d'un homme qui avait été son compagnon de marche pendant un quart de siècle, était quand même profondément touché par cette lettre. Peña avait beau multiplier les excuses, Rafael avait l'impression d'avoir été pris par lui pour un imbécile. Il appela José-Luis pour lui demander des explications, de vive voix, devant nous. C'est alors que Peña lui fit cette réponse :

– Ne te fâche pas comme ça ! Ce sont les Ummites qui m'ont demandé d'agir ainsi...

Depuis le début, les auteurs des documents nous avaient habitués à des opérations de désinformation, par ailleurs annoncées en clair dans leurs rapports et « jugées parfois nécessaires pour contrôler le niveau de crédibilité des Terriens face à leur existence ». Il y eut les fausses photos apportées à la presse au moment de l'affaire de l'atterrissage de San José de Valdeiras, puis le message radio que nous devions capter en braquant nos radiotélescopes, etc. Je passe sur de nombreuses affaires de ce style, qu'il serait lassant de raconter. Mais là, cela dépassait les bornes. Les « révélations » d'un Peña mettaient tous les contactés espagnols fort mal à l'aise, en suggérant qu'il ait pu ainsi se jouer d'eux pendant vingt-huit années.

Peña, par la suite, multiplia les déclarations, qui furent reçues avec enthousiasme par ceux que l'affaire Ummo dérangeait le plus : les « ufologues ». Parmi eux un nommé Renaud Marhic, qui se rendit aussitôt en Espagne pour mener une enquête. Il publia par la suite un livre : *Ummo, les extraterrestres qui venaient du froid*, reprenant la thèse de la manipulation par le KGB, puis un article dans une petite revue, *Phenomena*, éditée par un groupuscule « ufologique » français. Le texte, dithyrambique, commençait par : « Ça y est, il a avoué ! L'affaire Ummo n'appartient plus à l'ufologie, elle appartient à l'histoire ! »

Les « ufologues » se sont constitués en communauté internationale, communiquent fréquemment entre eux, se rencontrent, s'écrivent. Le livre de Marhic, qui était ennuyeux à périr, n'eut aucun succès, mais sema un doute profond chez tous ces gens. Les aveux de Peña, on peut le dire, eurent un effet radical dans cette « communauté ufologique » : pour tous, l'affaire Ummo était désormais « classée ».

Mais revenons à cette époque de la réunion chez Farriols.

L'ordinateur espion

En prenant la route de Barcelone, une chose me tracassait. Comment diable les auteurs des documents avaient-ils pu suivre mes travaux, puisque je n'en avais parlé à personne ? Le seul suspect était mon ordinateur. En effet, si quelqu'un voulait espionner efficacement mon activité scientifique, le plus simple aurait été de doter ma machine d'un système renvoyant à distance, par exemple, les frappes-clavier.

Je tenais dans ma machine une sorte de journal scientifique où je notais au fur et à mesure mes réflexions et mes idées. Je décidai, avant mon départ, de poser à tout hasard des questions précises, simplement en les consignant dans ce journal. Devais-je, par exemple, interrompre mes travaux de cosmologie, qui me semblaient à l'époque susceptibles de déboucher assez rapidement et me lancer tête baissée dans des travaux de logique, beaucoup plus aléatoires ?

Pendant que la réunion battait son plein, le fax de Farriols crépita : un message des Ummites. La feuille ne portait pas d'en-tête téléphonique, mais je suppose qu'il n'est pas nécessaire d'être extraterrestre pour pouvoir faxer un message « anonymement ». Les Ummites y exprimaient leur satisfaction de voir que le dossier Ummo était désormais cité dans les « congrès ufologiques » et dans les livres écrits par les « ufologues » (comme Jacques Vallée, déjà cité) comme l'exemple d'une affaire inintéressante, qui devait être rangée au niveau d'un canular de scientifiques ou d'une manipulation émanant de services secrets. Puis il y avait un message à mon attention : « Dites à Jean-Pierre Petit qu'il faut absolument qu'il concentre ses efforts sur la logique tétravalente... nous savons que nous l'avons placé dans une situation "tantalisante". »

La première phrase apportait la réponse à la question que j'avais posée dans mon ordinateur. La seconde trahissait une erreur de jugement monumentale.

Tantalisado (nouveau néoligisme) vient de « Tantale ». Les dieux avaient condamné le roi de Lydie, Tantale, à souffrir d'une soif et d'une faim dévorantes, qu'il ne pouvait assouvir. En transposant, les auteurs des documents s'étaient-ils imaginé, en me faisant miroiter la démonstration du théorème de Fermat, qu'ils me mettraient dans les affres ? Si c'était le cas, c'était bien mal me connaître. La science m'intéresse, mais pas au point d'en perdre le sommeil. De plus, j'ai toujours eu horreur de l'arithmétique.

Je restai plusieurs jours chez Rafael. Comme il fallait s'y attendre, rien n'émergea de cette « réunion de travail ». Les Espagnols décidèrent simplement que je devais m'atteler à construire la logique tétravalente, pendant qu'ils compteraient les points[1]. Rafael eut beaucoup de mal à comprendre ce que j'essayais de lui expliquer au fil des jours : c'est-à-dire qu'il avait peut-être fait une bêtise de taille. Le jour de mon départ, je lui dis :

– Rafael, tu es un de mes meilleurs amis et j'ai beaucoup d'estime et d'affection pour toi. Mais vois : j'ai essayé de t'initier à la manipulation d'un programme de codage, que ton fils est en train de rentrer... sur l'ordinateur du salon. Donc, ce programme est grillé. Il faudra que j'en fasse un autre. Je t'ai donné l'adresse d'une personne qui, à Aix, pourrait servir de boîte aux lettres. Or cela fait trois jours que son nom et son adresse sont étalés, bien à plat, sur ton bureau : une couverture fichue. Par ailleurs la CIA et le KGB doivent connaître, depuis au bas mot vingt ans, le numéro de ton coffre, lequel, je le parierais à dix contre un, doit être la date de naissance de ta fille, ou quelque chose du même genre. Franchement, le secret et vous, ici, ça fait deux. Ton gendre vient de m'expliquer pendant des heures que plus on cachait les choses et plus les services secrets s'y intéressaient et que donc la meilleure façon de cacher un document était de le laisser traîner, bien en vue.

Petit à petit, Rafael réalisait. A la fin, il finit par me dire, en plein désarroi :

– Mais nous avons traité, ici, cette lettre comme toutes les autres lettres...

– Oui, mais elle contenait quelque chose de différent. Pour la

1. Simple remarque : aucun Espagnol n'a jamais laissé son nom dans l'histoire des sciences. C'est la nation technologiquement développée la moins scientifique du monde.

première fois un projet de contact direct était évoqué. Cela n'a pas attiré ton attention ?

J'avais l'impression d'être un pêcheur qui aurait attendu patiemment au bord d'un lac, pendant quinze ans, que le poisson monte du fond. Et, quel que fût ce « poisson », lorsque celui-ci aurait lentement commencé à monter de l'abysse, un ami se serait mis à trépigner sur la berge en criant : « Le voilà ! le voilà ! » Et j'ajoutai :

– Nous sommes amis pour la vie, mais je suis venu te dire une chose : si jamais je recevais encore une lettre du même genre, même si ton nom y était mentionné, je ne t'en parlerais pas. Je n'en parlerais à personne. Je ne sais pas si ces gens sont extraterrestres ou pas. Mais si tel était le cas, cette affaire serait trop importante, conviens-en, pour prendre un risque quelconque de la voir échouer bêtement.

Je rentrai à Aix. Que fallait-il penser de cette histoire ? Je n'en avais pas la moindre idée. Je vivais les choses de manière complètement différente des Espagnols. Ces documents me faisaient travailler. Me concentrant sur la fonctionnalité scientifique des textes, j'avais toujours quelque chose à faire. La moindre phrase de ces documents me donnait de l'ouvrage pour des années. Eux, entre deux lettres, tournaient en rond comme des ours dans une fosse.

Je suis chercheur au CNRS. Payé par le contribuable français, j'ai toujours eu à cœur de produire avec régularité des résultats scientifiques concrets, publiables. En 1988-1989 j'avais sorti trois publications en cosmologie théorique, dans une revue de haut niveau, *Modern Physics Letters A*[1]. Je disposais à l'époque de travaux personnels assez avancés pour pouvoir être soumis aux *referees* de journaux scientifiques. J'estimai plus rentable de concentrer mes efforts dans cette direction.

De nouvelles lettres se mirent néanmoins à arriver à mon domicile, avec régularité, comme si ces gens s'étaient dit : « Bon, il préfère retourner à la cosmologie, envoyons-lui des tuyaux dans ce domaine. »

1. *Mod. Phys. Lett.* A3 (1988), 1527 ; A3 (1988), 1733 ; A4 (1989), 2201.

Le contenu des derniers messages

S'établit alors, entre eux et moi, un étrange mode de communication. Je continuais de poser de temps à autre des questions, en utilisant mon ordinateur, et ils répondaient. Quand ils le faisaient, c'était toujours très rapidement. Les informations tournaient en général autour de problèmes de physique théorique et de cosmologie. Je reçus en tout une douzaine de lettres, le dernier envoi datant de l'automne 1994.

Les Espagnols, qui n'avaient rien reçu depuis la dernière lettre venant de Cuba, datant du printemps 1993, se polarisèrent, comme d'habitude, sur le caractère « authentique » ou « inauthentique » de ces missives. Lors d'une réunion récente, en novembre 1994, que nous eûmes au domicile de Rafael, un des membres du groupe, un biologiste, me dit :

– Pourrais-tu nous faire un résumé de ces lettres et nous présenter les arguments sur lesquels tu te fondes pour affirmer qu'elles sont authentiques ?

– Mon cher Vicente, nous, les Français, nous réagissons différemment. Vous, vous examinez le papier, l'encre, le timbre, le cachet de la poste. Nous, on s'en fiche éperdument. Ce qui nous intéresse, c'est l'éventuel contenu scientifique du texte, la fonctionnalité du document, qui nous indique à terme s'il émane ou non de la même « source », c'est tout.

– Alors, que penses-tu du contenu scientifique de ces nouvelles lettres ?

– Je n'en pense rien. À mon avis cela nous oriente vers une théorie unitaire, fondée non sur deux univers, mais sur deux paires d'univers. Il n'y aurait pas deux univers, mais quatre et cet aspect des choses me semble lié à la logique tétravalente.

– Que veux-tu dire ?

– Mes travaux de 1994, ceux que j'ai publiés dans la revue *Nuovo Cimento,* ont montré que la structure géométrique de l'univers pouvait être plus compliquée que nous ne l'avions cru jusqu'à présent et qu'avec deux univers, cela marchait apparemment mieux qu'avec un seul. Mais il subsiste en cosmologie un problème de taille.

– Lequel ?

– On ne sait pas gérer dans un même modèle, dans un même contexte géométrique, à la fois la gravitation et l'électromagnétisme. Si on savait le faire, cela déboucherait sur ce qu'Einstein avait appelé, dans les années 50, une « théorie des champs unifiés », qu'il n'a jamais pu construire.

– Tu veux dire que les Ummites t'ont donné dans ces textes des éléments permettant de construire une telle théorie ?

– Ils suggèrent une nouvelle extension du contexte géométrique de la cosmologie, en indiquant clairement que ceci permet d'introduire les charges électriques et d'enfin comprendre leur « signification ». C'est une impression que j'ai, mais, comme d'habitude, la conclusion ne pourra être tirée que si j'arrive à faire, à partir de cela, des travaux scientifiques solides et à les publier dans des revues de haut niveau. D'ici là ces documents ne sont... que du papier et de l'encre.

Il y avait des tas d'autres choses dans ces lettres, concernant en particulier le transfert hyperspatial et la façon dont les nefs passaient dans l'univers jumeau. Mais dans un document de fin juillet 1993, les Ummites m'avaient écrit :

« Monsieur,

L'envoi des différents documents a pour objet un transfert dosé et progressif de connaissances scientifiques d'origine extraterrestre et s'inscrit dans le cadre de la deuxième phase dite "de préparation" du programme général élaboré par l'UMMOAELEWE[1] *en vue de l'établissement d'un contact officiel entre nos deux civilisations galactiques (1950-2050). La première phase dite "d'études", qui va bientôt s'achever, a été menée de manière très concluante puisqu'elle a permis de stocker sur mémoire de titane l'essentiel des informations technico-culturelles de votre riche et passionnante civilisation terrienne, sans que, globalement, l'objet d'étude soit perturbé.*

La seconde étape du programme (1970-2000) dite "de préparation" qui a pour but une sensibilisation et une maturation progressive des élites politiques, militaires, puis scientifiques, sociales et religieuses, vise à rendre rationnellement admissible et tolérable

1. UMMOAELEWE : « Gouvernement général de Ummo ».

l'idée même d'une présence extraterrestre sur Terre et à favoriser la diffusion progressive à l'échelle macro-sociale de ce nouveau paradigme.

La réalisation de cette seconde phase est assurée par une intensification des survols des zones habitées, des atterrissages et des rencontres diurnes, l'intensification des contacts téléphoniques et des envois postaux et l'exécution inévitable d'opérations de désinformation jugées malheureusement indispensables.

La troisième étape, dite "de contact", a pour objet la révélation macro-sociale officielle, l'établissement de contacts officiels entre vos gouvernements et l'UMMOAELEWE et le développement programmé et concerté d'une évolution biculturelle de nos deux civilisations.

Cette troisième phase devrait pouvoir en toute logique intervenir au début du troisième millénaire (sous réserve de modifications tenant à l'évolution des conditions sociopolitiques régnant sur Terre et à l'absence de choc culturel par trop préjudiciable pour vous, pouvant résulter d'un transfert excessif de connaissances), probablement entre 2030 et 2050, selon le niveau d'immunité et de résistance psychologique manifesté par les masses terriennes. »

La lettre sur les nébuleuses toroïdales

Cette lettre apportait de nouveaux éclaircissements sur la politique suivie par les auteurs des documents. Mais ce texte, s'il était réellement d'origine extraterrestre, trahissait une attitude claire : le refus de tout dialogue, de toute concertation. Le ton était résolument paternaliste. En gros : « On vous contactera, si vous êtes suffisamment sages. » Comment ? En promenant des soucoupes au-dessus de vos campagnes. Enfin, en 2030 ou 2050, sauf événement imprévu venant contrarier ce plan, nous atterrirons et nous prendrons contact avec vos représentants officiels.

S'il s'agissait réellement de la manifestation de la présence d'une ethnie extraterrestre sur notre sol, ce plan me semblait complètement irréaliste.

Ainsi, pour réaliser le contact entre deux planètes, un siècle suffirait. Mais qu'espéraient ces gens ? Que les Terriens évolueraient en un laps de temps aussi court ?

Les civilisations terrestres, les conceptions humaines et métaphysiques évoluent, sur Terre, extrêmement lentement et ces processus n'ont rien à voir avec l'évolution exponentielle du « progrès » scientifique et technique. Sur Terre cohabitent une multitude d'ethnies vivant à des époques différentes, allant de la préhistoire au XXe siècle. Les auteurs des documents seraient-ils assez naïfs pour penser que les arcanes mentales d'un musulman, d'un juif, d'un chrétien ou d'un bouddhiste pourraient évoluer aussi rapidement ? Pourrait-on, impunément, débarquer chez tous ces gens et leur dire :

– Vous êtes dans l'erreur. Vos conceptions métaphysiques sont erronées. Prenez vos crayons, nous allons vous expliquer tout cela.

Pour ce faire il suffirait de sillonner le ciel avec des engins, d'envoyer quelques lettres et de donner quelques coups de téléphone ? Il faut vraiment être tombé d'une autre planète pour penser une chose pareille. En vérité, dans dix ans, dans un siècle ou dans cinq, toute prise de conscience de la réalité d'une présence extraterrestre par les Terriens, si celle-ci était bien réelle, serait vécue comme extrêmement angoissante et déstabilisante, quel que soit le niveau intellectuel de l'individu, si celui-ci était imprégné, consciemment ou inconsciemment, d'une idéologie religieuse quelconque.

Toutes nos civilisations s'effondreraient comme des châteaux de cartes, séance tenante, et la planète serait plongée dans le chaos le plus complet. Décidément ces rationalistes d'Ummites, qui croyaient si bien comprendre les Terriens, s'ils étaient réellement extraterrestres, semblaient désespérément confondre culture et folklore. Quarante-cinq années après leur arrivée ils n'avaient toujours pas l'air d'avoir compris que nos cultures, nos croyances religieuses, en tout cas pour l'immense majorité d'entre nous, de manière consciente ou inconsciente, sont le ciment qui tient le bâtiment et que, sans lui, tout s'écroulerait.

Jouant le jeu, je « répondis », toujours à l'aide de mon ordinateur, que ce plan me semblait irréaliste, étant convaincu que cette procédure de contact ne pourrait être négociée qu'à travers une collaboration entre extraterrestres et Terriens responsables. Je suggérais que la seule façon de procéder était d'injecter des informations dosées dans la sphère scientifique, choisies de manière à ne pas engendrer de catastrophe, mais assez solides pour susciter une évolution dans notre vision du monde, une prise de conscience, « de l'intérieur ».

La réponse arriva une semaine après, sous la forme d'une autre lettre dont la phrase importante était :

« La formation que vos spécialistes ont détectée récemment dans la nébuleuse d'Orion à l'aide du télescope de Hubble, qu'ils nomment "proplyd" et qu'ils croient être une nébuleuse protoplanétaire est en fait la première nébuleuse toroïdale que vous détectez. »

La lettre était accompagnée de données techniques concernant l'objet. Je courus à l'observatoire dont je dépendais et je m'informais. Il y a plusieurs mois le téléscope de Hubble, malgré sa myopie (récemment corrigée par la NASA grâce à la pose d'un « verre de lunette » par les astronautes), avait pris une photo-

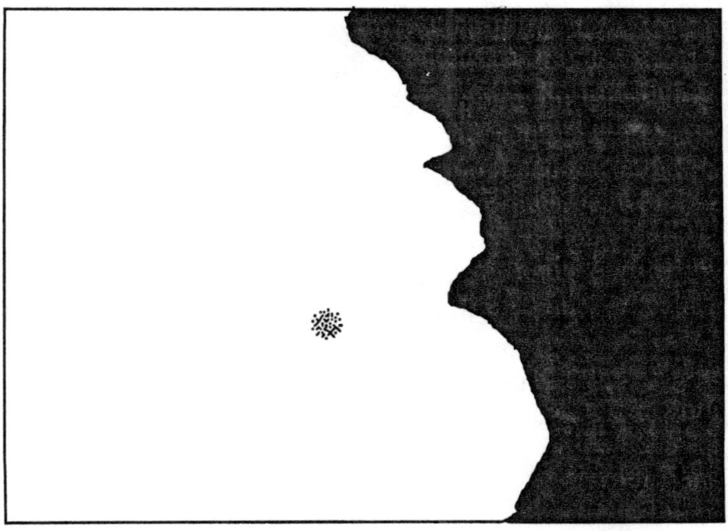

Le « proplyd » qui se détache sur fond de la nébuleuse d'Orion, photographié en 1993 par le satellite Hubble

graphie en couleur étonnante d'un fragment de la nébuleuse d'Orion.

La nébuleuse d'Orion est un immense nuage de gaz dont la température superficielle avoisine les 7 000° et qui se trouve à 1 500 années-lumière de la Terre. C'est une véritable pépinière d'étoiles qui naissent en son sein et entretiennent cette température élevée en chauffant le gaz par rayonnement. La photo montrait, sur l'avant-plan, un petit confetti sombre, aux contours flous. De toute évidence, c'était un mini-nuage de gaz ou de poussières.

Qu'est-ce qu'une nébuleuse protoplanétaire ? Les astronomes pensent que lorsque les étoiles, à leur naissance, vagissent dans l'infrarouge, elles sont entourées d'un cocon de poussières qui est censé, selon nos modèles théoriques, donner par la suite naissance aux futures planètes. Mais si un tel cocon entoure l'étoile, celle-ci doit le porter à une température voisine de sa propre température superficielle, de l'ordre de 1 000 degrés.

Inversement, que sont ces nébuleuses toroïdales décrites dans une lettre ummite datant de 1967 et reproduite intégralement en fin d'ouvrage ? Ce sont des objets froids, le plus froid possible, puisque leur température est voisine de 3° absolus, ce qui est celle du « four cosmique » où tout baigne[1]. Je pense (et ceci correspond à des travaux en cours) que cette masse gazeuse froide pourrait être la masse en excès, abandonnée par une étoile à neutrons déstabilisée, laquelle aurait filé dans l'univers jumeau. Devenue une « anti-étoile », celle-ci resterait « tapie » dans cet « autre côté » de l'univers et, ayant alors acquis un caractère répulsif, empêcherait cet anneau de gaz de se contracter. Dans cette optique, cet anneau de gaz serait un « corset », léger, qui enserrerait l'étoile à neutrons, invisible. Une situation en quelque sorte symétrique du couple galaxie-antigalaxie, où, cette fois, le « corset » serait visible et l'objet enserré invisible.

1. L'univers baigne dans un « rayonnement primitif » qui est en quelque sorte la « cendre » de l'explosion initiale et dont la température est de – 270 °C, c'est-à-dire 3 degrés absolus.

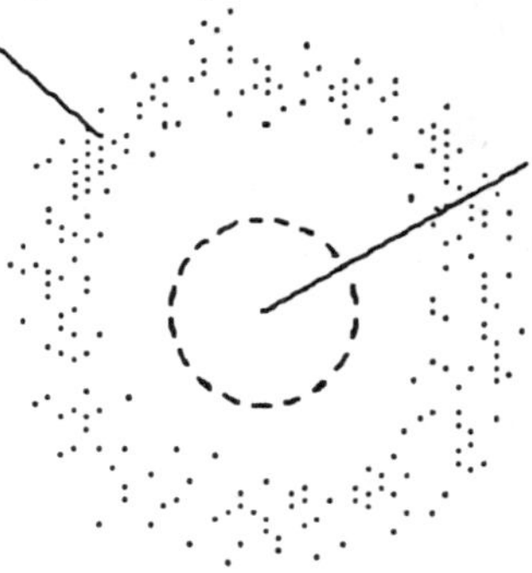

La nébuleuse toroïdale froide, centrée sur l'anti-étoile à neutrons (passée dans l'univers jumeau)

N'étant plus alimenté en énergie, ce tore de gaz se refroidirait radiativement et « prendrait la température du four ambiant », c'est-à-dire 3 °K.

Cela donne immédiatement un moyen de savoir si l'information est vraie, ou si c'est une énième manœuvre de désinformation (*confer* la stratégie récemment adoptée par Jordàn Peña). Pour ce faire, il faudrait disposer d'un télescope travaillant dans l'infrarouge, qui peut mettre en évidence d'aussi basses températures. C'était le cas du satellite IROS, dont les capteurs devaient être refroidis par de l'hélium liquide : IROS a été lancé avec une provision d'hélium liquide lui permettant de fonctionner pendant deux ans, ce qu'il a fait. Mais hélas il y a belle lurette que son stock est épuisé et qu'il n'est plus qu'un objet inerte tournant autour de la Terre. Il n'avait par ailleurs qu'un pouvoir séparateur assez faible[1].

Les Américains projettent de mettre en orbite une nouvelle plate-forme, ISO, vers 1995, fonctionnant sur le même principe. Les scientifiques sont très intrigués par ce type d'objet et, dès qu'ils pourront le faire, ils chercheront à savoir quelle est sa température superficielle. Le tout est que la résolution angulaire de ce télescope infrarouge soit assez élevée pour pouvoir viser

1. Si je me souviens bien, il ne pouvait viser que des objets de la taille de la Lune.

avec efficacité un objet aussi petit que le « proplyd » d'Orion. Si l'objet est chaud, *exit* la nébuleuse toroïdale. S'il est froid, alors cela deviendra passionnant.

En effet, le texte sur ces nébuleuses indique que ce sont ces objets qui auraient permis aux Ummites de comprendre que l'univers avait un petit frère, un jumeau. Selon les documents, lorsque le cosmos subirait de vastes plis, intitulés par leurs auteurs des « oscillations extracosmologiques », la température dans ces nébuleuses chuterait à un centième de degré absolu et le champ magnétique qui y régnerait tomberait à zéro[1]. Ce champ polariserait fortement la lumière qui traverse l'objet. Nous savons mettre en évidence cette polarisation, même si c'est assez délicat[2].

Si les scientifiques effectuaient un suivi de cette polarisation pendant, disons, un an, et s'ils constataient sa disparition extrêmement brutale, alors ceci soulèverait un problème scientifique formidable, un de plus. Au passage, il deviendrait réellement important de se préoccuper de l'origine des textes ummites. On verrait mal, si ceci se confirmait, comment un Terrien, aussi savant soit-il, et « travaillant pour le compte du KGB de Tomsk », aurait pu imaginer un phénomène aussi singulier. Si, d'ici-là, j'arrivais à mettre au point un modèle crédible du transfert hyperspatial de l'étoile à neutrons, qui laisserait en principe sur place un excès de gaz, sous forme d'une nébuleuse annulaire, laquelle se refroidirait rapidement par radiation, la confirmation observationnelle serait déjà « en place », de même que celle d'une éventuelle théorie rendant compte des « oscillations extracosmologiques »[3].

J'aurais personnellement tendance à croire que si ces nébu-

1. La relation de cause à effet est en fait inverse : l'oscillation « extracosmologique » engendrerait des phénomènes électromagnétiques dans le tore de gaz, donc un champ magnétique. Quand celui-ci, en s'inversant, passerait par une valeur nulle, la température de la nébuleuse chuterait à une fraction de degré Kelvin, par effet de résonance magnétique nucléaire.

2. Le texte précise que la nébuleuse polariserait la raie D du sodium de 0,8 radian.

3. Pour le spécialiste, il s'agirait de « fluctuations de jauge » conjointes, affectant les deux univers jumeaux.

leuses toroïdales existent, elles devraient être d'assez petite taille. Hélas on ne voit pas comment évaluer la distance qui nous sépare d'objets flous. Le satellite Hipparcos, utilisant la méthode de la parallaxe, est capable d'apprécier les distances des étoiles jusqu'à mille années-lumière. Mais ce déplacement angulaire reste extrêmement faible et la mesure n'est possible que parce que les étoiles sont des objets quasi ponctuels.

Si des informations nous parviennent sur ce « proplyd » de la nébuleuse d'Orion, il nous manquera sa distance par rapport à nous[1]. Donc nous ne pourrons mesurer son diamètre. Il sera seulement « quelque part entre nous et la nébuleuse d'Orion », qui est à 1 500 années-lumière de la Terre.

Affaire à suivre.

Un cobaye de plus

Les Espagnols s'étaient toujours comportés comme des disciples passifs. On ne trouvait chez aucun d'eux la moindre trace d'une initiative quelconque, ni même d'une réflexion. Ils attendaient les consignes, les ordres, espérant je ne sais quoi, peut-être une assistance médicale en cas de maladie grave[2]...

A moins que toute cette histoire n'ait jamais été pour eux qu'une façon de tuer le temps ?

Je me demandais ce que je représentais pour ces gens qui nous envoyaient des courriers. Ceux-ci continuaient d'arriver à mon domicile, en provenance de différentes parties du globe, des Etats-Unis, du Canada, entre autres. Dans une de leurs lettres on me demanda de détruire les enveloppes. Décidé à continuer de jouer le jeu, je le fis. Le fait de tenir secrètes les villes d'origine me paraissait par ailleurs de peu d'importance.

1. On ne peut évaluer, par la méthode de la parallaxe, que des distances d'objets ponctuels, comme les étoiles.

2. Lou m'avait confié qu'elle aurait bénéficié de l'aide médicale des Ummites, qui l'auraient guérie d'un lupus particulièrement grave. Toujours selon elle, Peña aurait lui aussi bénéficié d'une assistance médicale de la part des Ummites, immédiatement après son accident cardiovasculaire.

À quoi cela rimait-il, maintenant ? Maintes fois je repris la lettre de Ryad, de 1992. En supposant que ce qui était inscrit soit vrai, ce qui restait à démontrer, quel était le sens de cette missive ?

En en prenant connaissance, Lou avait dit :

– À mon avis, les Ummites ont voulu te permettre de faire une grande découverte scientifique, pour te dédommager des inconvénients que ton intérêt pour le dossier t'a valus dans ta vie professionnelle.

C'était mal me connaître et, si cela avait été simplement cela, c'était très décevant. Mais cela cadrait avec ce néologisme employé dans un précédent courrier[1], lorsqu'ils évoquaient, me concernant, une situation « tantalisante ». Comme si le fait de sentir à ma portée un théorème brillant ou une découverte essentielle aurait pu faire de moi un moderne Tantale. Franchement, j'ai d'autres soucis et d'autres aspirations dans la vie.

Si les auteurs de ces lettres sont réellement des extraterrestres, nous comprennent-ils vraiment ?

Comment analyseraient-ils notre psychologie ? Si on se fonde sur leurs écrits : en se concentrant sur notre architecture encéphalique, en faisant analyser par leurs appareils, une à une, nos connexions neuronales. La machine procéderait alors par reconnaissance de forme. Telle architecture encéphalique, tel mode de câblage : telle personnalité. Mais ce système serait-il fiable ?

Notre cerveau possède une zone correspondant à l'inconscient, qui n'aurait pas d'équivalent chez des êtres qui en seraient dépourvus. Dans ces conditions, comment pourraient-ils la localiser, l'identifier, en apprécier la fonctionnalité, faute de disposer de patrons de référence ?

Il existe un texte assez savoureux où les auteurs prétendent qu'au début de leur séjour sur notre planète ils ont été intrigués par la présence de plis sur les pantalons des hommes. Ils auraient alors cherché à cet aspect vestimentaire une explication rationnelle. La seule qui leur serait venue à l'esprit aurait été que ceci « permettait de réduire la traînée aérodynamique, pendant la marche ».

---

1. Quelques mois après la réception de la lettre de Ryad, dans un nouveau message écrit reçu par Farriols.

À travers cette anecdote, qui prête à sourire, on découvre l'abîme qui pourrait séparer deux ethnies issues de planètes différentes, pourtant biologiquement et morphologiquement très semblables. Nous sommes à la fois rationnels et irrationnels, donc nous pouvons imaginer comment se comporterait quelqu'un qui fonctionnerait de manière exclusivement rationnelle. Mais des êtres purement rationnels pourraient-ils comprendre notre irrationalité ?

Si des extraterrestres nous visitent et s'ils correspondent à ce qui semble se dégager de ces documents, en contemplant l'infinie diversité de nos cultures, toutes ces choses « non fonctionnelles » devraient leur sembler « bien inutiles ».

Les risques encourus

Ça va mal, sur Terre, tout le monde s'en rend compte. Mais sait-on à quel point ?

Dans un texte datant de 1967, les auteurs prétendent avoir pu visiter une autre planète que la nôtre, qui aurait été le siège d'une fantastique autodestruction, avec de terribles « armes au plasma ». D'exceptionnelles conditions « météocosmiques » leur auraient permis, au prix d'un voyage qui aurait duré deux années, de se rendre sur ce système, distant de 2 000 années-lumière du leur. Comme pour la Terre, cette planète étrangère aurait révélé sa présence avec un message radio, émis donc 2 000 ans plus tôt. En arrivant sur les lieux les expéditionnaires auraient découvert un monde ravagé, mort, où toute vie aurait déserté un sol vitrifié et couvert de substances radioactives à longue période.

À partir de 1978, les textes continrent des avertissements concernant l'émergence proche de telles armes sur notre planète. Il était précisé qu'elles étaient basées sur la synthèse directe d'antimatière, lors de compressions obtenues à l'aide de systèmes thermonucléaires.

Cette idée n'est pas à priori absurde. Il suffit pour cela de jeter un œil sur la montée exponentielle de la puissance des armes depuis des décennies. En 1967 les Soviétiques ont fait exploser, en Nouvelle-Zemble, des engins d'une puissance de 100 mégatonnes (chiffre indiqué par Andréi Sakharov dans ses mémoires). Gain en puissance, par rapport aux engins lâchés sur Hiroshima et Nagasaki en 1945 : un facteur dix mille.

Pourquoi cette course à la puissance des engins de destruction aurait-elle subitement plafonné à partir de 1967 ?

Dans une lettre des années 80, il était précisé que de tels engins seraient devenus pratiquement opérationnels, aux USA, à la suite d'essais menés dans des expériences souterraines au Nevada, et que ce projet porterait le nom de code DSP 32 (Defense Support Program 32).

On peut décider de croire ou de ne pas croire à cette affaire Ummo. Quoi qu'il en soit, elle nous amène à réfléchir sur notre propre condition de Terriens, passablement inquiétante. A titre indicatif, un seul de ces engins à antimatière pourrait vitrifier le sol d'un continent entier. Rappelons qu'un demi-kilo d'antimatière équivaut à lui seul à la puissance de tous les engins thermonucléaires actuellement stockés sur notre planète.

Nous n'évoquons ici, brièvement, que le développement probable des armes nucléaires et « post-nucléaires », mais les armes biotechnologiques pourraient s'avérer encore plus dommageables et incontrôlables que les précédentes. J'ai dans ma bibliothèque un rapport émanant de l'Institut des hautes études de la défense nationale française, qui date déjà de cinq ans, et qui traite des « armes cancérigènes ».

Sans commentaire.

L'étrange galaxie des médias

Le 13 janvier 1995, je participai à une émission de télévision. J'avais accepté dans la mesure où celle-ci devait être un vrai débat scientifique. On me l'avait promis. Pellat, directeur du CNES (après avoir été président du CNRS), devait venir. Il se décommanda au tout dernier moment et fut remplacé par un scientifique de qualité : M. Gillot-Pétré, docteur en météorologie.

L'émission était longue, mais l'animatrice avait prévu de nombreux « intervenants » : vingt-huit au total ! L'émission se poursuivit de 22 h 30 à minuit et demi. Nous eûmes droit au festival habituel. L'équipe de télévision avait déniché une femme qui avait pris des cours de pilotage sur soucoupe volante pendant deux semaines et un bonhomme qui avait subi « plusieurs dédoublements astraux contrôlés », qui l'avaient mené dans les chambres de plusieurs personnalités du show-biz, dont la chanteuse Mireille Mathieu.

Il n'y a qu'en France qu'on procède ainsi. Je suis passé à la télévision dans d'autres pays, comme la Belgique, le Canada. Jamais on n'y a essayé de discréditer le sujet abordé en utilisant de telles méthodes, en peuplant systématiquement le plateau de gens douteux, d'hystériques en tous genres, d'ufologues fumeux, destinés à discréditer le débat, sous prétexte « qu'il faut bien donner la parole à tout le monde ». Tout cela ne fait pas honneur à notre pays.

Lors de la dernière émission, de janvier 1995 :

– Jean-Claude Ribes, astronome, directeur de l'Observatoire de Lyon[1], tenta de vanter le travail du SEPRA, organisme qui, on l'a vu, dans le sein du CNES, a pris en 1985 la suite du GEPAN. Cet organisme existe depuis maintenant dix-huit ans, et continue de « collecter les données ». On y salarie à plein temps depuis dix-huit années des gens qui ne feraient pas la différence entre une intégrale et une brouette.

– Jean Heidmann, astrophysicien à l'Observatoire de Meudon, nous expliqua, une fois de plus, que le problème de la vie extraterrestre et des écoutes radio de civilisations lointaines n'avait rien à voir avec le sujet des ovnis. Cachez ces ovnis que ne saurais voir.

– Pierre Lagrange, sociologue, était là en tant que porte-parole de la « communauté ufologique française ». Ce qui est étrange c'est que les ufologues, ou plutôt ceux qui s'affublent de ce titre creux, sans consistance, suivent des trajectoires semblables à celles de leurs prédécesseurs. Il y a quinze ans Allen Hynek écrivait en effet : « Toute la confusion vient du fait que les gens se sont mis à associer automatiquement ovnis et extraterrestres. »

1. Co-auteur, avec l'astronome G. Monnet, de l'ouvrage *La Vie extraterrestre*, *op. cit.*

Les ufologues français ne croient plus que le phénomène ovni corresponde à des incursions d'extraterrestres. Mais il ne s'agit pas de croire ou de ne pas croire. Il s'agit d'instruire correctement ce dossier. Pour cela il y a du travail à faire. S'il est une impression que le lecteur aura peut-être retirée de la lecture de ce livre, c'est au moins que le sujet ovnis envoie les scientifiques vers des domaines de pointe. On ne peut pas traiter ces questions avec un diplôme d'ingénieur maison, trouvé dans une pochette-surprise, et *a fortiori* avec des compétences d'ufologues[1].

Combien de temps les Français accepteront-ils de se laisser aussi ouvertement leurrer, berner, mener en bateau ? Franchement, je me le demande. Cela dure déjà depuis dix-huit ans...

1. Les « ufologues » français sont « dans le civil » gardien de nuit, retraité des P et T, vigile, pion dans un collège, etc.

ÉPILOGUE

Que faut-il croire, conclure ? Le lecteur sera tenté de se dire : « Par rapport à l'ouvrage précédent, l'auteur change de ton et semble parler maintenant des Ummites comme si ces gens étaient réellement extraterrestres ! Il a basculé dans le monde de la croyance. »

Non. Ça ne serait pas scientifique. Le débat n'est pas clos. La question n'est pas tranchée et l'instruction continue, c'est tout.

Lors de l'exécrable émission de télévision que j'ai citée, la réalisatrice tint à présenter, dans les toutes dernières minutes, un petit monsieur anglais qui s'était un jour dénoncé comme l'auteur des « ronds dans les blés ». On les a vus partout, lui et son acolyte, couchant les épis avec un matériel très simple : un bout de bois et une ficelle. Un mystère était élucidé, disait-on. Pendant dix ans ces deux pépés farceurs (l'un s'appelant Doug Bower) auraient occupé nombre de leurs nuits à créer ces étranges formations dans les champs. Doug précisait qu'il aurait couvert 25 000 kilomètres par an, pendant dix ans, pour faire cet étrange travail et que c'est en relevant le kilométrage de sa voiture que son épouse aurait découvert ses activités nocturnes.

– Nous avions, disait Doug avec un air malicieux, commencé par un rond chaque vendredi.

Quelle chance ont les Anglais d'avoir du blé haut, chaque vendredi, à longueur d'année !

Lorsque je le questionnai après l'émission, l'homme, qui prétendait avoir vécu, avant cela, « de différents métiers », dont la peinture à l'huile[1], me dit qu'il s'était inspiré des ronds qui étaient apparus, antérieurement, en Australie : le problème se déplaçait !

Je lui dis :

– Ayant habité en milieu rural, je n'aurais personnellement jamais pris le risque de faire de tels dégâts dans des blés près d'être moissonnés. C'est un coup à prendre un coup de fusil ! Les paysans, dans tous les pays, ne plaisantent guère avec ces choses-là.

– Nous étions très prudents, me répondit Doug. Nous montions cela comme de véritables opérations de commando (...), en n'opérant que par les nuits sans lune.

Diable, combien y a-t-il de nuits sans lune en Angleterre, quand les blés sont hauts ? Et comment, pendant ces rares nuits, couvrir 25 000 kilomètres par an ?

Vous n'avez pas encore vu l'homme qui a été à l'origine de toute la vague belge. Je l'ai rencontré, à Bruxelles. Il s'appelle Michel Kuznek. Il construit des ballons en vinyle de 10 mètres de long, emmenant une nacelle faite de tiges d'alliage léger, trop fines pour être détectées par les radars. Remplissage : hélium (très coûteux). Téléguidage visuel, à l'aide d'une mini-caméra embarquée sur l'engin, de la taille du petit doigt. Pilotage : sophistiqué. Vitesse maximale : 70 kilomètres à l'heure. Propulsion assurée par une trentaine de moteurs électriques de la taille d'un bouchon, actionnant des mini-hélices de modèle réduit, en plastique. Source d'énergie : une batterie linéaire de mini-accus, d'un centimètre de diamètre. Tout cela totalement indétectable au radar. Tout sauf un travail d'amateur. Positivement ruineux.

Dans quel but ? Dégonfler l'affaire belge, d'un coup, en la présentant comme une « farce ». Kuznek, que j'ai rencontré en 1991, m'a dit qu'il avait déjà procédé à des essais avec succès. Pour simuler le mouvement rapide de l'objet, il utilisait, m'a-t-il confié, trois ballons, transportés par trois semi-remorques de quinze tonnes, avec une équipe au sol importante.

1. Malicieusement, Frédéric lui dit alors : « Je suis peintre à mes heures. Mais je n'aime pas la térébenthine. Je préfère peindre à l'essence ordinaire.» Et l'Anglais lui répondit aussitôt « Moi aussi ». Singulière réponse, venant d'un « artiste professionnel ».

– C'est simple, il suffisait d'éteindre un des ballons et d'en allumer un autre quelques kilomètres plus loin.

Trois semi-remorques, une forte équipe au sol et trois remplissages à l'hélium. Infiniment plus coûteux que la manip « ronds dans les blés ».

Vous imaginez le montage : les médias avertis, *Science et Vie* en tête. L'« ovni » revenant, se laissant complaisamment filmer, puis se posant au milieu des témoins éberlués. Kuznek, ou un autre, peut-être plus fiable, jouant le rôle du farceur, dévoilant le pot-aux-roses devant les caméras.

– Oui, c'est moi qui me suis amusé, avec mes trois ballons et mes trois quinze-tonnes, pendant deux ans...

Tout récemment, on vient d'apprendre qu'un cinéaste de l'Air Force allait rendre public, cet été, un film qu'il avait pris lors de la célèbre affaire du « crash de Rosewell » (il prétend qu'il aurait, à l'époque, fait pour son propre compte une copie pirate de ce document, top secret).

Hum... Cet homme ne va-t-il pas à son tour se transformer en cinéaste-mystificateur ?

Ne cherchez plus. Les ovnis sont des farces. Ici on passe dix ans de sa vie à tracer des ronds dans les blés, au risque de prendre un coup de fusil d'un paysan, là on s'amuse avec des ballons *high tech.* Ailleurs des scientifiques du plus haut niveau s'amusent pendant trente ans à titiller une vingtaine d'Espagnols, simulent des traces au sol (San José de Valdeiras), apportent des fausses photos à un journal, récupèrent adroitement des faits divers bien réels (l'affaire de la main coupée), font envoyer des textes des quatre coins du monde, parlent au téléphone avec une voix déformée par ordinateur. Avec une remarquable suite dans les idées, ils « s'amusent » ainsi depuis plus de trente années. Pour ce faire ils touchent à tout, inventent une nouvelle cosmologie, une nouvelle logique, s'abstiennent de publier ces travaux pour leur propre compte : c'est tellement plus amusant de voir un chercheur le faire à leur place !

La farce devient alors si compliquée, puisqu'elle nécessite des écoutes téléphoniques ou même le piégeage d'un ordinateur, que les farceurs doivent travailler la main dans la main avec les services secrets d'une grande puissance. A moins que ceux-ci soient à l'origine de cette obni (opération à but non identifié). Auquel cas ces mêmes services secrets auraient rétribué à prix d'or pendant trente ans ces collaborateurs, au plus haut niveau scientifique, pour obtenir que ces gens fassent cadeau d'idées brillantes, en s'abstenant de les exploiter pour leur propre compte et en gardant le secret à vie.

Cette dernière thèse est celle du journaliste Jean-Claude Bourret, qui prétend même avoir localisé la source de cette manipulation : la ville de Tomsk, en Sibérie. À l'entendre, il aurait là-bas des contacts « qu'il ne pourrait griller ». Etrange manipulation, émanant d'un KGB féru de métaphysique, décrivant un univers totalitaire somme toute peu engageant.

Je verrai peut-être un jour se pointer les tontons farceurs cosmologistes, sans doute un peu défraîchis : soixante-dix, quatre-vingt ans, minimum. Bien sûr, il faudrait qu'il s'agisse d'authentiques scientifiques, et non de membres des services secrets déguisés en farceurs. Alors je ferai amende honorable. Je confesserai publiquement ma crédulité. Mais, franchement, j'en doute.

À moins que Jordàn Peña, qui prétend depuis le printemps 1993, être à l'origine de cette manipulation, parvienne à justifier la cohérence de ses étonnantes connaissances scientifiques[1].

Bien sûr, tout est possible, y compris qu'il s'agisse d'une manipulation montée par d'authentiques extraterrestres, gaffeurs, dans le genre Shaddock (« pourquoi faire simple, quand on peut faire compliqué ? »), continuant d'interroger leurs ordinateurs intelligents avec perplexité :

– Alors, avec ces Terriens, si déconcertants, que fait-on ? On attend un demi-siècle de plus ?

L'avenir le dira. Je vais retourner à mes travaux, à mes calculs. J'aimerais bien avoir un poste de chercheur pour Frédéric, afin qu'il puisse travailler avec moi sans avoir à se cacher. Cela permettrait d'avancer. Mais c'est sans doute un rêve. On préférera

1. Il faut vraiment être ufologue pour avaler un truc pareil...

continuer de payer grassement, à Toulouse, des gens dont René Pellat[1] disait, quand il était mon directeur de recherche au CNRS :

– Crois-tu que si on avait réellement voulu élucider cette affaire d'ovnis, on aurait pris des gens pareils[2] ?

Au lecteur de se forger sa propre idée, sa propre opinion sur ce qui lui a été présenté, pièces à conviction à la clef (les annexes scientifiques et les publications faites dans des revues de haut niveau, à comité de lecture).

L'affaire Ummo correspond-elle à une authentique tentative de contact entre une ethnie extraterrestre et nous, pauvres Terriens, fort occupés à nous entretuer ? Réponse non évidente, mais affaire intéressante, à suivre.

Trois hypothèses

Soyons clairs. Le dossier ovni ne se prête qu'à trois interprétations possibles.

1. Il s'agit de farces, d'hallucinations, d'interprétations erronées de phénomènes naturels, éventuellement mal connus ou, pour rendre la chose plus actuelle, d'incursions d'avions furtifs, capables de véritables prodiges. On prête à ces machines toutes les vertus. Elles devraient, pour coller avec les récits de témoins, pouvoir faire du sur-place ou évoluer à très faible vitesse sans le moindre bruit, puis s'envoler à des vitesses fantastiques, en silence.

Vous ne tarderez pas à voir, sur vos écrans, un des derniers-nés de la technologie américaine : une plate-forme d'observation de forme torique, mue par un moteur conventionnel (bruyant), capable de se faufiler entre les branches des arbres. Les progrès du pilotage automatique permettent de nos jours de contrôler un engin aussi instable.

Cette première thèse correspond à la vérité officielle, celle des

1. Actuellement directeur du Centre national d'études spatiales (CNES).

2. Nous nous apprêtions à rencontrer tous les deux Michel Combarnous, directeur du département Sciences physiques de l'ingénieur, au siège de la direction générale, en 1983.

scientifiques, des militaires et des politiques. Libre à vous d'y adhérer. Deux ans après la création du GEPAN, c'est-à-dire en 1979, le gouvernement français fit voter une loi imposant un black-out de *soixante années* sur les rapports de gendarmerie ayant trait aux ovnis.

Sans commentaire...

2. Le phénomène ovni est de nature « transcendante ». C'est la thèse à laquelle adhèrent la majorité des « ufologues », Jacques Vallée en tête. Essayer d'en percer les mystères serait une démarche vaine. Ce phénomène « nous dépasserait irrémédiablement ». Tout ce qui nous serait donné à voir ne serait que leurre. Les motivations des « entités » qui seraient à la base des ovnis seraient « au-delà de notre compréhension ».

3. Le phénomène ovni correspond à des incursions d'ethnies extraterrestres, utilisant des engins capables de se déplacer d'une étoile à l'autre, et dont les passagers seraient des créatures humanoïdes, conformément aux récits des témoins.

Le dossier Ummo s'inscrit dans cette troisième hypothèse.

Les deux premières thèses soulèvent un problème de nature astronomique. Rares sont les scientifiques qui, de nos jours, persistent à penser que nous serions les seules créatures vivantes et intelligentes dans l'univers, et dans notre simple galaxie, la Voie lactée, peuplée de quelque 200 milliards d'étoiles. La majorité d'entre eux, au contraire, a tenté d'évaluer le nombre de systèmes susceptibles d'abriter une vie intelligente.

Si on s'inspire de ce que nous croyons savoir de l'histoire de la vie sur Terre, il faut une étoile ayant une longévité assez importante, au minimum cinq milliards d'années, ce qui exclut les étoiles massives, dotées d'une existence trop brève. Il faut ensuite que l'étoile « solaire » possède un cortège de planètes, bien situées, et que l'une d'entre elles, au moins, soit à bonne distance pour que l'eau puisse s'y trouver à l'état liquide.

Il convient enfin que ces orbites planétaires soient stables sur de longues périodes de temps, ce qui exclut les systèmes stellaires binaires où les étoiles sont trop proches.

Un certain nombre de scientifiques ont conclu que, dans notre galaxie, la Voie lactée pourrait abriter un million de planètes susceptibles d'accueillir une vie intelligente. C'est-à-dire une sur deux cent mille. Ceci permet de conclure que, dans notre « proche banlieue », il ne serait pas déraisonnable d'en trouver quelques-unes.

A ce stade, il n'y a que deux options possibles, qui débouchent précisément sur les thèses 2 et 3.

– Soit la vie apparaît au hasard, au petit bonheur la planète. Dans ces conditions, des écarts évolutifs se chiffrant en dizaines de millions d'années (durée brève par rapport à l'âge des planètes) seraient monnaie courante. Il serait donc improbable, comme l'a suggéré Jean-Marie Souriau, que deux planètes proches soient dans des états évolutifs comparables. Alors, de deux choses l'une : ou bien une planète porteuse de vie, notre voisine, aurait dix millions d'années de retard sur nous et, dans ces conditions, les créatures qui l'habitent seraient incapables de nous rendre visite, faute de disposer d'une technologie *ad hoc*, ou bien elle aurait dix millions d'années d'avance.

– Soit un mécanisme, ignoré de nous, imposerait un synchronisme dans les évolutions planétaires.

Le dossier Ummo, si on le prend à la lettre, suggère un tel synchronisme. En effet, les auteurs des rapports prétendent que leur science et leur technologie ne seraient en avance sur les nôtres que de quatre siècles, ce qui est extrêmement bref, vis-à-vis de l'âge des deux planètes.

Il pourrait alors s'agir, si ces textes émanent réellement d'extraterrestres, d'un hasard absolument providentiel, pour que deux planètes, distantes de seulement quinze années-lumière, soient aussi synchrones.

Sortez de chez vous. Abordez la première personne que vous trouverez et demandez-lui sa date, son jour et son heure de naissance. La probabilité pour que celle-ci soit née la même année, le même jour et à la même heure que vous est du même ordre. C'est effectivement très improbable, mais non impossible à priori.

Les documents Ummo font mention de *plusieurs* ethnies, tout aussi voisines, qui seraient situées, selon ces textes, dans des états évolutifs comparables. S'il en était ainsi, la probabilité serait tout aussi faible que de trouver, dans une file d'autobus, des personnes qui soient toutes nées la même année, le même jour et à la même heure !

D'où cette seconde thèse, celle de la transcendance. Ceux qui y adhèrent pensent que la Terre est effectivement l'objet de visites, ou d'une sorte de manipulation, mais que celle-ci émane d'« entités » n'ayant plus rien à voir avec des êtres humains. Selon eux, les ovnis, leurs « passagers », les phénomènes dont certains prétendent avoir été les témoins, ne seraient que des illusions. Certains ufologues se fondent sur le caractère hautement déconcertant du phénomène. L'un d'eux note qu'un témoin, qui aurait pénétré au sein d'un ovni, aurait constaté « que son intérieur était plus vaste que son extérieur ». Preuve irréfutable, selon lui, que ce phénomène ne peut être appréhendé par notre science contemporaine.

Hélas les ufologues n'ont qu'un maigre bagage scientifique. Que d'illusions ne saurions-nous pas créer, pour des Terriens des époques antérieures, avec notre technologie contemporaine ! Dans le cas pré-cité, il suffirait de présenter, sur la paroi interne de la machine, une image de synthèse stéréoscopique.

On sait qu'on peut solliciter le nerf auditif humain avec un pinceau de micro-ondes, modulé dans une fréquence audible. Alors le sujet « entend » un son, ou une voix, qui ne correspond ni à un ébranlement gazeux, ni à une vibration de son tympan.

Au plan visuel, nous avons aussi les hologrammes. Nous saurions afficher, en tapissant une machine de cristaux liquides, des images qui la feraient changer de forme et de couleur à volonté. Un livre entier ne suffirait pas à recenser ces « miracles » destinés à faire prendre aux hommes des vessies pour des lanternes. Et que dire de ceux que nous saurons créer dans un siècle ou deux ?

Pourquoi ?

Pour désinformer, pour pouvoir continuer de travailler en paix, en maintenant les braves gens « au-dessous de leur seuil de crédibilité ».

Les pouvoirs publics désinforment à tour de bras. Si des extraterrestres nous visitent, ils font peut-être de même, et avouons que cela marche depuis un demi-siècle.

Les frères Leahy, aventuriers australiens, avaient fait de même en 1933, avec les Papous de Nouvelle-Guinée, pour pouvoir continuer tranquillement à prospecter l'or dans leurs vallées.

Le fait qu'un phénomène soit « hautement déconcertant » ne signifie pas automatiquement qu'il soit « transcendant ».

Nous ne disposons pas d'argument en faveur de la troisième thèse, quand bien même le dossier Ummo se révélerait, un jour, être d'origine non terrestre. En effet, comme suggéré par l'astronome Pierre Guérin, ce phénomène Ummo pourrait être dû à des « entités », correspondant à la deuxième hypothèse.

Le lecteur fera lui-même son choix, mais, sans attribuer de jugement de valeur à priori à aucune des trois, on peut se demander à quoi elles conduisent.

La première hypothèse représente un gel de notre réflexion scientifique et traduit une attitude simplement conservatrice.

La deuxième hypothèse ne mène, pour l'instant, à rien de tangible, sinon à une sorte d'obscurantisme. Elle permet, bien sûr, à des ufologues de se valoriser.

Seule la troisième hypothèse fait progresser la science. D'où son intérêt. A notre avis, c'est sur elle que devraient se concentrer nos efforts, ce qui met, malheureusement pour eux, nos braves ufologues « hors jeu ». Elle nous incite à considérer une situation qui en déconcertera plus d'un.

Étant donné que, si la vie se développe au hasard dans l'univers, il devient extrêmement improbable de trouver de proches voisins dans un état évolutif tel que la discussion soit possible, on est conduit à envisager l'hypothèse diamétralement opposée. En supposant que « quelque chose » rythme l'évolution de la vie sur les planètes, imposant synchronisme et similitudes, alors tous les êtres intelligents de l'univers, ou du moins de notre galaxie, seraient peut-être au même niveau en matière de sciences et de techniques, à cinq cent, mille ou dix mille ans près. C'est-à-dire... pratiquement zéro !

Ce soir, en sortant sur le pas de votre porte, vous contemplerez le ciel. Vous y verrez des dizaines de milliers d'étoiles. Vous vous demanderez peut-être si, sur une planète orbitant autour de l'une d'elles, se trouvent par hasard des êtres assez semblables à nous, un peu en avance ou un peu en retard. Et, peut-être, au même moment, là-bas, un humanoïde, nain ou géant, poilu ou albinos, sera-t-il en train de se poser la même question.

Que faire ?

Au-delà, le sujet ovni relève-t-il des « sciences dures » ou des « sciences humaines » (auquel cas il pourrait être assimilé à des affabulations, hallucinations, phénomènes de rumeurs, ou interprétations erronées de phénomènes naturels) ? Bonne question.

Pour trancher, les deux approches devraient, logiquement, être menées simultanément. D'un côté, une armée de psychologues et de sociologues devrait voir si le témoin d'ovni ne prend pas des vessies pour des lanternes. Mais de l'autre, pour que l'analyse soit complète, des physiciens, des biologistes, des « exo-biologistes », des spécialistes de l'évolution, des astronomes, des spécialistes de la Relativité générale, de la structure du cosmos, etc. devraient se pencher sérieusement sur le problème, tels de bons juges d'instruction, en se posant la question :

« Serait-il possible, compte tenu de nos connaissances actuelles, éventuellement extrapolées, que ce phénomène ovni, si dérangeant, puisse correspondre à des incursions d'ethnies extraterrestres ? »

La question a-t-elle été abordée avec sérieux ? Je réponds catégoriquement : NON. Le GEPAN, créé en 1977, puis son successeur, le SEPRA, chargés de « collecter les données », ne correspondent pas à une démarche d'étude sérieuse, mais au souhait de « classer ces affaires » au plus vite et d'enliser toute recherche civile sérieuse. Pour s'en convaincre, lire mon livre *Enquête sur les OVNIS.*

Le sujet ovni fait-il l'objet de débats médiatiques sérieux ? Même réponse. Depuis vingt ans ce sujet a été systématiquement tourné en dérision, lors de caricatures de débats télévisés.

La télévision, le Centre national d'études spatiales (dont relève le SEPRA), le CNRS, ne sont pas des entités indépendantes. Ces organismes sont financés par les contribuables et sont censés concrétiser l'aspiration légitime du citoyen français de voir nos connaissances scientifiques s'accroître et d'être informé sur ces progrès.

Face à cette carence, c'est donc au public, aux citoyens, de faire pression sur ces mêmes organismes pour que des études sérieuses soient enfin initiées. Ils peuvent le faire en s'adressant à leurs élus, à leurs députés, voire au président de la République lui-même[1].

Je propose donc cette démarche au lecteur. Des projets sont à votre disposition au GESTO[2].

---

1. Comme me le faisait remarquer mon ami Perrin de Brichambaut, approuvant cette démarche : dans ce cas il n'est pas nécessaire d'affranchir la lettre !

2. Groupe d'étude des traces liées au phénomène ovni, association loi de 1901, 9, tour d'Aygosi, 13100 Aix-en-Provence.

ANNEXES

1

Quelques lettres ummites

La lettre de Ryad, automne 1992

UMMOAEELEWE
nº de Copies: UNE
LANGUE:Français.

Monsieur PETIT, Jean Pierre:
Nous posons notre main sur votre noble poitrine.
Monsieur: Nous avons étudié votre personnalité à travers nos instruments UAAGOOAWEE (evaluateurs individuels du comportement psychique) et nous avons reçu une forte impression par la haute valeur que votre coefficient d'intelligence abstraite y a atteint.
Nous pouvons vous affirmer sans aucune erreur que vous êtes parmi $2.9*10^{-6}$ des hommes les mieux doués sur ce domaine à OYAAGAA (la planète terre).
Nous vous supplions de ne pas croire que nous essayons de vous flatter (ce qui serait,d'autre part, inutile étant donné que nous ne vous demandons rien en échange) mais nous voulons tout au contraire vous encourager à continuer vos études spéculatives sur la logique formelle, qui, vous l'avez deviné, constitue la clé pour la compréhension du Cosmos.
Le " théorème " de FERMAT,dont nous savons que vous avez connaissance, A UNE DEMONSTRATION et elle est à portée d'un homme de votre condition intellectuelle. Nous aimerions pouvoir vous aider (idirectement, bien entendu,car votre sensibilité a en effet compris que toute intervention directe à OOYAGAA nous est moralement impossible) à le résoudre.
Celà vous donnerait vis-à-vis de vos frères un prestige intelectuel dont malheureusement vous manquez à présent (et ceci est du à l 'agressive incrédulité des scientifiques terrestres plus qu'à votre manque de mérite)

Vous devez suivre la pensée:
1=1
0=0
1≠0
0≠1

et croiser:

1=0
0=1
1≠1
0≠0
C'est à dire combiner d'égalités/inégalités binaires à logique tetravalente.
Dans des prochaines lettres nous vous ferons connaitre vos progrès et vos erreurs.
Nous vous supplions, Monsieur, d'être très discret sur le contenu de nos lettres; dans d'autres pays nous avons du couper le contact avec vos frères à cause de leur extrême indiscrétion.
Nous désirons établir avec vous des dialogues epistolaires bi-univoques (nous vous donnerons des instuctions sur le moyen de vous adresser à nous) mais nous vous pr[illegible]n échange d'être très discret.

Vous pouvez parler librement à vos frères:

FARRIOLS, Rafael (ESPAGNE)
PASTOR, Jean-Jacques (FRANCE)
JORDAN PENA, Jose-Luis (ESPAGNE)

Mais du reste, il serait très sage de votre part de ne rien raconter à personne d'autre.
Une prière:
Nous vous supplions de vous mettre en rapport avec:

Mr. Joseluis Jordan Pena
77, Avenida de bruselas
28028 Madrid-Espagne.

Ce monsieur a une très vaste connaissance de nos écrits, notre philosophie et notre science. Il a été, pendant beaucoup d'années (et avant qu'une cruelle infirmité ne le frappe) notre intérmédiaire principal dans le pays terrestre Espagne.
Il est à présent craintif et méfiant; cependant nous pensons que votre personnalité peut gagner la sienne en peu de temps et que votre intélligence et son information seront essentielles pour mieux vous aider à comprendre nos messages.
L'étape finale serait une rencontre de vous deux avec un groupe de mes frères; vous aurieez alors une preuve définitive de notre identité.

La paix avec vous, Monsieur.

Dicté par OAXIIBOO 6 fils de IRAA 3

Commentaire

Cette lettre mentionne le célèbre « théorème de Fermat ». En 1630 ce mathématicien français prétendit avoir trouvé la démonstration du théorème suivant :

Il n'existe pas d'ensemble de quatre entiers (a, b, c, n > 2) tels que :

$$a^n + b^n = c^n$$

Pour n = 2 il existe une infinité d'entiers qui satisfont cette équation très simple, par exemple :

$$3^2 + 4^2 = 5^2$$

Mais, bizarrement, ça ne marche pas pour n > 3. Et on ne sait pas le démontrer, du moins pour n quelconque. Les plus grands mathématiciens du monde se sont cassé les dents pendant des siècles sur cet agaçante conjecture, surnommée « le dernier théorème ». Bien évidemment, celui qui trouverait la démonstration deviendrait immédiatement célèbre dans le monde entier et entrerait dans le panthéon des mathématiques. Le choix ummite est donc judicieux.

Mais en 1993, après réception de cette lettre, le mathématicien anglais Wiles a prétendu avoir trouvé cette fameuse démonstration, qui lui aurait valu séance tenante la « médaille Fields », équivalent du prix Nobel en mathématiques[1]. Par la suite on a trouvé des erreurs dans sa démonstration. Au moment où j'écris ces lignes, le bruit court qu'il y aurait trouvé remède. Mais la chose n'a pas encore été éclaircie. Alors, de deux choses l'une : ou Wiles a effectivement trouvé une démonstration (volumineuse), auquel cas la démonstration « tétravalente » perdrait beaucoup de son impact, ou bien ce théorème n'est démontrable qu'avec les outils de la logique tétravalente, comme semble le suggérer cette lettre. Affaire à suivre.

---

1. Nobel, fondateur du célèbre prix qui porte son nom et inventeur de la dynamite, ne voulut jamais qu'il y ait un prix attribué à un mathématicien, parce que sa femme l'avait trompé avec l'un d'eux.

Une lettre plus technique

Ce second texte se réfère à des questions touchant à l'astrophysique et à la cosmologie et est daté du 25 juillet 1967.

UMMOALEWEE, le 25-VII-1967
Nombre de copies : 1
Langue : Espagnol
Madrid

Monsieur,

Lors d'une conversation téléphonique que nous avons eue avec vous, vous sollicitiez l'envoi de documents concernant les thèmes astronomiques.

La difficulté consiste à choisir dans la gamme de nos connaissances dans ce domaine les faits ou les thèmes qui soient les plus accessibles pour vous, dans le domaine de l'astrophysique analysée par les scientifiques de la Terre.

Dans ce qui va suivre, nous allons vous donner des renseignements concernant les caractéristiques de quelques structures situées dans notre galaxie, et pratiquement inconnues des scientifiques de la Terre. Du moins nous n'en avons pas trouvé trace dans les différents bulletins et publications périodiques des observatoires.

Nous commençons aujourd'hui par les IAGIAAIAOO. Il s'agit de certaines nébuleuses que vous n'avez pas répertoriées, et dont la forme, dans les cas que nous connaissons, est annulaire (en réalité toroïdale). Ceux d'entre vous qui ne seraient pas spécialisés dans les thèmes touchant à l'astrophysique auront peut-être une vague idée des diverses nébuleuses étudiées par les Terriens. Ces nébuleuses-ci sont intra-galactiques[1]*. Il existe de nombreux types de nébuleuses intra-galactiques. Ainsi par exemple à quelque mille parsec de la Terre*[2]*, dans l'axe qui unit votre planète à la constellation du Sagittaire (axe qui passe très près du centre de notre Galaxie) existe une nébuleuse dont la plus grande dimension est 0,00017 année-lumière*[3]*, et qui est composée de glace et d'hydrogène, la dimension moyenne des éléments étant de 0,43 mm.*

D'autres nébuleuses sont formées de molécules. Le gaz peut être si raréfié que dans un centimètre cube on ne trouvera en moyenne que 26 molécules.

Dans le cas le plus fréquent les nébuleuses sont des conglomérats de

---

1. Situées à l'intérieur même de la Voie lactée et non dans d'autres galaxies.
2. Mille cinq cents années-lumière.
3. 1,6 10^{12} kilomètres.

particules solides, dont la granulométrie s'étend de 0,00003 Enmo à 0,08 Enmo[1].

Un type de nébuleuses dont les astronomes subodorent l'existence tout en en ignorant la composition est formé de grandes masses raréfiées d'ammoniac à si basse température que les particules sont cristallisées sous forme de petits filaments prismatiques. Ces nuages polarisent fortement la lumière[2].

Dans le cas qui nous intéresse aujourd'hui il s'agit d'objets dont l'étude nous a permis de détecter l'influence de notre cosmos jumeau, l'UWAAM, sur notre propre cosmos, le WAAM. Depuis de nombreux XEE[3] *nos experts avaient localisé une série de conglomérats affectant la forme de tores, de section elliptique, et très turbulents.*

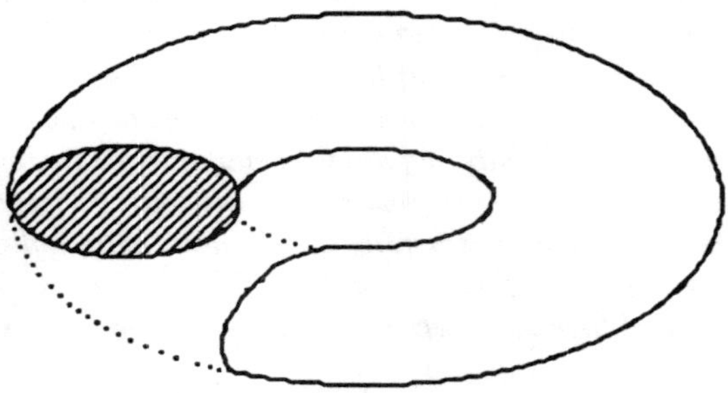

Nos spécialistes, en analysant la lumière qui les traversait, purent rapidement déterminer qu'elles étaient constituées d'hydrogène à l'état solide, sous forme de très petits cristaux, à une température proche du zéro absolu. Quelques XEE plus tard on découvrit la présence d'un faible champ magnétique dont les lignes de force se situaient dans des plans perpendiculaires à la section toroïdale.

Nous supposâmes que ce champ magnétique était dû au mouvement des charges électriques portées par ces fines particules d'hydrogène solidifié. Mais les analyses fines (la plus proche de ces nébuleuses se trouve à 7,884 années-lumière de Ummo) montrèrent que ce flux particulaire était inexistant. On

1. 1 Enmo = 1,87 mètre. Donc les grains mesureraient entre 5 centièmes de millimètre et 15 centimètres.

2. Tout photon possède un plan de polarisation. On peut comparer ce plan à celui selon lequel se propagerait l'oscillation d'une corde. Certains milieux, traversés par la lumière, ne laissent passer que des oscillations électromagnétiques (la lumière) dans un plan donné. On parle alors de lumière polarisée.

3. Année ummite, équivalant à 2,5 mois terrestres.

constata en outre que le plan de polarisation de la raie D émise par le sodium[1] *était polarisé selon un angle de 0,8 radian. Par contre une quelconque longueur d'onde ne subissait pas de polarisation.*

Au sein de la nébuleuse furent localisés des conglomérats lenticulaires qui émettaient des ondes gravitationnelles selon une fréquence de 5,833 KC/s[2]*. Par contre nous ne pûmes détecter aucune émission de type radioélectrique, de quelque puissance que ce soit. Toute l'information que nous dégagions de ces objets provenait de l'analyse du rayonnement qui les traversait.*

On découvrit ensuite que le champ magnétique, qui d'ordinaire se maintenait dans des plans perpendiculaires au toroïde lui-même, se modifiait instantanément, son plan oscillant sans que son intensité ne varie, de manière apériodique et anar-chique. Puis ces oscillations allaient en s'amortissant et finissaient par disparaître.

Ce fut IUDII 24, fils de IUDII 23, qui montra que ces oscillations se produisaient toujours quelques mois après que n'apparaissent ces énormes courbures de l'espace tridimensionnel qui sont par ailleurs utilisées par nos vaisseaux pour se déplacer d'un point à un autre de notre Galaxie. De telles altérations se produisaient en moyenne tous les 2 XEE (environ cinq mois).

À cette époque notre système de déplacement intra-galactique, basé sur l'inversion des subparticules, balbutiait et nous envoyions des sondes exploratrices automatiques, dotées d'un programme préalablement inscrit dans leurs mémoires de titane. Nos vaisseaux n'étaient pas guidés comme les vôtres par le moyen d'ondes radioélectriques, parce que ces ondes n'atteignent pas le vaisseau, une fois que celui-ci a inversé ses subparticules atomiques. Toute communication par ondes électromagnétiques avec le vaisseau devenait impossible pendant cette phase du voyage, jusqu'à ce qu'il réapparaisse dans notre espace physique et il ne fallait pas songer à un pilotage par ondes gravitationnelles (que vous ne savez pas encore produire) car l'énergie de ces émissions est infinitésimale.

Une de nos nefs automatiques, de nos UAAWOLAE UEWALM, se déplaça donc jusqu'à la première nébuleuse toroïdale détectée en ayant à son bord des instruments de mesure. Ce que ces instruments révélèrent laissèrent nos scientifiques perplexes. La température de cette nébuleuse était de moins 270° C, légèrement supérieure à trois degrés absolus[3]*. Durant 0,7 XEE (sept semaines) cette température resta constante, puis elle subit une chute brutale jusqu'à*

1. Il s'agit d'une lumière émanant d'une source située derrière la nébuleuse.

2. 5,8 kilocycles.

3. C'est-à-dire que la nébuleuse aurait la même température que le fond de rayonnement cosmologique. L'univers étant un « four » à 3 °K, aucun objet, laissé à lui-même, ne peut descendre en dessous de cette température, sinon il serait immédiatement réchauffé par le rayonnement ambiant.

moins 273,15 °C[1]. *Ces altérations se produisaient de manière périodique. On constata qu'il existait une corrélation entre ces chutes de température et les grands plissements de l'espace tridimensionnel, dus à l'action du cosmos jumeau, l'UWAAM. Malheureusement l'intervalle qui séparait ces deux phénomènes (chutes de température et plissements) était variable de 0,4 à 3,3 XEE (de un à huit mois).*

Ce phénomène, qui se produit seulement dans ce type de nébuleuse, constitue, malgré son extrême imprécision, l'unique moyen scientifique de prévision des possibilités de nos voyages.

Nous pouvons maintenant vous révéler avec quel système nous mesurions jadis l'instant où se produisait la chute de température dans la nébuleuse. Sa construction est à votre portée.

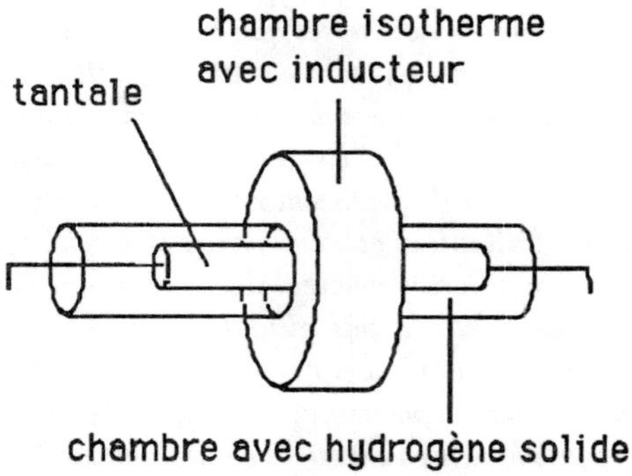

Nous utilisons une petite barre de tantale, qui a la propriété de devenir supraconducteur en dessous de la température de 4,4 °K. La barre est entourée par un bobinage placé dans une enceinte isotherme et produisant un champ de 500 Œrsteds. La barre de tantale est située dans de l'hydrogène solidifié qui est à la température de 3,66 °K. A cause de la présence du champ magnétique le tantale se comporte alors comme un conducteur ordinaire[2]. *Mais si la température descend en dessous de 3 °K le tantale retrouvera brutalement ses propriétés supraconductrices et le courant passera. Ceci permettra de détecter toute baisse de température dans le milieu ambiant.*

1. La température correspondant au zéro absolu étant de – 273,15 °C cela représente donc une température absolue d'un centième de degré Kelvin.

2. On sait depuis longtemps que le fait d'immerger un corps dans un champ magnétique a pour effet d'abaisser la température en deçà de laquelle il devient supraconducteur.

Aujourd'hui nous n'utilisons plus ce type d'appareil, que nous considérons comme démodé et nous déterminons la température au moyen du contrôle moléculaire au sein d'un cristal de chlorure de cérium.

Ces nébuleuses toroïdales, fonctionnant par résonance, sont synchronisées avec le début de la distorsion spatiale. Cet effet est le seul qui trahisse dans notre espace tridimensionnel l'effet des plissements extracosmologiques. Vous ne tarderez pas à les détecter.

2

Comment le CNRS perçoit le chercheur Jean-Pierre Petit

Dans les premières pages du livre, j'ai décrit une rencontre avec la Direction générale du CNRS, suite à une convocation de celle-ci, au siège parisien. Mais, les mois passant, des bruits de grincements de dents assez désagréables me venaient aux oreilles, émanant de collègues chercheurs. Le mot « discrédit scientifique » revenait souvent. Berroir, directeur du département Sciences de l'Univers, qui m'avait si gentiment reçu, me fournit la solution :

– Vous n'avez qu'à demander à être évalué officiellement par vos pairs, c'est-à-dire par la section du comité national dont vous dépendez, la section 14. C'est votre droit le plus strict et c'est dans les statuts du CNRS.

Je fis donc une démarche en ce sens, fortement appuyée par la direction de l'observatoire où j'étais affecté depuis quinze années. La section réalisa ce qu'on appelle un audit scientifique. Pour ce faire, le président de la section 14 (astrophysique et cosmologie), M. Dominique Le Quéau, s'adressa à un certain nombre d'experts « considérés comme des autorités indiscutées » dans les différents domaines que j'avais abordés au cours de mes vingt-cinq années de carrière. Il en résulta un premier document, reproduit intégralement ci-après. Mais celui-ci n'était guère satisfaisant. Il y avait des choses inexactes, concernant mes travaux de mathématiques pures. Si mes travaux de MHD étaient jugés favorablement (bien que les avis des « experts incontestés », sollicités par Le Quéau, s'y contredisent parfaitement), les conclusions du rapporteur, concernant la cosmologie théorique, étaient très négatives. Le Quéau, se fondant sur les avis de ses experts (puisqu'il n'était lui-même nullement compétent dans ce domaine) concluait à mon non-professionalisme. Les travaux publiés en 1988-1989 dans *Modern Physics Letters A* étaient qualifiés de « canular ». Le Quéau reprenait à son compte l'avis d'un expert cosmologiste étranger qui qualifiait mes publications de « travail d'amateur ». Le coup était dur.

À peu près à la même époque, le hasard me fit tomber sur mon dossier

CNRS qu'un responsable avait amené avec lui à l'observatoire où je travaillais. Je n'avais jamais eu accès à ce document, volumineux, condensé de ma vie professionnelle, et j'appris avec surprise que je pouvais le consulter. J'y trouvai une suite affligeante d'avis émanant de rapporteurs successifs, au fil des années. Ce que j'y découvris me laissa pantois. Toute une vie de recherche, des milliers d'heures de travail et d'efforts insensés, des dizaines d'idées se trouvaient évalués à la va-vite par des gens en général incompétents. Je compris alors pourquoi mes projets de recherche, mes demandes de crédits étaient restés lettre morte pendant tant d'années : ils avaient simplement été examinés par des gens qui ne les avaient pas compris ! C'était bête comme chou, mais j'avoue que je n'avais jamais envisagé les choses sous cet angle, ni imaginé que cela pût être à ce point.

Dans ce lot je sélectionnais deux rapports particulièrement incisifs, émanant d'un certain Véron, directeur de l'Observatoire de Haute-Provence. Je lui téléphonais :

– Allô, professeur Véron ?

– Lui-même.

– Professeur, j'ai lu les deux rapports que vous avez fait sur moi ces dernières années. Il me semble qu'il y a là un malentendu scientifique qu'il conviendrait de lever. Pour ce faire je vous propose de venir faire à l'Observatoire de Haute-Provence un séminaire sur mes travaux scientifiques.

Véron était embêté et tenta de prendre la tangente :

– Je ne suis plus à la section, vous savez....

– Je sais, mais il s'agit d'un point de déontologie. Nous nous devons de lever les malentendus d'ordre scientifique.

– Mais, vous savez, pour votre séminaire, vous n'aurez pas grand-monde.

– L'essentiel est que vous soyiez là.

– Je serai là.

– Alors c'est parfait. Convenons d'une date.

Le jour dit, la salle de séminaire était comble. Personne n'aurait voulu rater un face-à-face Véron-Petit. J'exposai mes travaux de cosmologie théorique en essayant de les rendre accessibles à mon auditoire. Puis je lus les deux rapports, extrêmement critiques, rédigés par Véron sur ces travaux, et ajoutai :

– Professeur Véron, êtes-vous spécialiste de cosmologie théorique ?

– Pas le moins du monde. Je n'y connais strictement rien.

– Quand on vous a demandé d'écrire un rapport sur mes travaux, avez-vous songé à consulter un spécialiste pour que celui-ci puisse vous aider à évaluer les publications qui vous étaient soumises ?

– Non, j'avoue que cette idée ne m'a pas traversé l'esprit.

– Il me semble que c'est une faute.

Véron verdit devant ses ouailles, mais ne pouvait rien ajouter à ma phrase, qui ne faisait que sanctionner une consternante réalité. Je croyais que mon séjour à l'Observatoire de Haute-Provence touchait à son terme. Mais la coutume était que tout intervenant restât pour déjeuner avec les chercheurs. Je pris donc place à la droite de Véron, directeur. L'ambiance était à couper au couteau. Celui-ci finit par attaquer :

– En tout cas, je n'ai pas du tout apprécié votre livre sur les Ummites !

– Pourquoi donc ?

– Mais parce que c'est un tissu d'âneries !

– Pourquoi ?

– Mais parce que !

– Parce que quoi ?

– ...

Le dialogue tourna court. A l'autre bout de la table, Charles Ferrembach, académicien et retraité, revint sur ce sujet :

– Je voudrais savoir comment le mathématicien Souriau a réagi lorsque vous avez publié votre livre *Enquête sur les OVNIS.*

– Il a trouvé que je posais bien les problèmes.

– Ah... Alors je ne regrette pas d'avoir voté contre lui lorsqu'il a été candidat pour entrer à l'Académie des Sciences !

– Il est regrettable qu'un homme aussi brillant se soit vu barrer l'accès à l'Académie par des gens tels que vous.

Fin de la discussion.

Les lecteurs se font de grandes illusions sur la façon dont fonctionne le milieu de la recherche. C'est une structure médiévale, cousue d'irrationalité.

Le rapport de Le Quéau n'était pas de nature à dissiper cette mauvaise impression. Lorsqu'il était venu à Marseille me le remettre, il l'avait fait en présence de mon directeur d'observatoire, lors d'un déjeuner. Ce que j'entendis m'avait stupéfié. Je reproduis le dialogue :

Le Quéau – En tout cas, je peux confirmer une chose : c'est bien l'armée qui a stoppé les recherches de Petit en MHD, sur l'annihilation des ondes de choc.

Baluteau – Pourquoi, ça ne les intéressait pas ?

Le Quéau – Au contraire et je peux vous dire qu'ils continuent plein pot dans leurs laboratoires secrets en confidentiel défense et je suis bien placé pour le savoir : j'ai des rapport privilégiés avec la DRET. J'ai aussi longuement travaillé avec René Pellat.

L'armée avait donc délibérément étouffé mes recherches de MHD, pendant quinze années, pour deux raisons. La première était qu'elle voyait dans mon

« aérodyne MHD » un missile de croisière supersonique[1]. La seconde est qu'elle ne tenait nullement à ce que cette expérience d'annihilation d'ondes de choc, si elle avait réussi, n'attire irréversiblement l'attention du public sur le dossier Ovni, soigneusement discrédité par les politiques, les scientifiques, les journalistes et même les... ufologues.

J'ai effectivement levé les pouces pour la MHD en 1987, après quinze années de combat sans espoir, et je me suis reconverti vers le papier-crayon, la théorie pure, grâce aux tuyaux des Ummites. Par chance je ne me débrouille pas trop mal dans ces eaux-là.

En ce printemps 1994, Le Quéau avait par inadvertance brisé l'*omertà*. Un homme comme René Pellat[2] (au courant de tout depuis le début) n'aurait jamais commis une telle erreur. Le président de la section 14 avait mangé le morceau en deux phrases.

Averti, mon ami le mathématicien Jean-Marie Souriau fit ce commentaire :

– Ce qui est choquant, ça n'est pas que l'armée ait voulu développer des recherches secrètes à partir de tes idées. Le confidentiel défense, au fond, c'est son métier. Ce qui est par contre inadmissible, c'est que le CNRS n'ait pas cherché à te faire comprendre, d'une manière ou d'une autre, que tu perdais ton temps et que personne ne t'aiderait jamais à concrétiser tes idées.

Dans son rapport, Le Quéau avait eu le culot d'évoquer, me concernant, un « sentiment de persécution », alors qu'il savait tout de A à Z, quand il écrivit ces lignes.

Je protestai et consignai les phrases en question dans ma fiche documentaire (sorte de rapport d'activité annuel succinct, reproduit *in extenso* plus loin). Ce document, contresigné par le directeur de ma formation de recherche, confirmant ainsi son propre témoignage, constitue la pièce à conviction de cette affaire, unique, mais incontestable.

1. Tous les missiles de croisière actuels sont subsoniques, pour une raison bien simple : la croisière supersonique en air dense serait trop coûteuse en énergie.

2. Mon ancien directeur de recherche du CNRS. Parfaitement au courant de tout ce qui touche à la MHD. Membre du conseil scientifique du GEPAN, dès sa création. Très lié aux militaires. A été président du CNRS. Actuellement directeur du CNES.

Premier audit de M. Le Quéau
Président de la section 14 du CNRS, printemps 1994

Centre National **(printemps 1994)**
de la Recherche scientifique

Section : 14

Nom du chercheur : PETIT Jean-Pierre

Nom du rapporteur désigné : D. LE QUÉAU

Avis du rapporteur : M. Jean-Pierre PETIT est né en 1937 (57 ans)

Diplômé de l'École nationale supérieure de l'Aéronautique (1961), il a été recruté comme ingénieur CNRS en 1966, à l'Institut de mécanique des fluides de Marseille. Il y a été affecté comme attaché de recherche en 1969. Il dépend alors de la section de mécanique (04) du comité national. Après avoir été affecté au Laboratoire de dynamique des systèmes réactifs (1971) et soutenu sa thèse d'État, en 1972 (« Applications de la théorie cinétique des gaz à la physique des plasmas et à la dynamique galactique »), il est promu chargé de recherche en 1974. Depuis 1975, date à laquelle son dossier a été transféré à la section d'astronomie (07), il est affecté à l'observatoire de Marseille. En 1982 son dossier a été de nouveau transféré, cette fois-ci vers la section d'« Électronique, électrotechnique et optique », à la demande de son directeur de recherche, dans la perspective d'une intensification de son activité dans le domaine de la MHD. Sa promotion comme maître de recherche date de 1983. Celle-ci résulte d'une recommandation de la commission transversale chargée d'examiner ses activités de vulgarisation et de transfert des connaissances (ISD). Suite à l'impossibilité de développer ses projets de MHD, M. Petit décide de consacrer, à l'avenir, ses activités à la cosmologie et à l'hydrodynamique des galaxies et obtient son transfert à la commission 18, en 1988, puis à la section 14 en 1991.

L'aperçu « administratif » de sa carrière montre que M. Petit est un chercheur éclectique, à l'activité multiforme. Il laisse également supposer son originalité, voire son non-conformisme, en même temps que sa puissance de travail, attestée par le volume de son œuvre écrite et/ou dessinée. L'examen de son dossier montre également la grande diversité des avis qualitatifs émis par les rapporteurs successifs sur ses travaux, reflet manifeste de la perplexité de la communauté scientifique à son sujet. En 1992, suite aux remous médiatiques provoqués par la parution, sous la signature de J.-P. Petit, de deux livres « grand public » sur les « extraterrestres », et à la demande du directeur général du CNRS, j'avais déjà été saisi du dossier et avais fait appel, à titre confidentiel, à plusieurs rapporteurs indépendants, non français, et reconnus par leurs pairs comme des autorités internationales indiscutables. Le présent rapport est largement issu de ce premier travail d'évaluation, même s'il inclut un bref examen des travaux de cosmologie théorique réalisés depuis par J.-P. Petit.

Le premier axe des travaux scientifiques de J.-P. Petit concerne l'étude des écoulements magnétohydrodynamiques. Tout d'abord dans le domaine des convertisseurs MHD : dans les années 1969-1970, il a étudié et fait fonctionner un prototype de générateur linéaire de Faraday, alimenté par un tube à choc, développé au laboratoire de mécanique des fluides de Marseille. Sur le plan théorique, M. J.-P. Petit s'est alors plus particulièrement attaché à étudier le développement et la stabilisation de l'instabilité électrothermique (ou instabilité d'ionisation de Vélikhov), qui apparaît lorsque la température électronique excède la température du gaz, et limite les performances de ces dispositifs, en segmentant le canal d'écoulement du courant. Il a repris des activités expérimentales, ou plus précisément « technologiques », autour des années 80, en étudiant le rôle d'une alimentation séquentielle des électrodes, puis celui du confinement magnétique des canaux de courant, sur une décharge spirale qu'il avait construite à l'observatoire de Marseille avec du matériel de récupération. Le second volet de cette activité, qui est très lié au premier, concerne la régulation de l'écoulement d'un gaz par les forces de Lorentz, autour d'un mobile doté d'un générateur de champ magnétique et se déplaçant dans un fluide conducteur (la mer) ou non conducteur (l'air), s'il est alors muni d'un ionisateur. Cette régulation peut, selon J.-P. Petit, aller jusqu'à la suppression des ondes de choc produites par le mouvement du mobile. Cette idée a été étudiée théoriquement, à l'occasion de la thèse de docteur ingénieur de B. Lebrun, que J.-P. Petit a encadrée, et qui a été soutenue en 1987. Ce travail permet d'envisager l'existence de mouvements supersoniques silencieux. Il a notamment valu à J.-P. Petit d'être associé au GEPAN (groupe d'études sur les ovnis, qui a fonctionné de 1977 à 1988, sous la houlette du CNES). Il lui a également permis de bénéficier d'un appui, d'abord de la part du CNES, puis de celui du secteur SPI à partir de 1982, pour tenter de concrétiser expérimentalement ses idées dans un laboratoire rouennais, dans le cadre d'une collaboration entre le CNRS, le MRT et la DRET. Le contexte de cet effort français civil en matière de propulsion MHD n'a cependant pas évolué de manière très claire, malgré l'intérêt porté par les tutelles, et celui-ci semble avoir été peu à peu abandonné. En 1992, M. Petit semblait décidé à continuer ses travaux dans ce domaine, puisqu'il m'avait fait part de son souhait de participer au pôle « PAMIR », dédié à l'étude de la MHD. Outre de nombreux comptes rendus à l'Académie des Sciences, ils ont fait l'objet de trois articles dans des revues à comité de lecture. Ses derniers travaux sur l'annihilation des ondes de choc par les forces de Laplace ont été présentés dans le cadre d'une conférence invitée, organisée en Chine en 1992. Examinés par les différents rapporteurs « extérieurs », les différents articles de M. Petit, dans ce domaine, suscitent des réserves. Les principaux reproches (rapporteur 1), outre des insuffisances scientifiques manifestes (équations inexpliquées...), concernent la discussion physique des effets annoncés, voire la rédaction même de certains articles jugés par l'un des rapporteurs mal référencés et finalement « ... to be effectively incomprehensible ». Un autre rapporteur (2) est moins sévère et déclare, à propos des travaux de J.-P. Petit sur la suppression des ondes de choc qu'il s'agit d'un « ... important problem and is well treated using classical methods of solution along characteristics ».

Je dois dire que c'est également mon avis, à partir de la lecture de la thèse de B. Lebrun, effectivement beaucoup plus facile à appréhender que dans les articles cités : il y a là un travail apparemment sérieux de modélisation théorique des écoulements supersoniques, étayé par des simulations numériques qui me semblent correctement réalisées. Il aurait pu constituer le début d'une ligne de travail plus approfondie, relevant du domaine des « sciences pour l'ingénieur », si le sujet – possibilité de mouvement supersonique sans onde de choc – avait fait l'objet, à l'époque, d'un soutien renouvelé de la part du CNRS.

Le deuxième travail que M. Petit a développé, durant les années 1972-1975, touche à la théorie cinétique des plasmas. Il est dédié au développement d'une technique mathématique classique (développements asymptotiques raccordés, à plusieurs paramètres) pour déterminer les coefficients de transport d'un gaz ionisé dominé par les collisions. Outre qu'ils étendent quelque peu les résultats de Chapman-Enskog, les deux articles que M. Petit a publiés sur le sujet, dans des revues à comité de lecture, font preuve de bonnes connaissances mathématiques, mises en œuvre dans le contexte d'un calcul perturbatif relativement sophistiqué.

Le troisième ensemble de sujets abordés par J.-P. Petit au cours de sa carrière scientifique concerne la cosmologie. Sa réflexion a débuté dans les années 1975-1978, par une étude des solutions elliptiques particulières du système Vlasov-Maxwell, vérifiant simultanément une équation de Poisson, pour des systèmes à la fois chargés et autogravitants. L'objectif était de comprendre quelques aspects de la dynamique des galaxies, dans le cadre d'un modèle d'univers euclidiens « gémellaires et énantiomorphes », permettant d'inclure la description simultanée de la matière et de l'anti-matière. Ces travaux ont fait l'objet de cinq comptes rendus à l'Académie des Sciences. Bien que des idées au contenu proche aient pu être énoncées par des chercheurs très reconnus en matière de cosmologie (A. Sakharov), les points de vue des rapporteurs extérieurs sur cette partie des travaux de J.-P. Petit sont extrêmement sévères : « None of the obvious difficulties (of this model)... are treated », « The subsequent discussion seems incoherent and verges to fantasy... » (rapporteur 1) ; « ... I can affirm that the content of these two articles makes no sense to me, and I cannot see why they were accepted for publication » (rapporteur 3). Dans la continuation de ces travaux, le dossier actuel (1993) de J.-P. Petit contient un texte non publié relatif au « problème de la masse manquante », dont l'effet résulterait – si j'ai bien compris – de l'interaction gravitationnelle avec l'anti-matière située dans l'univers jumeau. Pour décrire ces effets, M. Petit propose une modification substantielle de l'équation d'Einstein, fondée sur un *a priori* concernant la topologie de l'espace-temps et de son « jumeau ». Bien que n'étant pas spécialiste reconnu de cosmologie théorique, il me semble que les idées avancées ici, pour révolutionnaires qu'elles puissent apparaître, ne sont pas plus étayées que les précédentes et recevraient, de la part des mêmes rapporteurs, qui eux sont des spécialistes de ces questions, un accueil des plus sceptiques.

Récemment, M. Petit a également travaillé à un modèle cosmologique « à vitesse de la lumière et constante de gravitation variables », continuation des idées présentées par Milne, qui a fait l'objet de trois articles dans la revue *Modern Physics Letters*. Pour le rapporteur initial de ce travail la proposition de M. Petit est « ... au moins aussi cohérente que beaucoup d'autres ». La solution exhibée par J.-P. Petit, quoique mathématiquement correcte, est physiquement sans intérêt, puisque correspondant à un univers vide et que, vraisemblablement, il s'agit là d'un « ... canular... », ou bien résulte d'une confusion entre carte locale de la variété d'espace-temps, confusion liée au choix d'une représentation non standard de la coordonnée temporelle. Comme le déclare un autre rapporteur (3) : « This article contains various rather arbitrary and unoriginal suggestions for laws of time variations of parameters such as the speed of the light... My impression is that there is little in any of these articles of sufficent interest to justify their publication. »

Il ne me semble donc pas que les travaux cosmologiques de J.-P. Petit puissent actuellement alimenter positivement les évolutions de la recherche en ce domaine. Cela est probablement dû à la conséquence de son isolement scientifique dans ce sujet difficile, isolement que ne compense pas une opiniâtreté certaine.

Une autre série de travaux ont été consacrés à des études de géométrie et de topologie, dans les années 1978-1981. En collaboration avec B. Morin, professeur de mathématiques à l'Université de Strasbourg, il a mené une étude sur le retournement de la sphère et du tore, par des chaînes d'immersions génériques (5 CRAS, dont une version originale du retournement du tore).

Ce travail, en partie « graphique », suppose un sens remarquable de la vision dans l'espace, qui a fait l'admiration des mathématiciens étrangers (cf. l'appréciation d'A. Phillips dans le dossier de 1978 de J.-P. Petit) mais ne me semble pas constituer par lui-même un apport original.

Ces dons de dessinateur sont à l'origine de la dernière activité, cette fois-ci proprement technique, de J.-P. Petit, qui l'a amené à construire un logiciel de CAO, probablement très performant, au cours des années 79 à 85, où il effectuait des enseignements pilotes de mathématiques, d'informatique et de statistiques à la faculté des lettres d'Aix-Marseille et était responsable du centre de calcul de cette institution. Son approche concrète, peut-être un peu trop métaphorique, de problèmes complexes, en faisait un enseignant très apprécié des étudiants. Elle n'est pas pour rien dans la très brillante réussite de son action de vulgarisation .Je pense que chacun connaît cette dernière, dont la prise en compte lui a valu sa promotion au grade de DR2, et je ne m'y arrêterai pas plus avant, sinon pour rappeler qu'il a publié une vingtaine d'ouvrages de vulgarisation, principalement des bandes dessinées, traduites principalement en allemand, portugais, anglais, italien, et parfois en japonais, russe et polonais, avec des tirages supérieurs à 10 000 exemplaires.

C'est peut-être ce succès commercial, largement répercuté par les médias, et qui répond tout à fait à la demande d'ouverture vers le public, à laquelle nous invitent souvent les autorités dirigeantes du CNRS, qui a provoqué la rédaction de deux grands ouvrages « grand public », parus en 1990 et 1991 : *Enquête sur les OVNI* et *Enquête sur des extraterrestres qui sont déjà parmi nous*. L'impact médiatique de ces livres, qui touche à des sujets sur lesquels les rationalistes n'aiment pas beaucoup s'étendre, ne permet pas qu'on passe complètement sous silence leur propos.

Dans le premier, J.-P. Petit, d'une manière que je trouve personnellement quelque peu embrouillée, révèle sa perception des difficultés qu'il a rencontrées pour tenter de faire aboutir concrètement ses idées sur la MHD, et notamment des démêlés avec les institutions qu'il a côtoyées au cours de cette longue quête. Parmi celles-ci, il y a le GEPAN, dont il a été question plus haut et dont M. Petit conteste fortement les méthodes de travail... Dont acte ! Il s'agit là d'un ouvrage d'humeur et si l'on peut regretter que l'anonymat des personnes citées n'y soit pas mieux respecté, comme il est d'usage dans les romans à clés, on peut comprendre que M. Petit, dont la forte personnalité ne fait pas de doute, ait parfois pu rencontrer quelques difficultés dans ses relations professionnelles. Il y développe également quelques-unes de ses idées philosophiques, d'une manière qui semble à la fois trop confuse et trop métaphorique pour convaincre aussi bien le public scientifique que le grand public. Dans le second il aborde également un sujet à controverse, puisqu'il évoque l'idée que certains de ses travaux scientifiques aient pu lui être inspirés par la lecture de documents dactylographiés transmis aux Terriens par des extraterrestres, les Ummites. On sort là du débat scientifique, si ce n'est pour remarquer que, quels que soient les actes de foi qui peuvent présider aux hypothèses que l'on peut faire sur l'origine de ces documents, J.-P. Petit se contente, dans ce livre, de rapporter les résultats d'une « analyse de texte », qu'il aurait certes pu rendre plus convaincante en s'adjoignant les services des spécialistes en la matière. Ceux-ci existent au CNRS. Dans ses deux ouvrages, M. Petit, qui se déclare instruit par son expérience, exprime que, pour lui, la Science est avant tout un système organisé de croyances, *a priori* nullement supérieur aux autres. Cette position philosophique, ni plus ni moins qu'une autre, n'est cependant pas incompatible ni avec le travail, ni avec la déontologie scientifique.

Pour résumer, sur l'ensemble de sa carrière, il me semble que J.-P. Petit s'est montré un grand travailleur et un chercheur non conformiste mais raisonnablement productif, même s'il s'est insuffisamment exprimé dans des revues à comité de lecture, de niveau international, et s'il a peu participé à l'encadrement doctoral. C'est ce peu d'attention à la publication qui, vraisemblablement, fait dire à l'un des rapporteurs que j'avais désignés en 1992 : « The work [of J.-P. Petit] frequently strikes me as mediocre and amateurish at best. » Cependant son "sens de l'Espace" lui a permis de faire, semble-t-il, des interventions intéressantes dans le domaine de la topologie. Dans ses travaux de magnétohydrodynamique et de physique des plasmas il a su allier l'intuition, de bonnes connaissances mathématiques et un sens manifeste du concret technique. Ses travaux sur la cosmologie sont beaucoup plus critiquables selon les standards en usage dans cette discipline. Ils ne me semblent pas relever du professionnalisme, ni même des connaissances théoriques minimales qui sont nécessaires dans cette discipline, certes difficile. Ils ne sont, par ailleurs, manifestement pas appuyés sur une grande connaissance des observations, ni de l'évolution récente de cette discipline.

Sans doute, pour l'institution scientifique, son sens de la diplomatie n'a pas toujours été à la hauteur de sa forte personnalité, ni sa prudence à la hauteur de son opiniâtreté... Peut-être a-t-il également rencontré des situations institutionnellement difficiles dont la responsabilité ne doit pas lui être entièrement imputée... Cela l'a visiblement conduit à s'isoler vis-à-vis de la communauté scientifique à laquelle il devrait se rattacher et, très vraisemblablement, à développer un certain sentiment de persécution : comme l'a déjà déclaré un des rapporteurs particulièrement attentif à son dossier, « ... il fait partie de ces chercheurs dont la carrière ne s'est pas déroulée normalement et qui, de ce fait, se sentent dans la

nécessité de trouver quelque chose d'exceptionnel, pour que tout cela vaille la peine ».

Il me semble qu'au regard des critères qui sont en vigueur, à la fois dans notre section et dans la section de physique théorique où ses travaux de cosmologie « fondamentale » devraient être évalués, M. Petit aurait été difficilement promu dans le corps des Directeurs de Recherche si cette recommandation n'avait été effectuée par la section transversale de la valorisation de la recherche. *A fortiori,* il ne me semble donc pas possible d'émettre un avis favorable à sa demande de promotion à la 1re classe des directeurs de recherche. »

CENTRE NATIONAL DE LA RECHERCHE SCIENTIFIQUE

FICHE DOCUMENTAIRE
sur l'activité des chercheurs
Année 93-94

NOM	PETIT	DEPARTEMENT SCIENTIFIQUE	SDU
PRENOM	JEAN-PIERRE	SECTION DU COMITE NATIONAL	14
AGE	57 ans	N° DE TELEPHONE	42 26 96 91
GRADE	DR2	DELEGATION REGIONALE	12

UNITE DE RECHERCHE (code,intitulé,ville,directeur)

URA 0237 OBSERVATOIRE DE MARSEILLE

MARSEILLE (Tél : 91.95.90.88)

JEAN-PAUL BALUTEAU

1) **THEMES DE RECHERCHE DEVELOPPES (1994)**

cosmologie

2) **POINTS FORTS DE VOS ACTIVITES DE RECHERCHE**

Cosmologie gémellaire. Modèle de jauge à "constantes variables". Problèmes de la masse manquante des galaxies. Confinement des galaxies par leurs anti-galaxies gémellaires. Par simulations numériques sur gros système : Structure à grande échelle de l'univers, naissance et évolution de la structure spirale galactique, interprété comme un phénomène d'interaction entre la galaxie et sa sœur jumelle. Travaux soumis à publication.

3) **PUBLICATIONS DANS DES REVUES AVEC COMITE DE LECTURE ET OUVRAGES EDITES DANS L'ANNEE** (titres et références les plus significatifs,parus ou à paraître)

Titre:The missing mass problem.
Journal : Nuovo Cimento. Accepté le 14/4/94
Abstract :
A new field equation is proposed, associated to a S3 x R1 topology. We introduce a differential involutive maping A which links any point of space σ to the antipodal region A(σ). According to this equation the geometry of the manifold depends both on the energy-momentum tensor **T** and on the antipodal tensor A(**T**). Considering a time-independent metric with low fields and small velocities, we derive the associated Poisson equation, which provides cluster-like structures interacting with halo-like antipodal structures. The second structure helps the confinement of the first. It is suggested that this model could explain the missing mass effect and the large scale structure of the Universe.

4) **ENSEIGNEMENTS DISPENSES. Précisez le nom de l'établissement, la discipline, le niveau** (1er, 2eme, 3eme cycle, à l'exception de la direction des thèses), **la nature (CD,TD,TP), le nombre d'heures.**

Néant

5) **QUALIFICATIONS, êtes-vous titulaire d'une habilitation à diriger des recherches ? oui/non. Etes-vous inscrit sur les listes de qualification du Conseil National des Universités ?**

J'ai dirigé une thèse de doctorat, celle de Bertrand Lebrun (Publications dans des congrès internationaux et des revues à comité de lecture, voir rapport de Mr. Le Quéau). Par la suite Mr. B.Fontaine (Institut de Mécanique des Fluides de Marseille), adjoint de M.Combarnous, directeur du SPI, m'a dit en 1987 :"comme il a travaillé avec toi, il est inutile qu'il tente d'intégrer dans quelque laboratoire que ce soit, ou au CNRS". En 1990 j'ai demandé à Marbach (CEA) a faire partie du groupe PAMIR (pôle des applications de la MHD à l'Industrie et à la Recherche), pour l'encadrement scientifique. Motif de son refus :"Vous n'appartenez pas à une formation faisant régulièrement de la MHD". Explications huit ans plus tard lors d'un déjeuner avec Mr. Le Quéau, président de la section, et J.P.Baluteau (directeur de l'observatoire de Martseille).

Le Quéau : En tout cas, je peux confirmer une chose : c'est bien l'armée qui a stoppé les recherches de Petit en MHD, sur l'annihilation des ondes de choc.

Baluteau : Pourquoi, ça ne les intéressait pas ?

Le Quéau : Au contraire et je peux vous dire qu'ils continuent plein pot dans leurs laboratoires secrets en confidentiel défense et je suis bien placé pour le savoir : j'ai des rapport privilégiés avec la DRET. J'ai aussi longuement travaillé avec René Pellat.

Le CNRS, lui aussi apparemment très étroitement lié à l'armée aurait pu me prévenir plus clairement de la vanité de mes quinze années d'efforts.

6) **COLLOQUES :**

Néant

7) **SEJOURS DANS DES LABORATOIRES E L'ETRANGER OU MISSIONS SUR LE TERRAIN EFFECTUEES DANS L'ANNEE** (durée,dans quel cadre, programme...)

Néant

8) **ENCADREMENT DE CHERCHEURS DANS L'ANNEE.** Indiquez le nombre de direction, le niveau de travail dirigé, le pourcentage de participation à cet encadrement et s'il y a eu sanction par un diplôme (dans l'affirmative le préciser).

Néant

9) VALORISATION. Indiquez votre participation à des actes de valorisation. *Précisez notamment s'il s'agit de dépôt de brevet ou de dossier technique dont vous êtes inventeur ou co-inventeur, le licence d'exploitation, de contrat de collaboration de recherche ou d'activité de consultant*

Développement d'un gilet de sauvetage à baro-temporisateur de mon invention, pour plongeur en apnée (mon fils s'est tué en pratiquant ce sport). Contacts avec des industriels. Réponses actuelles : "la sécurité n'est pas un créneau porteur".

10) DIFFUSION DE L'INFORMATION SCIENTIFIQUE ET TECHNIQUE. *Précisez les modalités de votre intervention, publication d'articles dans des revues spécialisées ou de vulgarisation, participation à des expositions en qualité d'animateur ou à des journées "portes ouvertes", organisation de colloques, co-production de films ou contribution à l'alimentation d'une banque de donnée..*

Parution de dix épisodes des "Mille et une Nuits Scientifiques" dans la revue des "Petits Débrouillards" : Boum, ta Science ! Analyse de texte. Etude d'un système organisé de croyance. Adaptation l'ensemble de la Bible en dande dessinées (550 pages) Recherche d'un éditeur.

11) ADMINISTRATION DE LA RECHERCHE. *Indiquez si vous avez rempli des fonctions d'administration de recherche, la nature de ces fonctions, ainsi que le cadre dans lequel elles se sont exercées.*

Néant

12) DEMANDES PARTICULIERES.

Je souhaite vivement que monsieur Le Quéau modifie les termes de son audit scientifique (les extraits du rapport sont citées en caractères gras).

A propos des mathématiques : **Ce travail, en partie "graphique", suppose un sens remarquable de la vision dans l'espace, qui a fait l'admiration des mathématiciens étrangers (cf l'appréciation d'A.Phillips dans le dossier de 1978 de J.P.PETIT) mais ne semble pas constituer par lui-même un apport original.**

Lui ai transmis des notes aux CRAS sur un retournement non trivial du tore et sur la description de la surface de Boy, à l'aide de méridiens elliptiques (ayant permis à Apéry de construire la première équation algébrique de la surface).

Cela l'a visiblement conduit à s'isoler vis-à-vis de la communauté scientifique à laquelle il devrait se rattacher et, très vraisemblablement, à développer un sentiment de persécution.

Cette phrase est de trop, étant donnée la connaissance qu'avait Le Quéau de la réalité de la situation.

Il ne me semble donc pas que les travaux cosmologique de J.P.PETIT puissent actuellement alimenter positivement les évolutions de la recherche en ce domaine. Ils ne me semblent pas relever du professionnalisme, ni même des connaissances théoriques minimales qui sont nécessaires dans cette discipline, certes difficiles.

..... et dans la section de physique théorique où ces travaux de cosmologie "fondamentale" devraient être évalués.

Voir la publication dans Nuevo Cimento. Je ne vois pas pourquoi ce type de travail devrait être évalué en physique théorique.

Fait à Aix-en-Provence le 20/07/94 Signature du chercheur ; Petit

Avis du Directeur de l'Unité de Recherche :

Se refuse de modifier son rapport, en particulier le point 12.
Je ne peux partager ses souhaits.

Fait à Marseille le 29/07/94 Signature du Directeur de l'Unité de Recherche

Dominique Le Quéau m'adressa six mois plus tard, en décembre 1994, le correctif de son audit, que je lui réclamais. Il est intégralement reproduit après. L'originalité de mes travaux de mathématiques y est reconnue. L'auteur de l'audit n'a pas pris la peine de se renseigner à propos de la bibliographie, sinon on lui aurait rétorqué :

– Comment voulez-vous que Petit cite des travaux liés à cette question, puisqu'ils ont tous découlé de son travail ! Antérieurement à sa note sur l'équation de la Boy, le problème était au point mort depuis 1902.

On ne trouve plus trace du qualificatif de « non-professionnel » en matière de cosmologie théorique. Par contre l'auteur du document confond par deux fois énantiomorphie et gémellité, signe qu'il n'a pas vraiment compris les travaux qu'il était chargé d'expertiser.

Le moins que l'on puisse dire c'est que ses explications, concernant ses confidences du printemps 1994, sont peu claires. Le terme « sentiment de persécution » est annulé.

Le paragraphe de conclusion mérite un commentaire. Ouvrez un dictionnaire ou un ouvrage consacré à l'histoire de l'astronomie. Cherchez les grands noms français. Vous y trouverez Laplace, Le Verrier, Lagrange, Fizeau[1]. C'est tout. La France est restée pratiquement hors jeu dans toutes les découvertes majeures en astronomie et en cosmologie. Tout s'est joué en Allemagne, en Angleterre, aux Etats-Unis. Les autres marquaient les buts, nous, nous comptions les points.

Faut-il être « standard » ?

Lisez l'audit de Le Quéau. On y fait mention « des standards en usage dans la discipline », de « cosmologie standard », de « modèle standard ». J'avais, quatre ans plus tôt, été qualifié par le directeur du département Sciences de l'Univers de « chercheur non standard ».

Un chercheur ne devrait-il pas être « non standard », par définition, sous peine de n'être qu'un fonctionnaire sans imagination, un petit cartographe du cosmos ?

---

1. Pierre Simon de Laplace, mathématicien et astronome (1749-1827) ; Urbain Le Verrier, découvreur d'Uranus (1811-1877) ; Louis Lagrange, mathématicien et astronome (1736-1813) ; Hippolyte Fizeau : première mesure de la vitesse de la lumière (1819-1896).

Qu'est-ce que la « cosmologie standard », fondée sur le « modèle standard » ? Une construction vacillante, qui subit, année après année, les conséquences catastrophiques de l'observation. On a perdu dès le départ la moitié de l'univers : l'absence d'observation d'antimatière cosmologique est devenue une question si gênante qu'on évite maintenant tout simplement d'en parler. Tout le reste est à l'avenant. De la bouche d'Hubert Reeves, chantre du Big Bang, nous apprenons que les récentes mesures de la constante de Hubble conduisent à rajeunir l'univers en ne lui attribuant plus que sept milliards d'années, au lieu de douze, alors qu'on connaît des étoiles qui sont vieilles de seize milliards d'années[1]. La solution consistera-t-elle à cesser d'étudier ces étoiles, considérant qu'étant « non standard », elles n'existent pas.

---

1. On connaît beaucoup mieux les étoiles que le cosmos lui-même.

Deuxième audit de M. Le Quéau

Centre National de la Recherche scientifique **Année : Automne 1994**

Section : 14

Nom du chercheur : PETIT Jean-Pierre

Nom du rapporteur désigné : D. LE QUÉAU

Avis du rapporteur :

« Une fois de plus, le dossier de M. Petit est transmis pour examen, au titre des "cas particuliers de chercheurs". J'avais déjà rédigé, au printemps 1994, un rapport circonstancié sur la carrière et l'activité passée et actuelle de M. Petit, que l'on trouvera en annexe du présent document. Entre-temps, ce chercheur a obtenu officiellement communication de ce rapport, et j'ai moi-même pu le rencontrer directement, ce qui a permis d'engager un dialogue ouvert, dont j'espère beaucoup quant à l'évolution future de ses activités scientifiques et de son intégration dans une communauté de recherche élargie.

Les éléments de ce dialogue sont contenus dans la fiche documentaire que M. Petit a transmise au CNRS (voir points 5 et 12 de la fiche annexée au dossier au titre de l'année 93-94) et dans une lettre (datée du 14/06/94) que celui-ci a transmis au Directeur du département SDU. M. Petit conteste certains termes de mon rapport et je suis heureux d'avoir ici l'occasion de répondre à certaines de ses interrogations.

1) L'activité mathématique de J.-P. Petit est étalée, à ma connaissance, entre 1978 et 1981, date de publication d'une série de CRAS dédiés à ces travaux – réalisés en partie avec B. Morin et J. Souriau. Elle est consacrée pour l'essentiel à une approche géométrique du retournement des surfaces régulières plongées dans R^3 (sphère et tore) par une succession d'immersions particulières dont la combinaison ordonnée constitue une homotopie régulière. Ce travail prouve les capacités remarquables de J.-P. Petit à « voir dans l'espace » et à organiser dans un schéma ordonné une série de déformations topologiques, bref à « algébriser » rationnellement, mais empiriquement, une opération géométrique complexe. Il faut ajouter à cela un intéressant travail numérique sur la construction de la surface de Boy. Tout en étant personnellement séduit par cet ensemble de travaux, dont je veux bien donner acte à M. Petit de leur caractère original – tout en restant prudent, car je ne suis pas un spécialiste de topologie algébrique –, je suis tout de même amené à

m'interroger sur l'incidence de ces travaux sur la communauté mathématique. En effet, les listes bibliographiques annexées aux articles de M. Petit ne font pas référence à d'autres travaux menés, durant la même période, par d'autres chercheurs, ce qui laisse à penser que les efforts de M. Petit et de ses collaborateurs ne se sont pas insérés dans une réflexion internationale sur le sujet.

2) En ce qui concerne les travaux récents de J.-P. Petit en matière de cosmologie (ou plutôt de modèles non standards d'Univers), il faut lui donner acte, également, d'avoir publié en 1994 un article dans *Nuovo Cimento*, consacré à un développement de ses idées (déjà annoncées par un CRAS au milieu des années 70) sur « l'énantiomorphie » de l'Univers : grâce à une extension non standard des équations d'Einstein (une nouvelle équation de champ), et à une série de postulats sur la physique des interactions gravitationnelles et électromagnétiques, il introduit une description de l'univers à deux feuillets (ce qui formellement peut se ramener à l'introduction d'une 5e dimension, à la structure un peu particulière, dans l'esprit des modèles non standards du type Kaluza-Klein). La répartition de masse à grande échelle résulte alors à la fois des effets de la matière située dans le feuillet observable et de l'influence de « celle » qui évolue dans le second feuillet. Des simulations numériques (2D) menées dans le cadre de ce modèle donnent une répartition à grande échelle de la matière qui présente des ressemblances avec les répartitions observées. À plus petite échelle, l'utilisation d'un tel modèle semble également rendre compte d'une organisation de la matière semblable à la morphologie reconnue de certaines galaxies : c'est un résultat intéressant qui ne préjuge pas à priori de la validation du modèle, comme il se doit dans un contexte de « saine réfutabilité scientifique ». Par ailleurs il me semble que l'argument standard sur l'existence d'une matière sombre au sein des galaxies porte plus sur la nature de leur courbe de rotation que sur leur morphologie ou leur confinement, comme semble l'affirmer J.-P. Petit dans sa lettre. Un autre article, consacré à des modèles cosmologiques énantiomorphes avec « variation des constantes fondamentales » a également été soumis. Il me semble que l'ensemble de ces travaux présente des ressemblances avec des tentatives de généralisation – ou de modification – des équations d'Einstein qui ont été mises en œuvre durant plusieurs décennies par l'école française de la Relativité générale (essentiellement le groupe de l'Institut Henri-Poincaré). Cette évolution notable des travaux de J.-P. Petit est de nature à lui permettre de participer plus étroitement que par le passé aux réflexions qui sont menées dans cette direction par quelques chercheurs français et à sortir de l'isolement scientifique dans lequel il était enfermé jusqu'à présent. Je souhaite personnellement que les choses évoluent dans cette direction et persiste à penser que les travaux devraient également être

évalués par la section 02, où les compétences scientifiques nécessaires à l'évaluation de tels travaux (modèles non standards d'Univers notamment) sont mieux représentées qu'en section 14.

3) En ce qui concerne la troisième remarque formulée par J.-P. Petit, ma réponse peut être décomposée en deux parties :

a) À propos de l'arrêt du programme expérimental de MHD qu'il avait essayé de mettre en place dans un laboratoire de Rouen (en 1987, je crois), sur la suppression des ondes de choc d'un mobile en mouvement dans un milieu ionisé, il me semble qu'il faut distinguer les évaluations scientifiques qui en avaient été faites à l'époque qui n'avaient pas à mon avis de raisons d'être définitivement négatives et le choix qui a été fait par l'ensemble des contractants potentiels, qui a été de ne pas poursuivre, comme c'est leur droit, compte tenu de leur appréciation du contexte général, qui, me semblait-il, prévalait à l'époque en matière de dispositifs utilisant des technologies MHD (et notamment le peu d'intérêt de la communauté scientifique pour les opérations de ce type). Je ne peux porter un jugement sur la décision qui a été prise, si ce n'est pour confirmer qu'il m'a été rapporté – par des personnalités dont je tairai le nom ici – que des expérimentations sur ce type de problème avaient continué quelque temps, dans un contexte de réalisation semble-t-il confidentiel. Je ne peux cependant reprendre à mon compte les termes « étouffé » et « contacts privilégiés » que me prête J.-P. Petit à la suite d'une discussion informelle que j'ai pu avoir avec lui ;

b) À propos du terme « sentiment de persécution » que j'ai effectivement employé dans mon rapport du printemps 1994, je reconnais qu'il s'agit là de l'utilisation abusive d'un terme médical, qui en droit ne devrait être évoqué que dans le cadre d'une expertise effectuée par des spécialistes assermentés.

Il n'en reste pas moins la constatation, qui cette fois-ci relève de ma compétence, que toute la carrière scientifique de J.-P. Petit s'est effectuée jusqu'à maintenant dans un contexte d'isolement scientifique dont je ne peux croire qu'il n'ait pas nui à sa prise de conscience de l'évolution des disciplines, des problèmes majeurs qui se posaient à la communauté scientifique dans les différents domaines qu'il a abordés et finalement à l'insertion de ses travaux dans la démarche collective sans laquelle, à mon avis, il n'y aurait pas de métier scientifique possible. Bref, je dois constater que, peut-être par un souci d'originalité que je considère personnellement comme excessif, il n'a jamais pu insérer ses travaux dans un solide réseau de collaborations ni participer activement à un débat scientifique contradictoire. J'espèce sincèrement que le dialogue que nous permettront d'ébaucher les divers rapports que j'ai pu réaliser, à la demande du CNRS, sur la situation de M. Petit, permettra à l'avenir de faire évoluer positivement cet état de fait.

3

Note technique sur l'état de la MHD dans le monde

Comme en témoigne un article récemment publié par la revue *Fusion*, dans son numéro de novembre-décembre 1994, la MHD est en train de prendre un nouveau départ en de nombreuses régions du monde. Son essor est essentiellement lié au développement de puissants solénoïdes à supraconduction. La vedette *Yamato 1* est, par exemple, la première réalisation d'envergure en matière de propulsion. La Russie a très probablement construit et expérimenté des submersibles à propulsions MHD (thème du film *Octobre rouge*) dont l'allure générale pourrait être celle-ci :

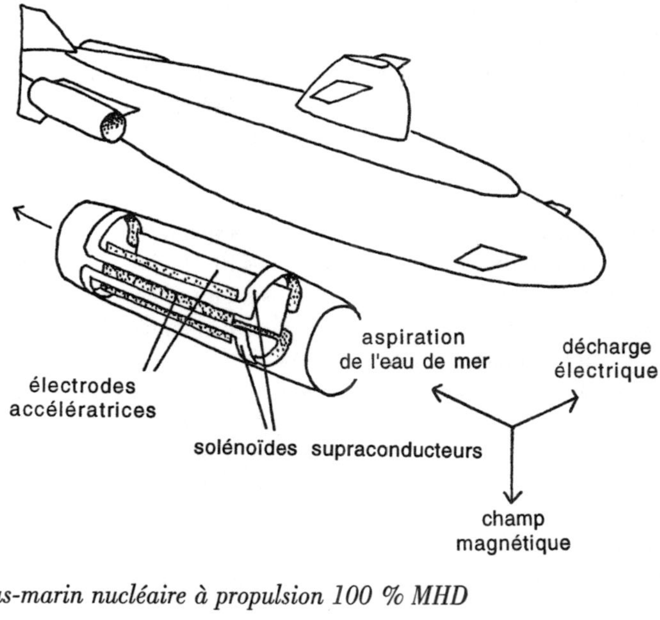

Sous-marin nucléaire à propulsion 100 % MHD

Cette image a déjà été reproduite par de nombreuses revues, dont *Science et Vie*, et, plus récemment, la revue *Fusion*, déjà citée. Les principes de la propulsion MHD sont décrits dans ma bande dessinée *Le Mur du silence* ; pour plus de détails, s'y référer. Le *Yamato 1*, construit pour étudier la faisabilité de la propulsion MHD avec supraconduction, fonctionnait avec un champ de 4 teslas (40 000 gauss). La faiblesse de ce champ faisait que le rendement propulsif de cette machine restait très faible. Seule une part minime de la puissance électrique correspondant au courant de décharge, entre les électrodes, servait effectivement à propulser l'engin, le reste... chauffant l'eau de mer.

La force de propulsion MHD est proportionnelle au produit I B où I est le courant de décharge (dans l'eau) et B l'intensité du champ magnétique. Une bonne analogie consiste à assimiler I à la vitesse de rotation de l'arbre d'une hélice et B à l'angle de calage de ses pales. Plus le champ est intense et plus l'« angle de calage des pales » croît. Le calcul montre que le rendement propulsif (fraction de l'énergie consacrée à la propulsion sur énergie totale dépensée) atteindrait 50 % pour un champ de 10 teslas. Les solénoïdes supraconducteurs du *Yamato 1* étaient de plus des dispositifs « conventionnels », refroidis à l'hélium liquide (1 à 4 °Kelvin ou –269 °C). Les nouveaux supraconducteurs, fonctionnant dans l'azote liquide, seraient évidemment plus intéressants sur tous les plans. Long de 30 mètres, l'engin japonais a coûté 40 millions de dollars. Cette entreprise a été menée par la fondation Ship and Ocean, sous la direction du professeur Seizo Motora. Conceptuellement il est identique à la petite maquette que j'avais fait évoluer en 1975 sur un plateau de télévision de TF1.

Pesant 280 tonnes, doté de deux propulseurs développant 800 kilos de poussée, et calculé pour atteindre la vitesse de 8 nœuds, le *Yamato 1* a atteint 7,5 nœuds, valeur modeste, mais proche des prévisions théoriques. La fondation envisage de construire une seconde unité, le *Yamato 2*, plus puissante et plus grande.

La propulsion MHD réellement efficace ne se fonde pas sur des propulseurs internes, où l'eau de mer est accélérée dans des tuyères, mais sur un système de propulsion externe, où l'eau se trouve entraînée sur toute la « surface mouillée », telle qu'elle est décrite dans ma bande dessinée. La vitesse atteinte serait alors virtuellement illimitée, avis que partage également le professeur Motora, puisque la « traînée de frottement » serait alors totalement éliminée. Les projets japonais comportent des unités submersibles conçues pour dépasser les 100 nœuds (180 km/h), vitesse que ne saurait atteindre aucun sous-marin conventionnel. Elle est silencieuse, puisque toute turbulence est éliminée. D'où l'intérêt porté par les militaires à ce type d'engin.

Pour la petite histoire, Gilbert Payan, déjà cité plus haut, en découvrant en 1983 mon ouvrage *Le Mur du silence*, avait dit :

– Eh bien, voilà les plans du sous-marin de chasse français du XXIe siècle divulgués dans une bande dessinée !

La MHD a encore bien d'autres applications, évoquées dans le numéro de la revue *Fusion*. Il est possible, à l'aide de générateurs MHD, de produire du courant électrique avec des rendements nettement plus importants que dans les systèmes conventionnels (turbines à gaz), où celui-ci dépasse à peine les 40 %. Nous ne nous étendrons pas sur le principe des générateurs MHD, qui sont, dans leur conception, aussi simples que les accélérateurs : ils sont aussi exempts de toute pièce mobile et extrêmement compacts. Quand vous prenez une dynamo et que vous y injectez du courant, l'arbre tourne. Une dynamo est un moteur électrique « inversé ». De même, en faisant circuler un fluide conducteur de l'électricité dans une « tuyère MHD », semblable aux accélérateurs du *Yamato 1*, une fraction de l'énergie cinétique de celui-ci est convertie en électricité, récupérable à l'aide d'électrodes. En 1979 les laboratoires Argonne, aux USA, ont ainsi fait fonctionner un générateur MHD avec un rendement de 60 %. De tels systèmes peuvent théoriquement atteindre un rendement de 80 %, soit double de celui des systèmes conventionnels. L'URSS fut longtemps leader en matière de générateurs MHD (Institut Kurtchatov). Tout cela pose évidemment des problèmes technico-scientifiques fort complexes, sur lesquels nous n'allons pas nous étendre. Mais le générateur MHD est infailliblement inscrit dans notre futur technologique. C'est lui qui permettra, par exemple, d'exploiter au mieux l'énergie de fusion, comme évoqué dans l'article de la revue *Fusion*. Mais le lecteur pourra retrouver une description d'un moteur MHD d'aérodyne MHD dans un article que j'avais fait paraître en 1975 dans la revue *Science et Vie*, intitulé « Un moteur à plasma pour OVNI ».

Doté d'un tel moteur à la fois compact et léger, l'aérodyne MHD (décrit dans l'article de 1975), volant à vitesse hypersonique sans onde de choc, et utilisant l'énergie de fusion, deviendra un jour une réalité bien terrestre.

En France il existe des équipes qui travaillent de nouveau sur la MHD. Les Grenoblois étudient, pour le compte de l'armée, la propulsion MHD sous-marine. Au CEA, Marbach se préoccupe de pompes au sodium. Ces activités disparates ont été regroupées dans une sorte de « club », le PAMIR ou « Pôle des applications de la MHD à l'industrie et à la recherche ». Marbach en est le secrétaire. J'ai démarché auprès de lui, y compris publiquement, lors d'un congrès international de MHD qui s'était tenu au centre nucléaire de Cadarache en 1991, en demandant à être admis dans ce groupe. Réponse, devant les chercheurs étrangers médusés (beaucoup me connaissaient) :

– C'est impossible, vous n'appartenez pas à un laboratoire faisant régulièrement de la MHD.

Des sous-marins, oui. Mais des sous-marins qui volent, sans onde de choc, non, du moins hors du secret des sanctuaires militaires.

4

Dernières publications scientifiques

The missing mass problem

Jean-Pierre Petit, Observatory of Marseille, France (*Il Nuovo Cimento,* B, Vol. 109, July 1994, pp. 697-710)

Abstract
A new field equation is proposed, associated to a S_3 x R_1 topology. We introduce a differential involutive maping A which links any point of space σ to the antipodal region A(σ). According to this equation the geometry of the manifold depends both on the energy-momentum tensor **T** and on the antipodal tensor A(**T**). Considering time-independent metric with low fields and small velocities, we derive the associated Poisson equation, which provides cluster-like structures interacting with halo-like antipodal structures. The second structure helps the confinement of the first. It is suggested that this model could explain the missing mass effect and the large scale structure of the universe.

1) Introduction
The equilibrium of a galaxy is studied through a certain set of non-relativistic equations, as for example, Vlasov equation coupled to Poisson equation, which comes from the general Einstein field equation
(1)

$$\mathbf{S} = \chi\, \mathbf{T}$$

plus a steady-state hypothesis in which we take weak fields and small velocities. It is well known that the gravitational field due to the visible mass of our galaxy cannot balance the centrifugal and the pressure forces. Some people assume that some invisible mass, dark matter, may contribute to the field and balance the centrifugal force. In the following we are going to propose another model, based on a new field equation.

2) A new field equation

We assume that the universe has the topology of $S_3 \times R_1$.

The Gaussian coordinates are

(2)

$$\mathbf{x} = (x^o, \sigma)$$

where x^o is a time-marker and the vector σ represents the spatial markers. Space-time is oriented. It is possible to define a differential involutive maping linking a given point σ to the antipodal point σ^*.

(3)

$$\sigma^* = A(\sigma)$$

Consider two tensor fields **S** and **T**, defined on the manifold. Suppose that they are linked in the following field equation

(4)

$$\mathbf{S} = \chi(\mathbf{T} - A(\mathbf{T}))$$

with

(5)

$$A(\mathbf{T}) = \mathbf{T}^* = \mathbf{T}(x^o, \sigma^*)$$

We assume that the light follows the geodesics of space-time. **g** is the metric tensor. **R** is the Ricci tensor, so that

(6)

$$\mathbf{g}^* = \mathbf{g}(x^o, \sigma^*)$$
$$\mathbf{R}^* = \mathbf{R}(x^o, \sigma^*)$$

We can write the field equation in the more explicit form

(7)

$$\mathbf{R} - \frac{1}{2}\mathbf{g}\,R = \chi\left(\mathbf{T} - \frac{1}{2}\mathbf{g}\,T - \mathbf{T}^* + \frac{1}{2}\mathbf{g}^*\,T^*\right)$$

Let us write the tensors T and T* as

(8)

$$\mathbf{T} = \begin{vmatrix} \rho & 0 & 0 & 0 \\ 0 & -\frac{p}{c^2} & 0 & 0 \\ 0 & 0 & -\frac{p}{c^2} & 0 \\ 0 & 0 & 0 & -\frac{p}{c^2} \end{vmatrix}$$

(9)

$$\mathbf{T}^* = \begin{vmatrix} \rho^* & 0 & 0 & 0 \\ 0 & -\frac{p^*}{c^2} & 0 & 0 \\ 0 & 0 & -\frac{p^*}{c^2} & 0 \\ 0 & 0 & 0 & -\frac{p^*}{c^2} \end{vmatrix}$$

with

$\rho^* = \rho\,(x^o, \sigma^*)$
$p^* = p\,(x, \sigma^*)$

If we take the zero-divergence condition, the fluid obeys the following conservation equations

(10)

$$\delta\,\mathbf{T} = 0$$

3) Time independent conditions with weak fields and small velocities. The Poisson equation.

We can apply the classical method, taking a quasi-Lorentzian metric

(11)

$$g = \eta + \varepsilon\,\gamma$$

where η is the Lorentzian metric and ε is a small parameter.

In three-dimensional notations

(12)

$$\frac{d^2 \mathbf{x}}{dt^2} = -\frac{c^2}{2} \gamma_{oo}|i = -\frac{c^2}{2} \nabla\gamma_{oo}$$

The Newtonian law applies over all space. In addition the gravitational potential is

(13)

$$\Psi = -\frac{c^2}{2} \varepsilon\gamma_{oo}$$

Conversely, given the gravitational potential Ψ, the motion of a particle will be along a four-dimensional geodesic if the g_{oo} terms of the metric tensors has the form

(14)

$$g_{oo} = 1 + \frac{2\Psi}{c^2}$$

we get

(15)

$$\varepsilon \sum_{\beta=1}^{3} \gamma_{oo} \,|\beta|\, \beta = -\chi (\rho - \rho^*)$$

By identification we get the following Poisson equation

(16)

$$\Delta\Psi = 4 \pi G (\rho - \rho^*)$$

If we consider a spherically symmetric system

(17)

$$\frac{d^2\Psi}{dr^2} + \frac{2}{r} \frac{d\Psi}{dr} = 4 \pi G (\rho - \rho^*)$$

where

(18)

$$\rho^* = \rho (\sigma^*)$$

From (17)

(19)

$$\Psi^* = -\Psi$$

4) Spherically symmetric solution

In 1916 Eddington derived a spherically symmetric steady-state solution, combining the Vlasov and the Poisson equations. He assumed that the ellipsoid of the velocities was spherically symmetric and pointed towards the center of the system.

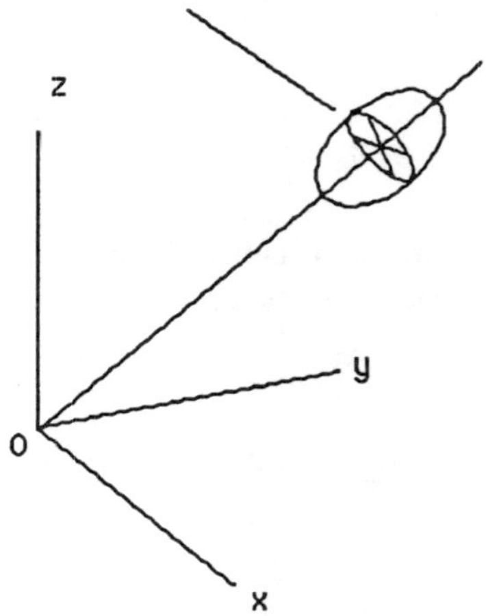

Fig. 1 : Ellipsoid of velocities corresponding to an Eddington-type solution

Eddington derived the following relation between the mass density and the gravitational potential

(20)

$$\rho = \rho_o \frac{e^{-\frac{m\Psi}{kT}}}{1 + \frac{r^2}{r_o{}^2}}$$

which represents a steady-state distribution of matter in a collision-free gas, in a gravitational potential Ψ, in which the gravitational force balances the pressure force. Let us take the same kind of a solution for the antipodal region

(21)

$$\rho^* = \rho_o \frac{e^{-\frac{m\Psi^*}{kT}}}{1 + \frac{r^2}{r_o{}^2}} = \rho_o \frac{e^{-\frac{m\Psi}{kT}}}{1 + \frac{r^2}{r_o{}^2}}$$

So that we have to solve the following equation
(22)

$$\frac{d^2\Psi}{dr^2} + \frac{2}{r}\frac{d\Psi}{dr} = 4\,\pi\,G\,\rho_o \left(\frac{e^{\frac{m\Psi}{kT}} - e^{\frac{m\Psi}{kT}}}{1 + \frac{r^2}{r_o^2}} \right)$$

Take
(23)

$$r_o = \lambda \sqrt{\frac{kT}{4\,\pi\,G\,\rho_o m}}$$

Introduce the following adimensional quantities:
(24)

$$r = \sqrt{\frac{kT_o}{4\,\pi\,G\,\rho_o m}}\ \xi \qquad \Psi = \frac{kT}{m}\ \varphi$$

We get
(25)

$$\varphi'' + \frac{2}{\xi}\varphi' = \frac{e^{-\varphi} - e^{\varphi}}{1 + (\frac{\xi}{\lambda})^2}$$

which can be solved by numerical computation. We can take the following initial conditions

$$\varphi'_o = 0$$

$$\varphi''_o = 10$$

$$\lambda = 10$$

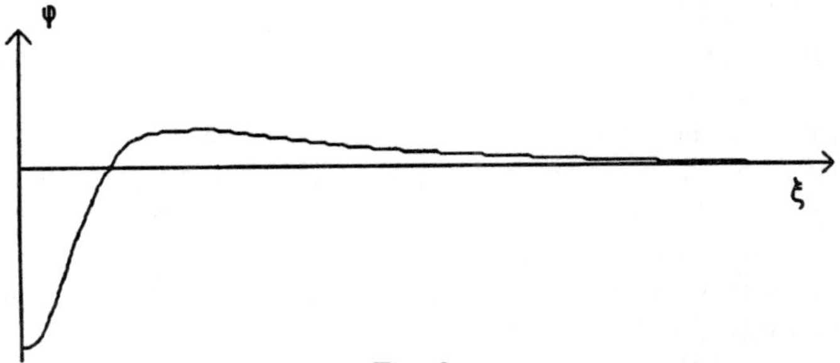

Fig. 2:
Spherically symmetric Eddington-type solution. The gravitational potential

$$\rho = \rho_o \frac{e^{-\varphi}}{1 + (\frac{\xi}{\lambda})^2}$$

$$\rho^* = \rho_o \frac{e^{\varphi}}{1 + (\frac{\xi}{\lambda})^2}$$

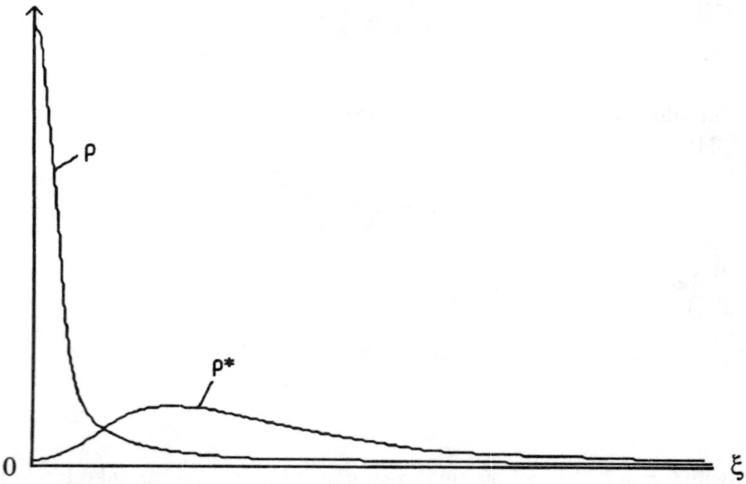

Fig. 3 : Spherically symmetric Eddington-type solution
Mass densities. If a cluster exists in one fold, an associated diffuse halo exists in the conjugated region of the second fold

5) The large size structure of the universe

From the equation (24) we see that if a cluster exists in one fold, an associated diffuse halo-structure exists in the conjugated region of the second fold. If this model is correct we should find halo-structures in our fold of the universe. With the help of Dr. Pierre Midy, from the university of Orsay, France, we have performed numerical simulations, using a Cray-1 computer. We consider two distributions of 350 points. The first is represented by little circles and the second by small crosses. At the beginning the points are randomly distributed on the screen and are supposed to represent two uniform gazes. Each mass owns a random velocity corresponding to an isotropic Maxwellian distribution with an averaged thermal velocity $<V>$. Call m_1 the elements of the first population and m_2 the elements of the second population. We apply the Newton law with

m_1 attracts m_1 : gravitational effect
m_2 attracts m_2 : gravitational effect
m_1 and m_2 repel each other: antigravitational effect

We consider this two-dimensional system as periodic over space. In other terms the upper boundary is linked to the lower one and the right to the left (Euclidean 2D torus). So that we can compute the sum of the mutual actions of the particles. For each interval of time Δt we compute the acceleration of each particle and determine the trajectory by Taylor expansion. Each particle that comes out through the right boundary reappears through the left one, and same thing for the upper and lower boundaries. This makes possible to study the gravitational instability of these two coupled systems in a finite portion of space (with toroidal topology). The interval of time is determined in order to get significant computational results. In other terms we demand the trajectory of a particle to be approximatively regular. The following figures show the typical behaviour of the system after 4 000 intervals of time. In figures 4 and 5 we find both clusters and cellular patterns. This is enhanced in the figures 7 and 8.

We suggest that such a mechanism could explain the large scale structure of the universe and the observed distribution of galaxies. Suppose that our fold of

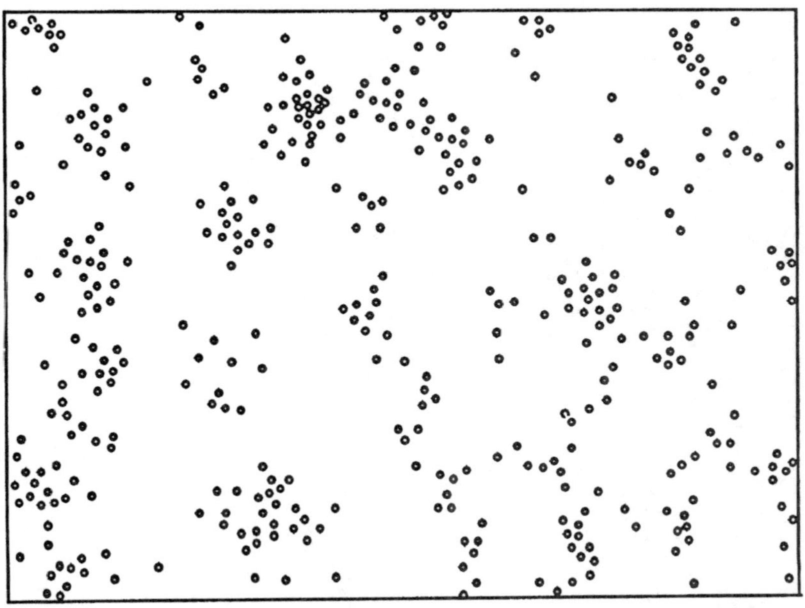

Fig. 4: Effect of the gravitational instability on the system 1

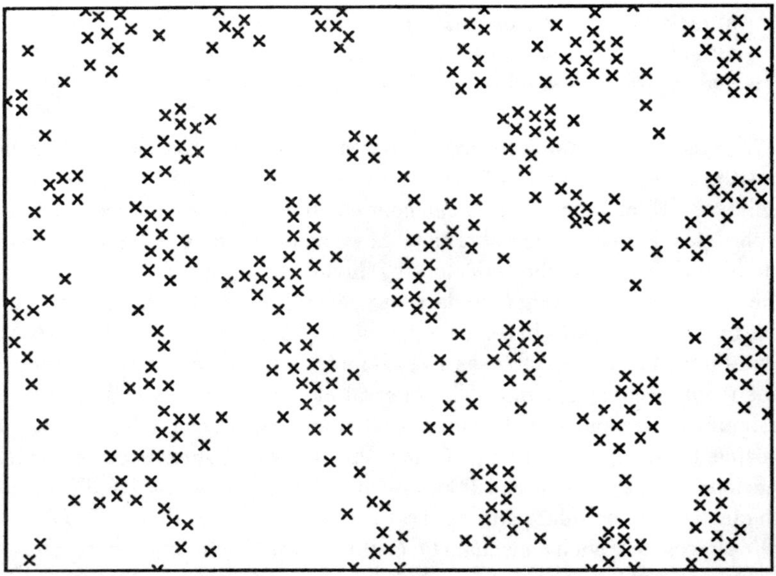

Fig. 5: Effect of the gravitational instability on the system 2

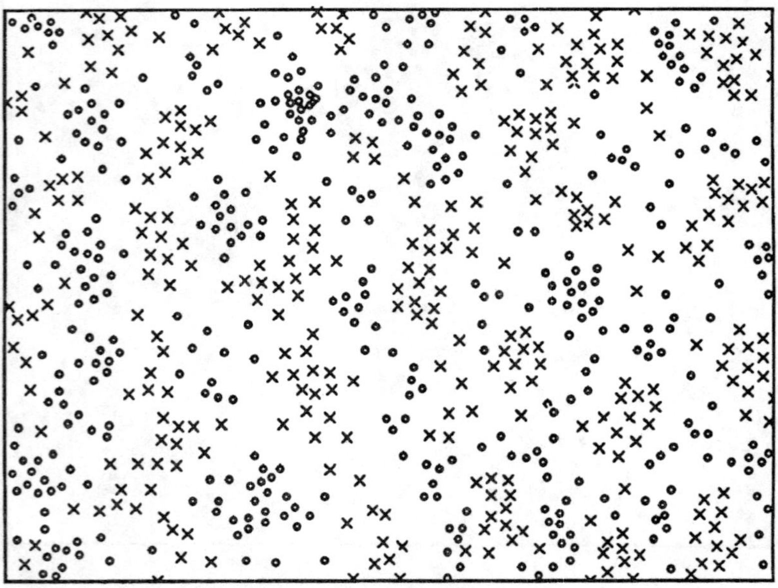

Fig. 6: Superposition of the two

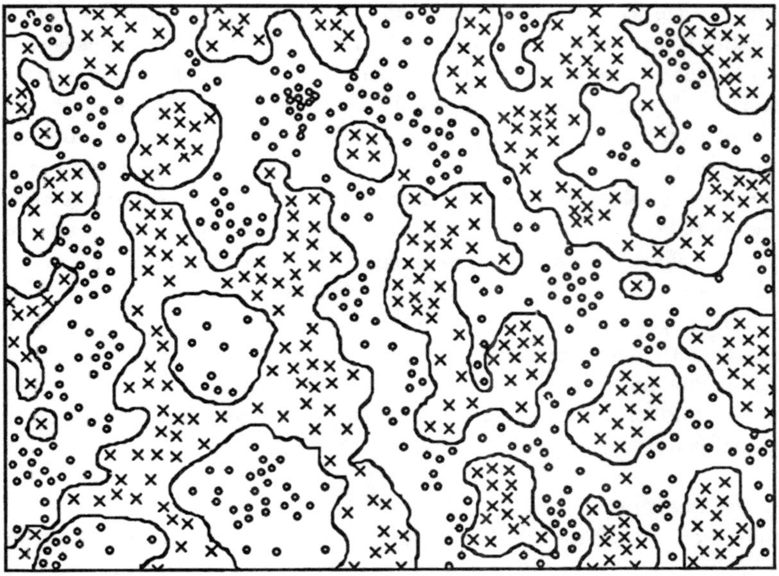

Fig. 7: Enhanced spacial distribution of the two populations

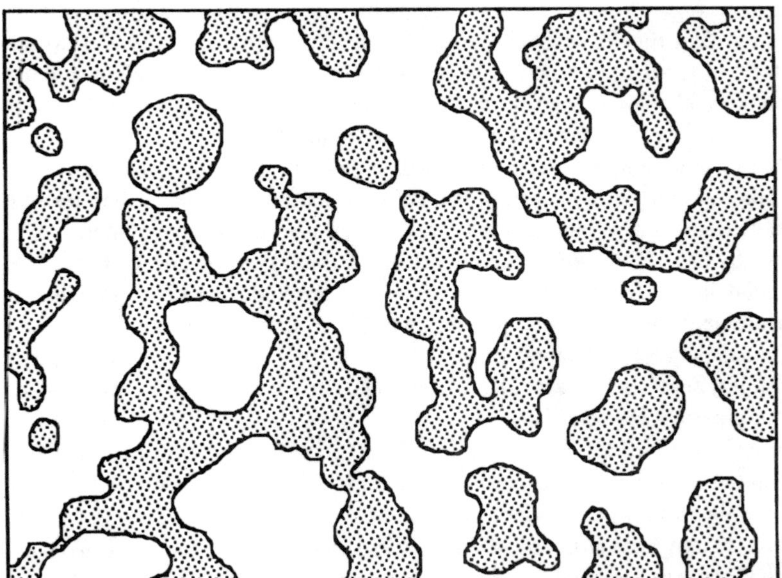

Fig. 8: White: population 1. Grey: population 2

the universe corresponds to the population 1. In the right lower part of the screen this matter is arranged around large « empty » bubbles. These bubbles correspond to a cluster arrangement in the population 2, supposed to be located in the second fold of the universe (in fact the antipodal region), according to our theory. But, as seen on the figure 8, for a given population, in some places the matter can be arranged as a Swiss « gruyère » cheese and in other places as an emulsion.

These first crude numerical simulations have to be developped with a larger number of points and in a three-dimensional representation. We know that the three-dimensional's behaviour of a system can be somewhat different from the two-dimensional's one. But we expect the conclusions to be similar. We think that with a larger number of points we could get a fractal system, as suggested in the figure 14, but we precise that this peculiar computation has not yet been done, but are under study. According to this idea the galaxies should be located in the holes of the associated anti-matter cloud, which would ensure their confinement, as suggested earlier.

6) The interpretation of the solution

From the figure 2 we see that the potential Ψ tends to a constant at the infinite. In the classical Eddington solution the potential owns a logarithmic growth. The figure 3 shows the association of a cluster of matter, located in the region σ, sourrounded by a smooth hollow located in the region σ^*.

In both regions matter attracts matter. But the negative sign, from the field equation and the Poisson equation, makes the matter and the « antipodal matter » to repel each other. This helps the confinement of the cluster. For a given thermal velocity the necessary quantity of matter to balance the pressure force is smaller. The smooth halo acts like a corset.

A field equation provides a macroscopic description of the universe. It does not take account of the corpuscular nature of matter. The model implies that particles and antipodal-particles live in very distant, antipodal portions of space. In fact their natures are identical. The physical meaning of the field equation is the following: the particles and antipodal-particles interact by gravitational effect, but not by electromagnetic effect. We assume that the antipodal particles, clusters, rings, are not observable with a telescope, or a radiotelescope. The observation of antipodal structures should require some sort of gravitational telescope.

From equation (22) clusters can be located in the antipodal region. Then, associated large halos, surrounding wide rarefied regions, should exist in the observable universe too. In fact they do, for it corresponds, in our mind, to the observed large scale structure of the universe : the galaxies seem to be arranged around large rarefied bubbles. According to our model, large clouds of antipodal matter should exist in the corresponding associated antipodal regions.

The universe was assumed to have a $S_3 \times R_1$ topology. The reader has probabily some difficulties to understand this strange three-dimensional geometry. In fact the sphere S_3 is simply shaped as the double cover of a projective space P_3. In such arrangement each point σ of the sphere is associated to its antipode $A(\sigma)$. The situation is similar for a sphere S_2 covering a projective space P_2, which can be represented in our space R_3 as the well known Boy surface.

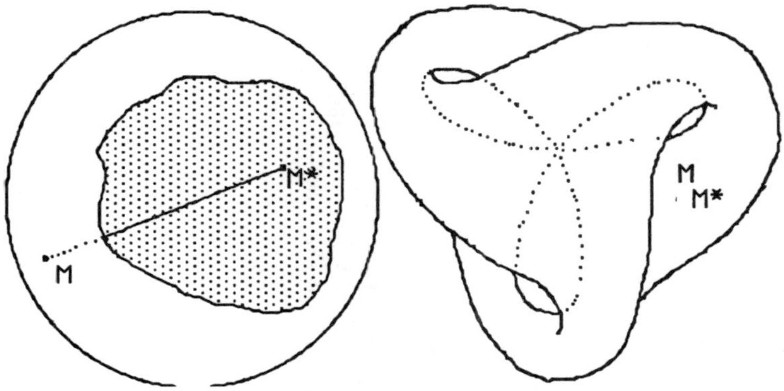

Fig. 9 : A couple of antipodal points on a sphere S_2 and the Boy surface, image of the projective space P_2

On the figure 10 we have figured the equator of a sphere and its location on the Boy surface.

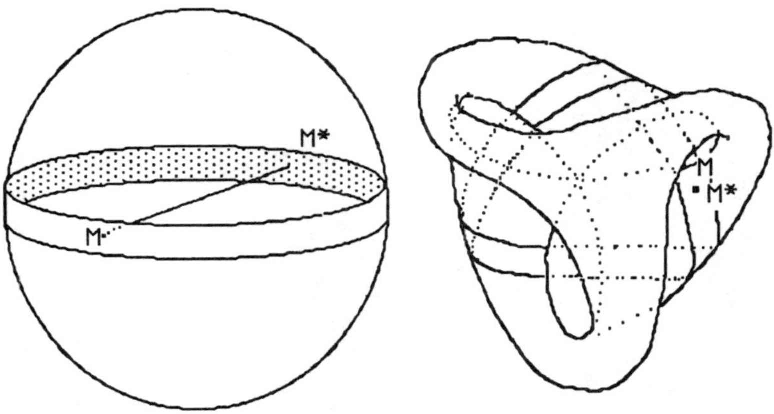

Fig. 10 : The vicinity of the equator of a 2-sphere and its location on a Boy surface

The figure 11 shows how the equator of a S_2 sphere can be glued on itself along a three half-turns Möbius belt. Locally the surface can be assimilated to a bundled manifold whose bundle owns two values, + 1 and – 1.

In a 3-sphere S_3, if one follows a geodesic, the antipodal point is at the half-way. If the 3-sphere is immersed in a four-dimensional space it is possible to make any point and its antipode to coincidate. These couples of points are

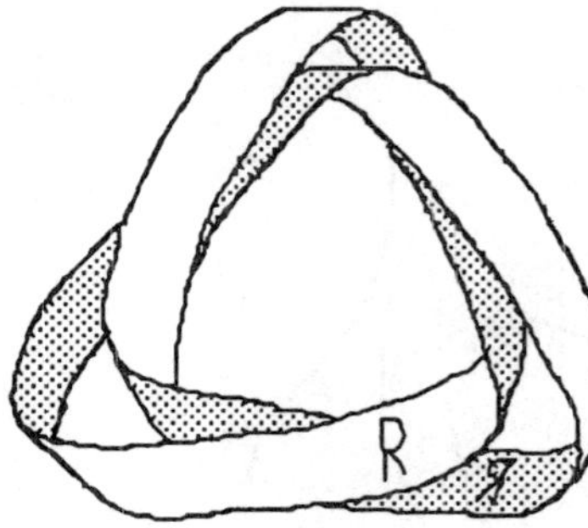

Fig. 11 : Enantiomorphic image corresponding to the cover of a Möbius belt

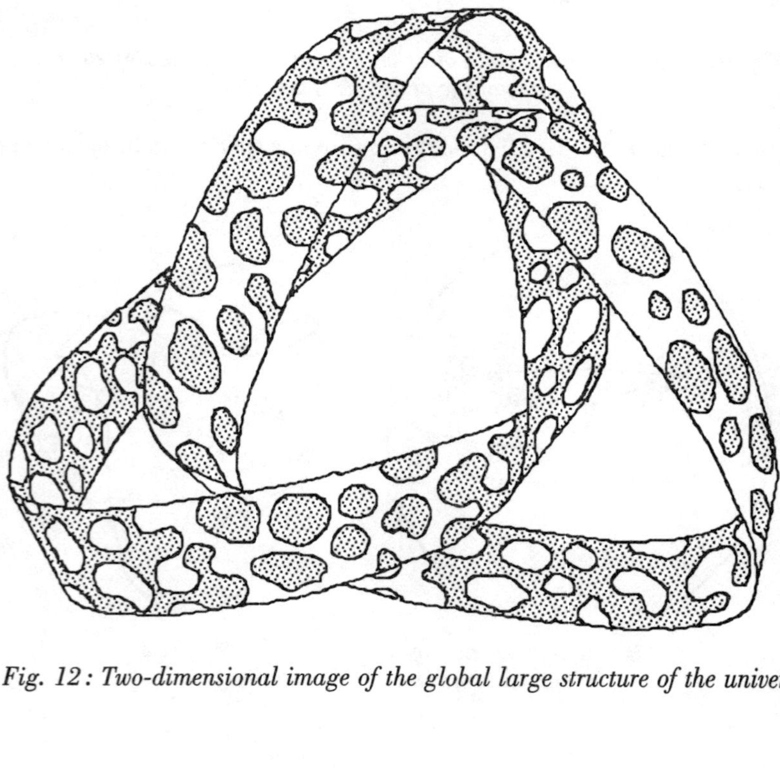

Fig. 12 : Two-dimensional image of the global large structure of the universe

associated through the antipodal diffential involutive maping A, but not identified.

As shown on the figure 12 we can proceed continously from a « gruyère » structure to a cluster structure. This peculiar feature was illustrated before, through 2d numerical simulations. When a region of space is put « in front » of the antipodal region, as suggested in the figure 12, the clusters nest in the holes.

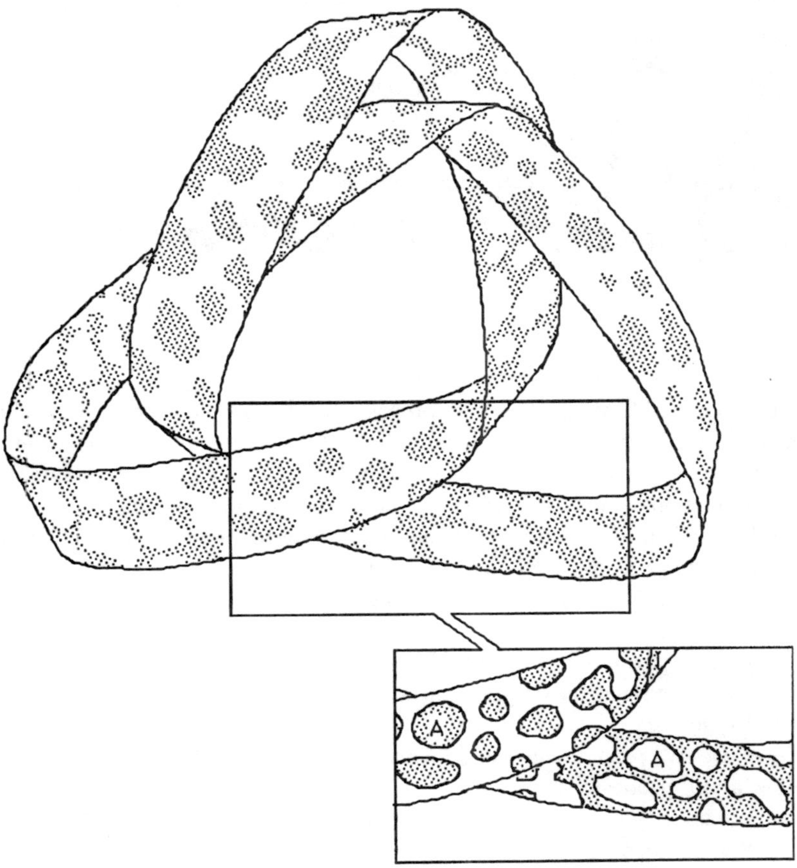

Fig. 13 : The interaction between two antipodal regions

This effect could act at the level of the galactic structure, as suggested in the figure 14, each galaxy nesting in a « hole » of the conjugated antipodal region.

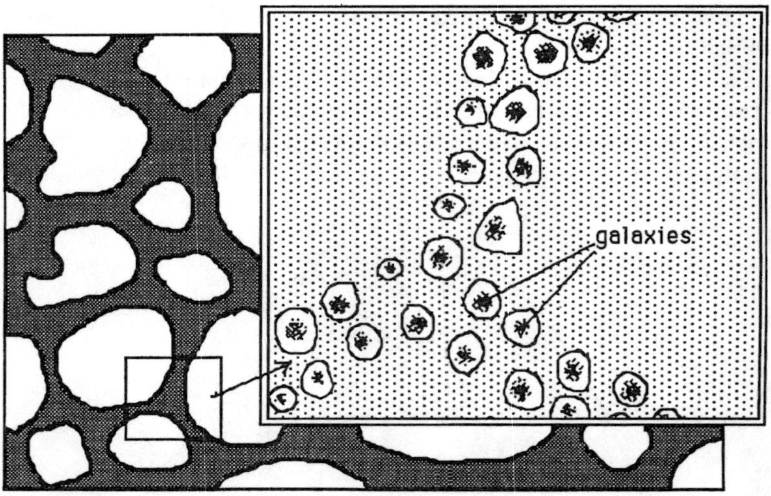

Fig. 14 : Smaller size structure

7) Some comments about the axioms

The classical General Relativity proposes a macroscopic description of the universe, shaped by the gravitational field. But, basically, the electromagnetic phenomena is not taken into account. In order to link this classical model to the observations, one has to bring the following additional axioms :

– The universe is filled by particles : neutral particles with a mass equal to m, and photons. Both contribute to the field.

– These particles move along geodesics of space-time.

– A particle may send electromagnetic signal.

– Another particle may receive this electromagnetic signal.

– This electromagnetic signal, carried by photons, follows the null geodesics of space-time.

– A massive particle may send a gravitational signal, which is supposed to follow a null geodesic.

– A massive particle may receive this gravitational signal.

So that, for an observer composed by matter, the universe becomes optically perceptible, according to these axioms. The photons are the go-between bringing an optical message from a massive particle to another one.

In the present model the universe is considered as a cover of a S_3 sphere, locally we have a structure similar to a bundled manifold, whose bundle should be limited to two values : + 1 and –1. Then we introduce the new following axioms.

– The universe is filled by particles: neutral particles whose mass is equal to m, and by photons. Both contribute to the field.

– The massive particles and the photon move along the geodesic of space time and cannot cross from a region to the conjugated antipodal region of S_3.

– A massive particle may send electromagnetic and gravitational signals, which can be received by another massive particle.

– The gravitational signal travels along the geodesics of space-time, but also along the geodesics of the « adjacent folds of the universe », « through the bundle structure » so that the gravitational signal owns some sort of ubiquity, because it acts both in a region of the manifold and in the antipodal region (or in other terms in the « adjacent region », if we choose the bundled manifold image).

– The structure of the new field equation brings the following features.

If a gravitational signal is emitted and received by two particles which « belong to the same fold » the phenomenon identifies with the classical description.

But a gravitational signal emitted by a massive particle can be received by another particle located is the adjacent region (the antipodal region), in other terms « through the bundle structure », the negative sign in the second member of the field equation changing the nature of the signal, as if it was emitted by a « negative mass ».

– The electromagnetic signal follows the ordinary null geodesics of the manifold, but does not own this property of ubiquity. It cannot cross from a fold to the « adjacent fold through the bundle structure ». To travel from a region of the manifold to the antipodal region, light has to do a complete half-turn of the S_3 sphere.

We confess that this proposed geometric description remains primitive and somewhat unclear. A correct description should imply a more refined model, including the gravitational and electromagnetic phenomena, i.e. an unified theory, which does not exist presently.

The bundled manifold local description is similar to a 5d Kaluza model, in which the fifth dimension would be limited to two values + 1 and – 1, as suggested earlier by Alain Connes.

8) Estimation of the « missing mass effect »

Apply a perturbation method to the Euler equations:

(25)

$$\Psi = \Psi_o + \delta\Psi$$
$$\Psi^* = \Psi^*_o + \delta\Psi^*$$

with the first order solution:
(26)

$$\rho^*_o = \rho_o$$
$$\Delta\Psi = \Delta\Psi_o = 0$$

The Poisson equation gives:
(27)

$$\Delta\delta\Psi = 4\,\pi\,G\,\rho_o\,(e - \frac{m\delta\Psi}{kT} - e - \frac{m\delta\Psi^*}{kT})$$

$$\delta\rho = \rho_o\,e - \frac{m\delta\Psi}{kT} \qquad \delta\rho^* = \rho_o\,e\ \frac{m\delta\Psi}{kT}$$

$$\delta\Psi = -\ \delta\Psi^*$$

(28)

$$\Delta\delta\Psi + \frac{8\,\pi\,G\,\rho_o}{kT}\ \delta\Psi = 0$$

Lj is the classical Jeans length
(29)

$$L_j = \sqrt{\frac{kT}{4\,\pi\,G\,\rho_o}}$$

(30)

$$\Delta\delta\Psi + 2\ \frac{\delta\Psi}{L_j^2} = 0$$

This is the well known Helmoltz equation.
In classical steady-state approach we had
(31)

$$\Delta\delta\Psi + \frac{\delta\Psi}{L_j^2} = 0$$

The interaction with the antipodal region shortens the Jeans length by a factor 1.414 so that we have a confinement effect. If we have a positive concentration of matter $\delta\rho$ in our space-time fold, we will find a negative $\delta\rho^*$ in the associated antipodal region, and vice-versa. The confinement of the mass due to the action of the antipodal region should reduce the necessary mass to balance pressure or centrifugal force by a factor:

$$\frac{1}{2^{3/2}} = 0{,}353$$

9) Writing the equation into a complex form

Write

(32)

$\mathbf{S}_1 = \mathbf{S}(x^o,\sigma)$

$\mathbf{S}_2 = \mathbf{S}(x^o,\sigma^*)$

$\mathbf{T}_1 = \mathbf{T}(x^o,\sigma)$

$\mathbf{T}_2 = \mathbf{T}(x^o,\sigma^*)$

$\Sigma = \Sigma_1 + i\ \Sigma_2$

$\tau = \tau_1 + i\ \tau_2$

$\tau^c = \tau_1 - i\ \tau_2$

The equation (4) can be written

(33)

$$\Sigma = \omega\ (\tau - i\ \tau^c)$$

As suggested previously by Penrose, the quantification of the gravitation could be due to the complex form of the field equation. The equation (33) could perhaps bring a new insight on the problem.

10) Conclusion

We propose a new field equation, from which, with the classical approximation: steady-state, weak fields, low velocities, we derive the associated Poisson equation. Coupled Eddington solutions give a set of clusters, associated to a interacting ring-like clouds, located in the antipodal region. The antipodal halo-like structure repels the cluster and helps its confinement. The reduction factor is roughly evaluated. It is suggested, through 2d numerical simulations, that this model could explain the large scale structure of the universe. In addition, the interaction between a cluster and its associated antipodal structure could provide spiral structure. A collision of a cluster with an anti-cluster could also explain the very irregular galaxies.

References

(1) A.D. Sakharov, *ZhETF Pis'ma* 5: 32 (1967); *JETP Lett.* 5: 24 (1967); trad. Preprint R2-4267, *JINR*, Dubna.

(2) D. Novikov, *ZhETF Pis'ma* 3: 223 (1966); *JETP Lett.* 3: 142 (1966); trad. *Astr. Zh.* 43: 911 (1966), *Sov. Astr.* 10: 731 (1967).

(3) J.-P. Petit: « Univers énantiomorphes à temps propres opposés », *CRAS* du 23 mai 1977, t. 284, série A, pp. 1315-1318.

(4) J.-P. Petit: « Univers en interaction avec leur image dans le miroir du temps », *CRAS* du 6 juin 1977, t. 284, série A, pp. 1413-1416.

(5) J.-P. Petit: *Le Topologicon*, éditions Belin, Paris, 1984.

Twin Universes cosmology

Jean-Pierre Petit, Observatory of Marseille, France; accepté pour publication par la revue *Astrophysics and Space Cosmology* le 8 février 1995

Abstract

Starting from the field equation **S** = χ (**T** - A(**T**)), presented in a former paper, we present last results, based on numerical simulations, giving a new model applying to the very large structure of the Universe. A theory of inverse gravitational lensing is developped, in which the observed effects could be mainly due to the action of surrounding « antipodal matter ». This is an alternative to the explanation based on dark matter existence. Then we develop a cosmological model. Because of the hypothesis of homogeneity, the metric must be solution of the equation **S** = 0, although the total mass of the Universe is non-zero. In order to avoid the trivial solution R = constant × t, we consider a model with « variable constants ». Then we derive the laws linking the different constants of physics: G, c, h, m in order to keep the basic equations of physics invariant, so that the variation of these constants is not measurable in the laboratory: the only effect of this process is the red shift, due to the secular variation of these constants. All the energies are conserved, but not the masses. We find that all the characteristic lengths (Schwarzschild, Jeans, Compton, Planck) vary like the characteristic length R, whence all the characteristic times vary like the cosmic time t. As the energy of the photon hν is conserved over its flight, the decrease of its frequency ν is due to the growth of the Planck constant h $\approx$ t. In such conditions the field equations has a single solution, corresponding to a negative curvature and to an evolution law: R $\approx$ $t^{2/3}$.

The model is no longer isentropic and s $\approx$Log t. The cosmologic horizon varies like R, so that the homogeneity of the Universe is ensured at any time which constitues an alternative to the theory of inflation. We refind, for moderate distances, the Hubble's law. A new law: distance = f(z) is derived, very close to the classical one for moderate red shifts.

1) Introduction

In a former paper [1] a cosmological model was presented, based on a new field equation:

(1)

$$\mathbf{S} = \chi\,(\mathbf{T} - A(\mathbf{T}))$$

which follows from the Lagragian ($R^+ - R^-$).
The Einstein equation:
(2)

$$\mathbf{S} = \chi \, \mathbf{T}$$

is a local equation, meaning that the local geometry of the universe (tensor **S**) is determined by the local content of energy-matter (tensor **T**). In the equation (1) we assumed that space-time hypersurface had a S3 × R1 topology and that the local geometry of the universe was determined both by the local content of energy-matter and by the content of energy-matter of the associated antipodal fold, through the antipodality relationship A.

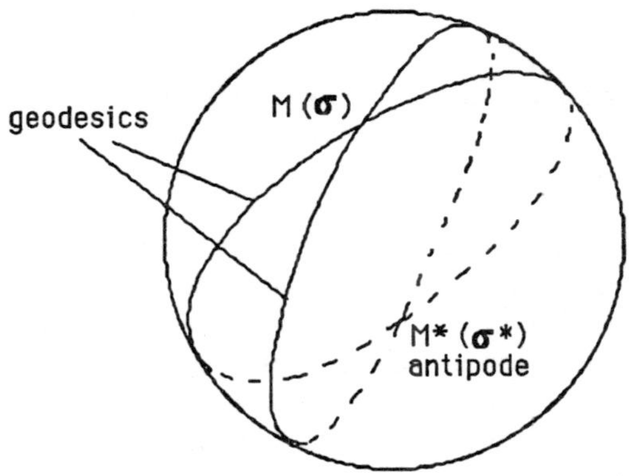

Fig. 1 : The coordinate-invariant antipodality relationship

If σ represents the space coordinates, two geodesics starting from M focus at the antipodal point M*, or A(M). A is an involutive mapping. We can give a didactic image in order to schematize the physical meaning of the equation (1).

Consider a S2 hollow sphere made of some opaque material. We suppose that, in this medium, the heat does not propagate, but causes dilatation. If we deposit thermal energy in some places, the surface will be shaped by dilatation. In such a model, the heat represents the energy (tensor **T**). The dilatation materializes the impact of the local energy content on the local geometry. Light does not propagate in this medium, as assumed. But we can assume that sonic waves can propagate and may carry the information, from a point to another point.

In classical General Relativity, light is not « contained » in the model, for the electromagnetic energy is not explicitly present in the energy tensor (although radiative pressure terms can be present in the tensor **T**), so that the propagation of light along null-geodesics is nothing but an hypothesis, well-confirmed by the observations and experiences. The analogue of the sonic waves, in the classical RG model, are the gravitational waves, that we can build, perturbing the field equation. However, we cannot build electromagnetic waves from the equation (2) and we assume that they follow the null-geodesics of the manifold, as the gravitational waves do.

In the equation (1) we assumed that light also follow the null-geodesic. Moreover, we assumed that the local geometry **S** was determined both by the local energy-matter content **T** and by the associated antipodal content A(**T**). In our former paper [1], using the classical low field and small velocities approximation, we have shown that the « antipodal matter » (located in σ^*) acted on the matter (located in σ) as « a repulsive negative mass distribution », due to the presence of the minus sign of the field equation (1).

We can schematize that in the following 2d model. Take a plane and put masses on the two sides, symbolized by small disks.

Two masses can collide, and exchange photons, if they are located in the same side. They cannot if they are located on different sides. Two masses located on the same side attract each other through Newtonian law. Two masses located on opposite sides repel each other, through a Newtonian law. Particles located on the same side can exchange photons, but not particles located on opposite sides (the plane is opaque). See figure 2.

In our former paper we have shown, through analytic solution, that this mechanism provided a « missing mass effect », for an observer located on one side, if he ignores the existence of the particles located on the other one. Some results of 2d numerical simulations were presented [1]. They provided, at large scale, a non-homogenous pattern. See reference [1], figure 7.

But this does not look like the known Universe, which appears to be fairly spongy. In 1970 Zel'dovich proposed his well-known theory of the pancakes [2]. The pancake effect was first demonstrated in numerical models for the evolution of the three-dimensional mass distribution by Doroshkevich and al. (1980), Klypin and Shandarin (1983), and Centrella and Mellot (1983) [3, 4, 5]. Mellot and Shandarin (1990) gave an elegant demonstration of the effect by using two-dimensional computations that afforded considerably better resolution for given particle number, see reference [6]. Shandarin (1988) and Kofma, Pogosyan and Shandarin (1990) presented a powerful semianalytic method for predicting the positions of pancakes from the initial conditions [7 and 8]. More recently (1992) Mellot used a 3d set of 643 particles, with periodic boundary conditions. From Mellot, the density

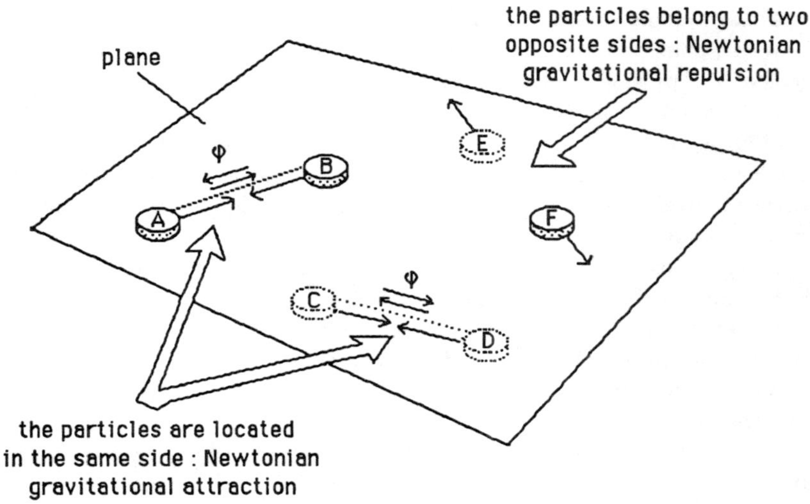

Fig. 2 : Two-dimensional image of the system of forces

If the particles are on the same side, they attract each other, according to the Newton law. If they belong to opposite sides they repel each other, according to the repulsive Newton law. Photons φ can travel from A to B and from C to D and vice-versa, for they are located ont the same side. The cannot travel from E to F, and vice-versa.

fluctuations remains small. As pointed out by Peebles in 1993 [9] : « This cannot be the whole story, for the pancakes found are a transient effect : with increasing time the mass in the pancakes drains into clumps that are concentrated in all the three dimensions. This means that if the local sheet of galaxies were a pancake, it must have been formed recently. » Then Peebles asked : « Could there be a second generation of pancakes that form by the collective collapse of the groups of the clumps that formed out of the first generation ? » But he concluded immediatly : « This does not follow from the analysis given, for it depends on the continuity of the velocity field that allows to write down a series expansion for the evolution of the relative positions. After the formation of the first generation of clumps, which might be the galaxies or their progenitors, the velocity field in general does not have the coherence length, and the analysis from the continuity does not apply. »

As a conclusion the pancake theory cannot describe, in its present state, the observed large scale structure.

2) Large scale structure and « twin universe model »

We assumed in the previous paper [1] that the Universe had a S3 × R1 geometry. Any region of the universe interacts antigravitationaly with its associated antipodal region, through equation (1). There is a single kind of positive matter m, filling the S3 sphere. Then the total mass of the Universe is non-zero. In the reference [1] several didactic 2d images (figures 10, 11 and 12) were given, in order to explain the mechanims of the interaction of the two adjacent folds.

Using a boosted HP work-station and a set of 2 × 5 000 interacting points, F. Lansheat confirmed the work of Pierre Midy (reference [1], figure 8). Then he focussed on a smaller region, indicated on the figure 3, in which the density of the matter in the « adjacent fold » was much higher that in the other fold.

As expected the gravitational instability still occurs and provides new conjugated structures. See figures 4 and 5.

The matter of the twin fold forms big stable clumps, which repel the matter of our fold of the universe, this last taking place in the remnant space. By opposition to the pancake model numerical simulations, this pattern is fairly

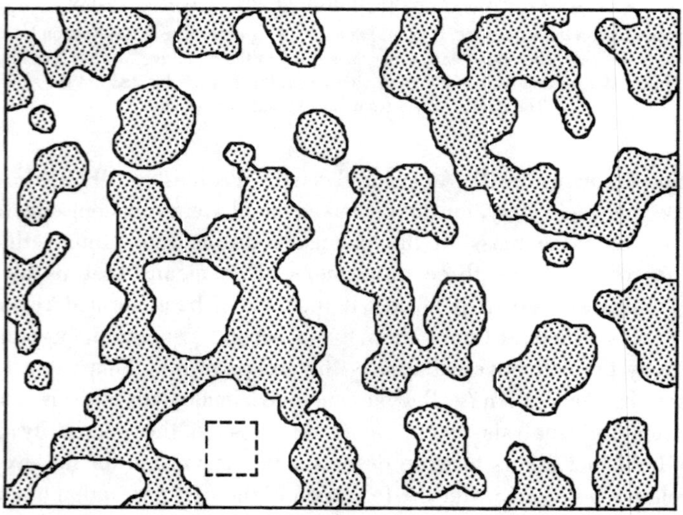

Fig. 3: Dotted square: focussing on some portion of the very large scale structure in wich the density of matter in the first fold (supposed to be ours, grey color) is supposed to be smaller that the density of matter in the adjacent fold (white color)

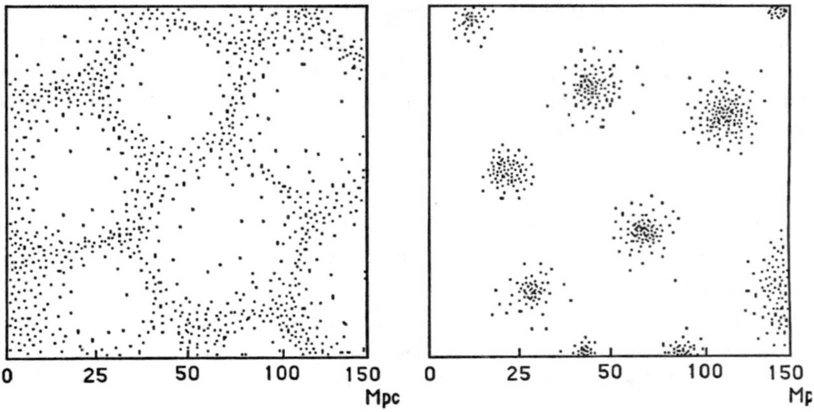

Structure in fold 1 (ours)
averaged mass-density ρ_o

Structure in the antipodal fold
averaged mass-density $\rho_o^* \approx 50\,\rho_o$

Fig. 4: Results of simulations performed by F. Lansheat, showing the large structure of the Universe, due to the interaction of the two adjacent folds.

Mean value of $\rho^* = 50$ times the mean value of ρ (left).
Left: cellular structure. Right: cluster structure

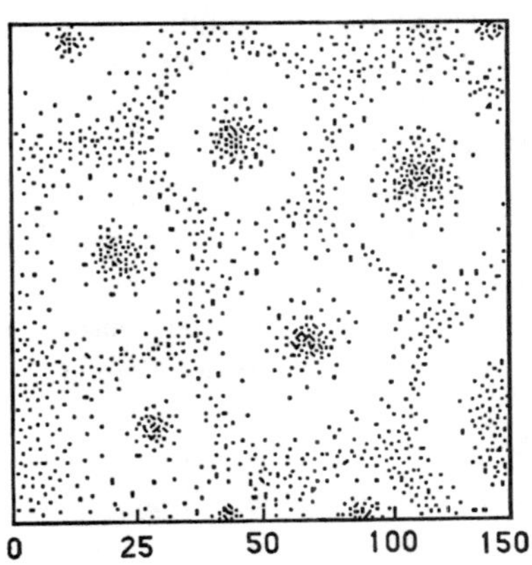

Fig. 5: The same, superposed

non-linear. After its formation, corresponding to the Jeans time of the high density system (2 10^9 years), there is no significant evolution of the general pattern over a time comparable to the age of the Universe so that this model could be a good candidate to explain the observed spongy aspect of our fold of the Universe, at large scale.

3) 2d and 3d simulations

From the results of the 2d simulation, F. Lansheat performed a 2 point correlation and compared to the 2d correlation obtained from a grey distribution of points (Poisson distribution). The result is shown on the figure 6. The left hand of the curve is not relevant, for the distance between the points becomes comparable to the mean distance of the random distribution. The growth on the right hand is just an artefact due to the border of the field (periodic boudary). This result cannot be compared directly to the empirical law derived from observational data (slope -1.8), see the surveys of Bahcall (1988) [31], Bahcall and Soneira (1983) [32], Bahcall and West (1992) [33], Luo and Schramm (1992) [34]. Three-dimensional simulations have to be performed, with a larger number of points. If possible, the fitting with the observational data would provide the ratio of the mass densities of the two universes.

How to outline a scenario for the formation of large-scale cosmological structure in this model? As long as the coupling between mass and light remains strong ($t < 10^5$ years), the Universe remains homogeneous and all the processes linked to the gravitational instability (formation of clumps, galaxies, stars and spongy structure) are frozen. When the Universe becomes transparent we can assume that all these processes occur, with their proper characteristic times of formation and evolution. All that we can say is that the suggested very large structure forms in 2 10^9 years.

4) Inverse gravitational lensing

The problem of the gravitational lensing must be reconsidered. As suggested in the previous paper [1], in the present model the confinement of the galaxies is mainly due to the action of the surrouding antipodal matter, located in the twin fold, to be consistent to the strong missing mass effect. Numerical simulations provided some description of a galaxy, surrounded by halos of antipodal matter [1]. See figure 7.

As a confirmation of this confinement effect, if we remove the antipodal matter from the system, the central object dissipates immediatly. Although this figure concentrate on the surrouding halo, all the surrounding antipodal matter contributes to this confinement effect, so that we can figure schematically the galaxies as nested in some sort of holes of the antipodal matter, as suggested in

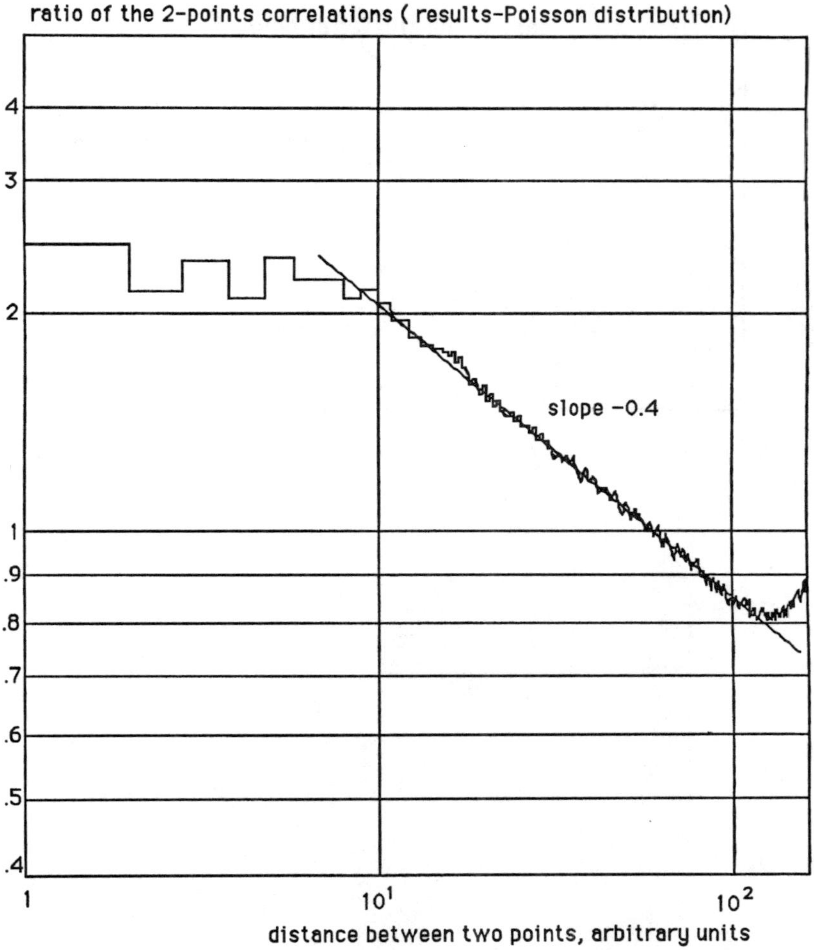

Fig. 6 : The slope of the curve of the 2-points correlations ratio
Numerical simulation versus Poisson random distribution

the figure 8. The intensity of the confinement effect depends obviously on the density ρ^* of the antipodal matter distribution, which should be at least ten times larger than ρ.

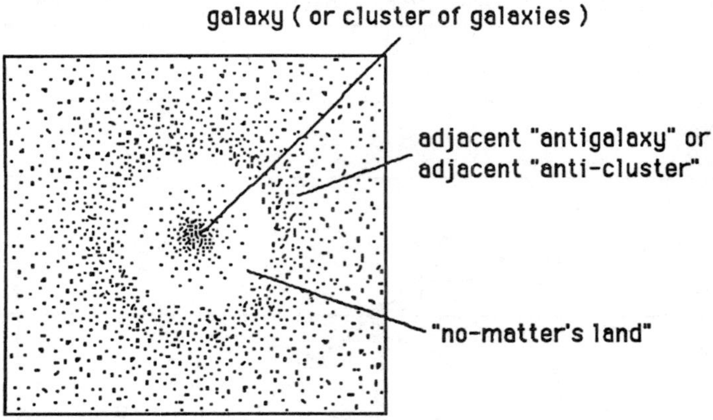

Fig. 7 : Concentration of mass confined by the action of the surrounding antipodal matter from 2d numerical simulations

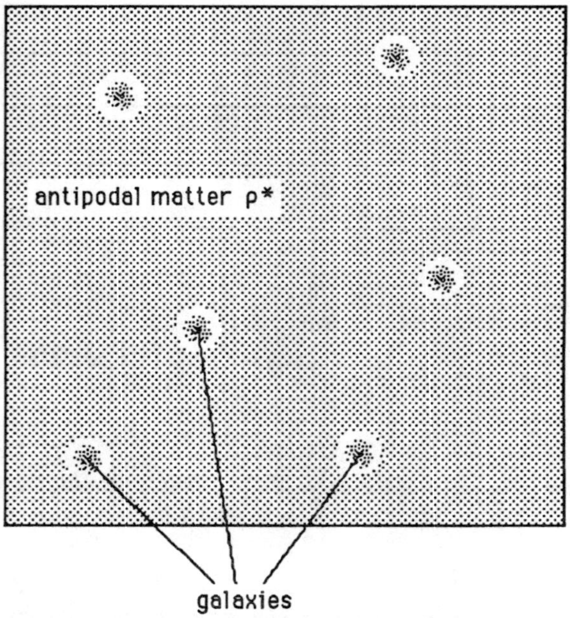

Fig. 8 : Galaxies nesting in a wide antipodal matter cloud
The galaxy and the antipodal matter repel each other.

Classically, matter « attracts » photons and produces gravitational lensing. The trajectory of photons, bent by the presence of a positive point-mass can be computed from a Schwarzschild solution:

(3)

$$ds^2 = \left(1 - \frac{2m}{r}\right)(dx^o)^2 - \frac{dr^2}{1 - \frac{2m}{r}} - r^2\,(d\theta^2 + \sin^2\theta\, d\,\varphi)$$

Notice that m is an arbitrary constant of integration. For weak fields and slowly miving bodies we can link the g_{00} term of the metric to the gravitational potential Ψ through:

(4)

$$g_{oo} \approx 1 + \frac{2\,\Psi}{c^2}$$

The gravitational potential, due to a mass M, is:

(5)

$$\Psi = -\frac{GM}{r}$$

whatever this mass M would be positive or negative. If M is negative, it repels the test particle. Then

(6)

$$g_{oo} \approx 1 - \frac{2\,GM}{rc^2}$$

whence:

(7)

$$m = \frac{GM}{c^2} \text{ (positive or negative)}$$

If M is positive the characteristic Schwarzschild length is

(8)

$$R_S = \frac{2\,GM}{c^2}$$

As pointed out above, m is nothing but an arbitrary constant of integration is the Schwarzschild solution. If we take $m < 0$ then the associated mass M becomes negative. We can define a characteritic length, positive (the Schwarzschild radius R_s) from:

(9)

$$m < 0 \qquad M = \frac{m\,c^2}{G} < 0 \qquad R_S = -\frac{2\,GM}{c^2} > 0$$

The trajectory, in polar coordinates, corresponds to:
(10)

$$\varphi = \varphi_o + \int_{u_0}^{u} \frac{du}{\sqrt{\frac{c^2\,l^2 - 1}{h^2} + \frac{2m}{h^2}\,u - u^2 + 2\,m\,u^3}}$$

See reference [10] page 203. For the photon, following the null-geodesics, we get
(11)

$$\varphi = \varphi_o + \int_{u_0}^{u} \frac{du}{\sqrt{\frac{c^2\,l^2}{h^2} - u^2 + 2\,m\,u^3}}$$

φ is the polar angle for this plane trajectory. $u = l/r$
A positive mass ($M > 0$; $m > 0$) produces a positive gravitational lensing:

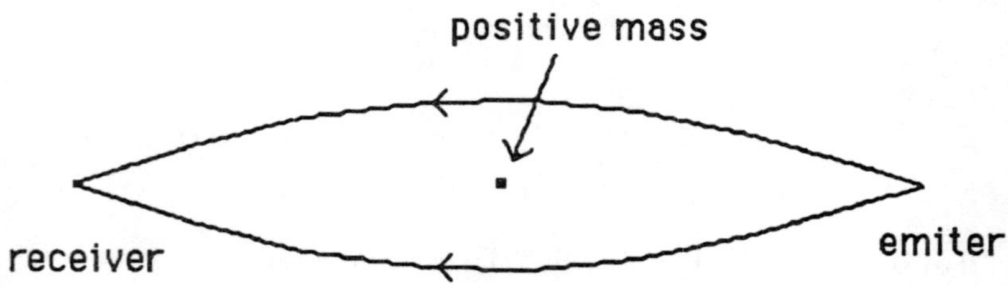

Fig. 9: Classical (positive) gravitational lensing

For a test particle, located in one fold, a mass located in the adjacent fold behaves like a repulsive negative mass ($M < 0$; $m < 0$) and then produces a negative lensing effect. (See fig. 10.)

Notice that these hyperbolic pathes are familiar to the specialists of plasma physics (e-e or p-p scatterings).

Let us schematize the situation. Consider an homogeneous distribution of antipodal matter. In this distribution we find, in some places, holes in which the galaxies nest.

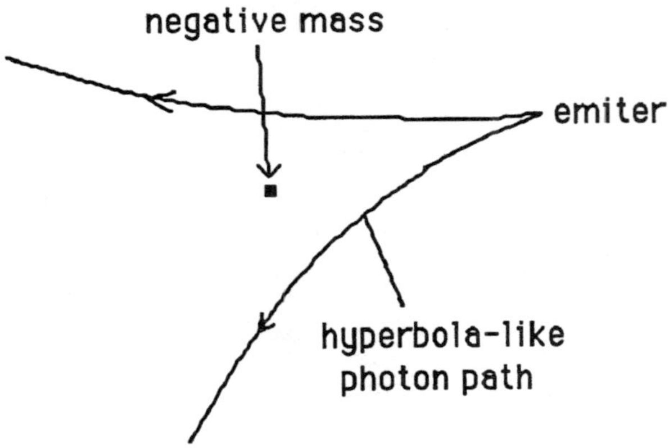

Fig. 10 : Negative lensing effect due to a « negative » mass

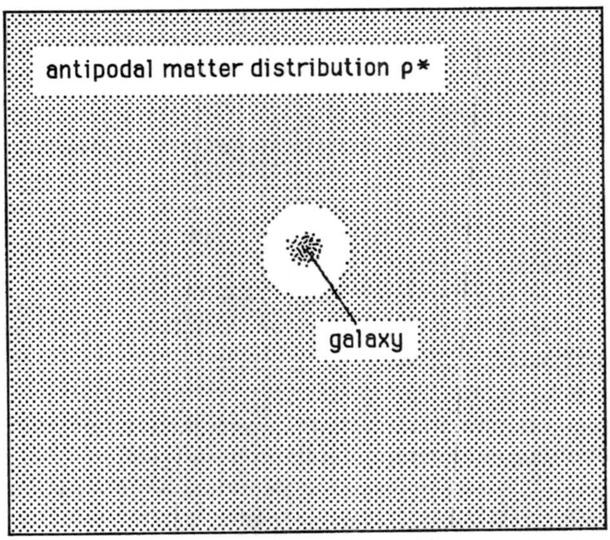

Fig. 11 : A galaxy nesting in an homogeneous cloud of antipodal matter

A hole in a distribution of negative mass produces a positive gravitational lensing effect.

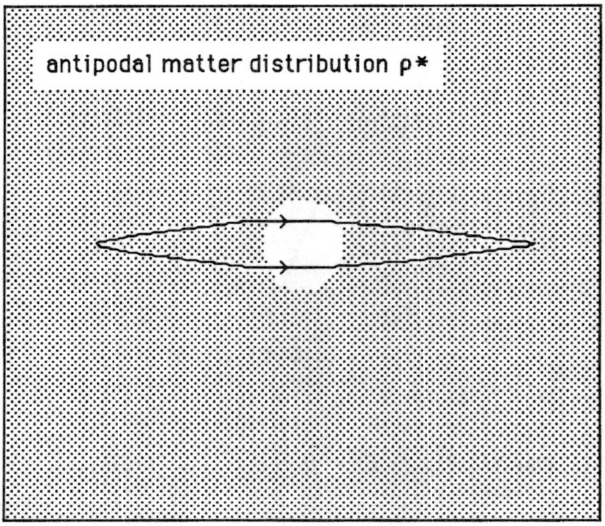

Fig. 12 : Induced positive gravitational lensing effect

Qualitatively this equivalent to the effect due to an homogeneous sphere of positive mass. See figure 13.

Classically one use the gravitational lensing to evaluate the so-called invisible mass contained in a galaxy. People uses to say : « The dark matter exists in our galaxy : we measure it, through the missing mass effect. » In this twin cosmological model a strong lensing effect should not be a proof of the existence of invisible mass in a galaxy, but could be due to the action of the invisible surrounding antipodal matter, which could be evaluated from the measured effects. See the figure 14.

In our galaxy the mass necessary to prevent the explosion by centrifugal force is about 10 times higher that the observed mass. If the confinement effect is due to the action of surrounding invisible antipodal matter, it means that the effect of this invisible matter is important. This could be general in the region of the universe we live in. Then all the neighbour galaxies could be surrouded by dense halos of antipodal matter, and the observed gravitational lensing should be mostly due to the antipodal material than to the galaxies themselves.

The model based on the equation (1) gives a new insight on the missing mass problem [1] and on the very large structure of the Universe. This work was based on the low field and weak velocities hypothesis and refered to a

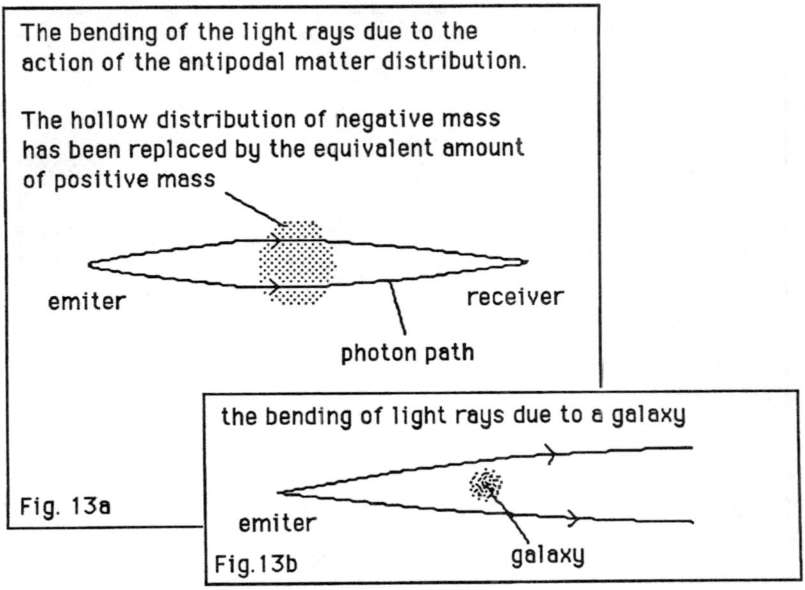

Fig. 13 : Positive gravitational lensing effect due to the distribution of antipodal matter (acting like a negative mass) (Fig. 13a)

We have replaced the hollow by an equivalent amount of positive mass.
Compared positive lensing due to a galaxy (Fig. 13b)

quasi-steady Universe, at cosmologic scale, with respect to space and time. In order to complete this cosmological model we have now to study the evolution of the Universe as a whole.

5) About the constancy of G and c

Consider the two quantities G (gravitation) and c (velocity of the light). They are involved in the constant of Einstein χ. This last is classically determined as the following:

The metric is expressed as:

(12)

$$g_{\mu\nu} = g^{(L)}_{\mu\nu} + \varepsilon\, \gamma_{\mu\nu}$$

where $g_{\mu\nu}(L)$ is the Lorentz metric tensor and $\varepsilon\gamma_{\mu\nu}$ represents a very small time-independant perturbation (nearly Lorentzian metric tensor). Furthermore,

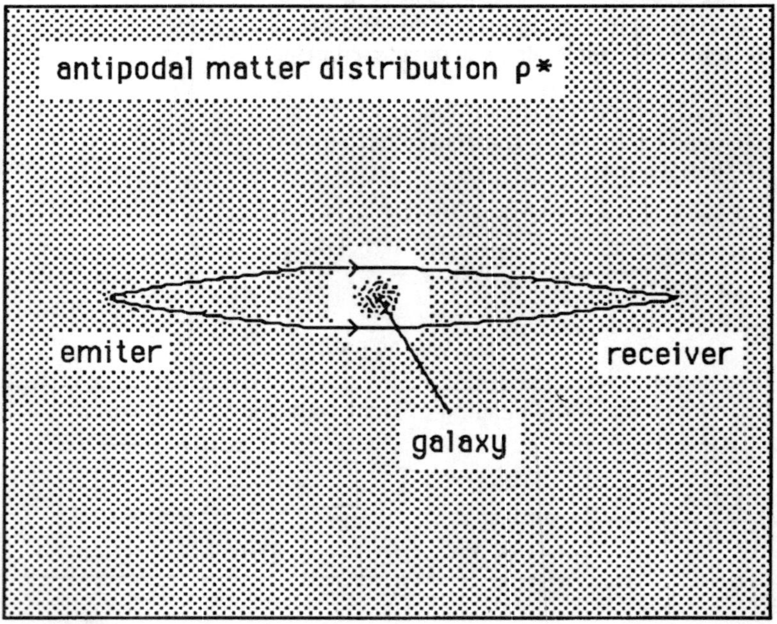

Fig. 14: Combination of the two positive gravitational lensing effects due to the galaxy and to the surrounding antipodal matter

in order to make a close connexion with classical theory, one supposes that the velocity of a particle along a geodesic is much less than c, i.e:

(13)

$$\left(\frac{ds}{dx^o}\right)^2 \cong (1 + \varepsilon\, \gamma_\infty)$$

One next applies the same approximation to the differential equation of a geodesic:

(14)

$$\frac{d^2 x^\alpha}{ds^2} + \left(\begin{smallmatrix} \alpha \\ \eta\ \tau \end{smallmatrix}\right) \frac{dx^\eta}{ds} \frac{dx^\tau}{ds} = o$$

And then we get

(15)

$$\frac{d^2 x^\alpha}{ds^2} + \left\{\begin{smallmatrix} \alpha \\ o\ o \end{smallmatrix}\right\} \left(\frac{dx^o}{ds}\right)^2 = o$$

Beyond the steady state conditions, one uses to write:
(16)

$$dx^o = c\, dt$$

which introduces both the light velocity c and the time t. In addition:
(17)

$$\left\{ {}_{0}{}^{\alpha}{}_{0} \right\} = \frac{1}{2}\, \varepsilon\, \gamma_{00|\alpha}$$

The geodesic equation becomes:
(18)

$$\frac{d^2 x^\alpha}{dt^2} = -\frac{c^2}{2}\, \varepsilon\, \gamma_{00|\alpha}$$

If we identify to the Newtonian model, we can relate the gravitational pertubation potential to the metric through:
(19)

$$\Psi = -\frac{c^2}{2}\, \varepsilon\, \gamma_{oo} \quad \text{or} \quad g_{oo} \cong 1 + \frac{2\,\Psi}{c^2}$$

If we consider a medium with low density ρ_0 and low velocity, the matter energy tensor reduces to:
(20)

$$T = \begin{vmatrix} \rho_0 & 0 & 0 & 0 \\ 0 & 0 & 0 & 0 \\ 0 & 0 & 0 & 0 \\ 0 & 0 & 0 & 0 \end{vmatrix}$$

whose trace is ρ_0. Then the second member of the field equation becomes
(21)

$$\chi \left(T_{\mu\nu} - \frac{1}{2} g_{\mu\nu}\, T \right) = \frac{\chi \rho_o}{2}\, \delta_{\mu\nu}$$

Still in steady hypothesis condition, we get:
(22)

$$\varepsilon \sum_{i=1}^{3} \gamma_{oo\,|i|i} = -\chi\, \rho_o$$

Identifying with Poisson equation, we determine the unknown constant χ of the field equation:

(23)

$$\chi = -\frac{8\pi G}{c^2}$$

If χ is not considered as an absolute constant, the zero-divergence of the field equation (1) is no longer ensured, according to the hypothesis $\delta\mathbf{T} = 0$, which provides conservations equations of physics. But let us point out that the constancy of χ does not require separatly the constancy of G and c, for we determined (23) from a time-independent metric (12). Then we can shift towards the less restrictive condition:

(24)

$$\frac{G}{c^2} \approx \text{constant}$$

This idea was suggested by the author in 1988-89 in the papers [12,13,14]. But, as far as we know, the idea of a secular variation of the light velocity, was introduced earlier by V.S. Troistkii [11].

6) The Roberston-Walker metric

Assuming that the Universe is isotropic and can be described by a Riemanian metric we get the classical Robertson metric:

(25)

$$ds^2 = (dx^o)^2 - e^{g(x^o)} \frac{1}{\left(1 + \frac{k}{4}\frac{r^2}{r_o^2}\right)^2} (dr^2 + r^2\, d\theta^2 + r^2 \sin^2\theta\, d\varphi^2)$$

If the Universe is assumed to be homogeneous, then $\mathbf{T} = A(\mathbf{T})$ and the spatially homogeneous cosmological solution comes from:

(26)

$$\mathbf{S} = \chi\,(\mathbf{T} - A(\mathbf{T})) = 0$$

This metric must be introduced in the equation (1), with a zero second member. Then we get the following set of two equations:

(27)

$$\left(\frac{dR}{dx^o}\right)^2 + k = 0$$

(28)

$$\frac{2}{R}\frac{d^2R}{dx^{o2}} + \frac{k}{R^2} - \frac{1}{R^2}\left(\frac{dR}{dx^o}\right)^2 = 0$$

From (27) and (28) we get

(29)

$$k = -1 \text{ (negative curvature)} \qquad \text{and } R = x^o$$

x^o is a « chronological marker ». Notice that one have a single solution (k = –1). If we identify, classically, x^o to ct, c being considered as an absolute constant, we get the well-known trivial solution R = ct. Doing that, we define somewhat arbitrarly the cosmic time t. But it can be defined differently, in a non-standard way, as will be shown in the following.

7) A model with « variable constants »

The hypothesis of the constancy of the so-called constants of physics was first challenged by Milne [15]. Then others authors : P.A. Dirac [16 and 17], F. Hoyle and J.V. Narlikar [18], V. Canuto and J. Lodenquai [19], T.C. Van Flandern [20], V. Canuto and S.H. Hsieh [20], A. Julg [21], developped ideas mainly based on the variation of G. Time-dependent G has also considered by Brans and Dicke [22] ; time dependent e by Ratra [23]. Guth [24], Sugiyama and Sato [25] and Yoshii and Sato [26] considered a time-variable cosmological constant. In general these approaches focus on the variation of a certain number of « constants », not of all the constants, in a combined fashion, as developped is the present paper. H. Reeves [27] studied the impact of the separate variation of the constants, one after the other. V.S. Troistkii [28] first suggested in 1987 the possible variation of c, and, in general, of all the « constants », but, after choosing a leading parameter he just tried to adjust the different exponents, associated to a priori polynomial empiric laws, to fit with observational features.

In the present paper we are going to build a cosmological where all the « constants » vary conjointly. This will be made consistent with the field equation (1). We are going to search laws that let the equations of physics invariant, so that these variations cannot be evidenced in local lab's experiments. These equations are the following :

The Schrödinger equation :

(30)

$$-\frac{h^2}{2m}\Delta\Psi + U\Psi = i\frac{h}{2\pi}\frac{\delta\Psi}{\delta t}$$

The Boltzmann equation :

(31)

$$\frac{\delta f}{\delta t} + \mathbf{v} \cdot \frac{\delta f}{\delta \mathbf{r}} - \frac{\delta \phi}{\delta \mathbf{r}}\frac{\delta \varphi}{\delta \mathbf{v}} \int (f' f'_1 - f f_1)\, g\, a\, da\, d\omega\, d^3\mathbf{v}$$

where f is the distribution function of the velocity **v**, **r** = (x,y,z), t the time, (g, a, ω) the classical impact parameters of a binary collison.

The (new) Poisson equation for gravitation (see fererence [1]) is :

(32)

$$\Delta \phi = 4 \pi G (\rho - \rho^*)$$

ρ is the mass density in our fold of the Universe and ρ^* the mass density in the twin fold.

The (new) field equation

(33)

$$\mathbf{S} = \chi \, (\mathbf{T} - \mathbf{T}^*)$$

where:

(34)

$$\chi = -\frac{8 \pi G}{c^2}$$

is the Einstein constant, G the « constant » of gravity and c the velocity of the light.

The Maxwell equations are:

(35)

$$\nabla \times \mathbf{B} = \frac{1}{c^2} \frac{\delta \mathbf{E}}{\delta t}$$

(36)

$$\nabla \times \mathbf{E} = -\frac{\delta \mathbf{B}}{\delta t}$$

(37)

$$\nabla \, . \, \mathbf{B} = 0$$

(38)

$$\nabla \, . \, \mathbf{E} + \frac{\rho_e}{\varepsilon_o} = 0$$

E and **B** are respectively the electric and magnetic fields. We consider the Maxwell equation for a neutral medium, for we assume that the Universe is electrically neutral. These equations are not all independent. For an example the Poisson equation, for gravitation (32), comes from the field equation (33), see [1].

Introducing a characteristic length R and a characteristic time T we can write these characteristic equations into an adimensional form:

The Schrödinger equation (30), with:

(39)

$$\mathbf{r} = R \, \xi \qquad \nabla = \frac{1}{R} \delta \qquad t = T\tau$$

(40)

$$U = \frac{h^2}{2 \, m \, R^2} \, u$$

becomes:

(41)

$$-\frac{h^2}{2\,m\,R^2}\left(\delta^2\Psi + u\,\Psi\right) = i\,\frac{h}{2\,\pi\,T}\,\frac{\delta\Psi}{\delta\tau}$$

The Boltzmann equation (31), with:

(42)

$$\mathbf{v} = c\,\zeta \qquad \mathbf{r} = R\,\xi \qquad g = c\,\gamma \qquad a = R\,\alpha$$

(43)

$$f = \frac{n}{<V>^3}\,e^{\frac{-v^2}{<V>^2}}$$

(44)

$$f = \frac{1}{R^3\,c^3}\,\eta$$

(45)

$$f = \frac{1}{R^3\,c^3}\,\eta \qquad n = \frac{1}{R^3}\,\varpi \qquad \phi = \frac{G\,m}{R}\,\varphi$$

becomes:

(46)

$$\frac{1}{T}\frac{\delta\eta}{\delta\tau} + \frac{c}{R}\frac{\delta\eta}{\delta\xi} - \frac{Gm}{R^2 c}\frac{\delta\phi}{\delta\xi}\cdot\frac{\delta\eta}{\delta\zeta} = \frac{c}{R}\int(\eta'\eta'_1 - \eta\eta_1)\,\gamma\,\alpha\,d\alpha\,d\omega\,d^3\zeta$$

The Poisson equation for the gravitational potential (32), with:

(47)

$$\phi = \frac{GM}{R}\,\varphi \qquad n = \frac{1}{R^3}\,\varpi \qquad n^* = \frac{1}{R^3}\,\varpi^*$$

(48)

$$\frac{Gm}{R^3}\,\delta^2\varphi = 4\,\pi\,\frac{Gm}{R^3}\,(\varpi - \varpi^*)$$

becomes:

(49)

$$\delta^2\varphi = 4\,\pi\,(\varpi - \varpi^*)$$

The Maxwell equations (35), (36), (37), (38), with:

(50)

$$\nabla = R\delta \qquad t = T\tau \qquad \mathbf{B} = B^*\beta \qquad E = E^*\varepsilon \qquad \rho_e = \frac{e}{\varepsilon_0\,R^3}\,\varpi_e$$

where e is the electric charge (we assume that the number of electric charges is conserved) become:

(51)

$$\frac{B^*}{R}\delta \times \beta = \frac{E^*}{c^2T}\frac{\delta\varepsilon}{\delta\tau}$$

(52)

$$\frac{E^*}{R}\delta \times \varepsilon = -\frac{B^*}{T}\frac{\delta\beta}{\delta\tau}$$

(53)

$$\delta \,.\, \beta = 0$$

(54)

$$\frac{E^*}{R}\delta \,.\, \varepsilon + \frac{e}{\varepsilon_0 R^3}\varpi_e = 0$$

In these equations we find a certain number of physical constants:
(55)

$$h, m, c, G$$

The invariance of the Schrödinger equation is ensured if:
(56)

$$\frac{hT}{mR^2} = Cte$$

The Boltzmann equation is invariant if:
(57)

$$\frac{1}{T} \approx \frac{c}{R} \approx \frac{Gm}{R^2c}$$

The Poisson equation for gravitation arises no peculiar problem and just becomes
(58)

$$\delta^2\varphi = 4\,\pi\,(\varpi - \varpi^*)$$

From the Maxwell equations we get:
(59)

$$R \approx c\,T$$

(60)

$$\frac{E^*}{R} = \frac{e}{\varepsilon_0 R^3}$$

which is consistent to the definition of an electric field due to an electric charge.
From the Einstein equation, as pointed out earlier, we get:

(61)

$$G \approx c^2$$

If not, the equation is no longer divergenceless.

If the quantities:

(62)

$$h, m, c, G, R, T$$

obey these relations, *it will not be possible to have evidence of their variations in any lab experiment.*

So what?

From (57) we get immediatly:

(63)

$$\frac{Gm}{c^2} \approx R$$

which is nothing but the characteristic Schwarzschild length, so that:

(64)

$$R_S \approx R$$

Examine now the Jeans' length:

(65)

$$L_j = \frac{<V>}{\sqrt{4\pi G \rho m}}$$

where:

(66)

$$<V> = c <\zeta>$$

$$L_j = \frac{c\, R^{3/2}}{\sqrt{Gm}} \frac{<\zeta>}{\sqrt{4\pi\varpi}}$$

$$\frac{Gm}{c^2} \approx R \qquad \frac{c}{\sqrt{Gm}} \approx \frac{1}{\sqrt{R}} \qquad L_j = R \frac{<\zeta>}{\sqrt{4\pi\varpi}}$$

(67)

$$L_j \approx R$$

Combine the equations (56) and (57), we get:

$$\frac{hT}{mR^2} = \frac{h}{mR^2}\frac{R}{c} = Cte$$

(68)

$$\frac{h}{m\,c} \approx R$$

The Compton length varies like R:
(69)

$$R_c \approx R$$

The Planck length is:
(70)

$$L_p = \sqrt{\frac{hG}{c^3}} = \sqrt{\frac{h}{c}\frac{G}{c^2}}$$

$$L_p \approx R$$

The Planck time is:
(71)

$$t_p = \sqrt{\frac{hG}{c^5}} = \frac{R}{c} \approx T$$

The Jeans time is:
(72)

$$t_j = \frac{1}{\sqrt{4\pi\, G\rho}} \approx T$$

Combining (61) and (63) we get:
(73)

$$m \approx R$$

The variation of the constants does not conserve the mass.
If we conserve the number of species, the mass density ρ is found to obey:
(74)

$$\rho = n\,m = \frac{\varpi}{R^3}\,m \qquad \rho \approx \frac{1}{R^2}$$

Same law for the contribution ρ_r of the radiation to the density ρ. The conservation of the radiative energy gives:
(75)

$$p_r\,R^3 = \text{constant}$$

Then:
(76)

$$p_r = \frac{\rho_r\,c^2}{3} \quad \rightarrow \quad \rho_r \approx \frac{1}{R^2}$$

8) The variation of the constants of physics in the framework of an hypothesis of generalized conservation of the energies

In the standard model of the Universe the mass is conserved, but not the energy. The energy-matter is composed both by massive particles and by photons. Each owns a mass-density, respectively : ρ_m and ρ_r. Today :

(77)

$$\rho_m \gg \rho_r$$

The pressure is a density of energy. Today we have :

(78)

$$p_m \ll p_r$$

In the standard model we impose the conservation of the mass mc^2, not the conservation of the energy of the cosmic background photons $h\nu$, which varies like 1/R. Let us consider the opposite hypothesis and conserve the energy, but not the mass. Then :

(79)

$$m c^2 = \text{Cte}$$

whence :

(80)

$$c \approx \frac{1}{\sqrt{R}}$$

We get a model where the velocity of the light is no longer considered as an absolute constant. *But, we insist, from above, cannot be evidenced in a laboratory*, for the « constants » involved in the considered phenomena, according to our hypothesis, follow this process too.

In addition :

(81)

$$G \approx \frac{1}{R}$$

(82)

$$H \nu \approx \frac{h}{T} = \text{Cte} \qquad h \approx T$$

Anyone of the considered parameters : G, c, m, R, h, T can be chosen as an evolution parameter. If we take T as an evolution parameter (V.S. Troistkii [28] considered c as an evolution parameter), we get :

(83)

$$R \approx t^{2/3}$$
$$G \approx t^{-2/3}$$
$$m \approx t^{2/3}$$
$$h \approx t$$
$$c \approx t^{-1/3}$$
$$\rho \approx t^{-4/3}$$
$$v \approx t^{-1/3}$$

L_j (Jeans) $\approx$ L_p (Planck) $\approx$ L_c (Compton) $\approx$ R_s (Schwarzschild) $\approx$ R

All these lengths vary like $t^{2/3}$

In addition we have:
(84)

$$t_j \text{ (Jeans)} \approx t_p \text{ (Planck)} \approx T$$

And:
(85)

$$\frac{mc^2}{\sqrt{1-\frac{v^2}{c^2}}} = \text{Cte} \qquad h\nu = \text{Cte}$$

We get a model in which all the characteristic lengths vary like R and all the characteristic times vary like T.

For an example, if we consider a two-bodies system, orbiting around their common center of gravity, we find that the radius of the orbit varies like R and the orbitation period varies like T.

Now, what could be the observational consequencies of such a model?

This process cannot be evidenced in lab. The only observable effect is the red shift.

9) The red shift as an observational effect due to the secular variation of the constants of physics. The question of the expansion of the Universe.

We will identify the parameter T to the cosmic time t, running the events of the Universe. According to our hypothesis, the energy of a travelling photon is conserved, but as

$$h \approx t$$

then
(86)

$$\nu \approx \frac{1}{t}$$

This idea was first introduced by E.A. Milne [15]. In an astronomical observatory we measure the frequency of the received photon and we find a red shift, that we interpret in term of the variation of its energy, due to an expansion process. But if we consider that the energy is conserved over its long flight this red shift effect can be reinterpreted in term of the secular variation of the Planck constant.

Then if we ask « Is the Universe expanding ? » this questions falls, for all the objects of the Universe follow the above process : the massive bodies, the stars, the galaxies, and the Universe itself.

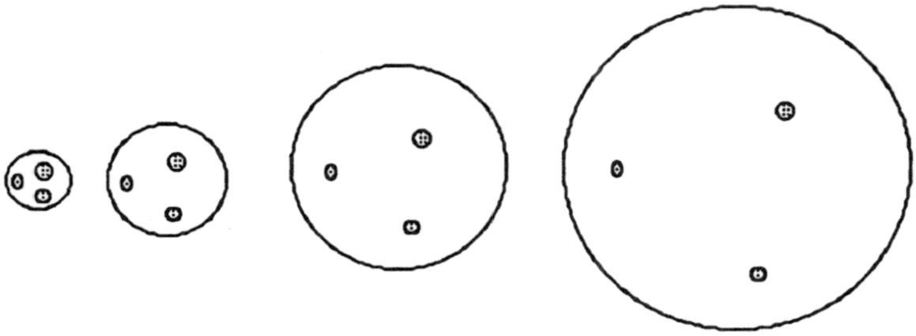

Fig. 15 : Standard model : the containing expands, not the contents

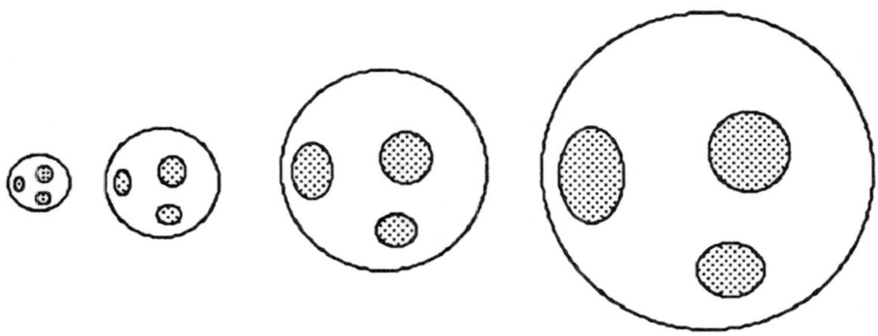

Fig. 16 : Present model, both expand (the concept of an expansion looses its significance, for there is no longer a reference scale)

If we consider that the Universe is expanding, it implies that its content (the particles, the galaxies) does not expand in time, in order to have a reference scale. If the contents of the Universe undergoes the same process than the Universe itself (a gauge process) the question of the expansion becomes irrelevant.

In the present model, in the laboratory, the instruments vary like any length we want to measure, for both follow the process. The question of the expansion becomes irrelevant and the only observable phenomenon, evidencing the cosmic evolution is the red shift, which is no longer connected to the Doppler-Fizeau effect, but to the secular variation of h, combined to the hypothesis of the conservation of the photon energy hν during its flight.

10) The problem of the cosmological horizon

Classically this the cosmologic horizon is defined as is ct., which arises a paradox. The observed Universe is very homogeneous, at large scale. If we compare any characteristic distance R (t) (for an example the mean distance between particles), with the horizon, we get:

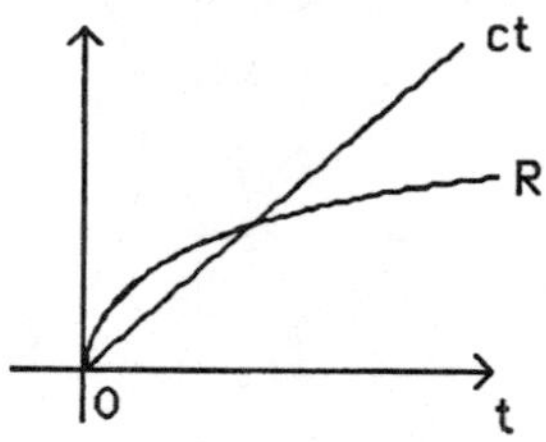

Fig. 17: Comparizon of the evolution of the characteristic length of the Universe with the cosmological horizon, in an Einstein-de Sitter model

In the present model the cosmological horizon becomes the following integral:

(87)

$$H = \int_0^t c(\tau)\, d\tau \approx t^{2/3} \approx R$$

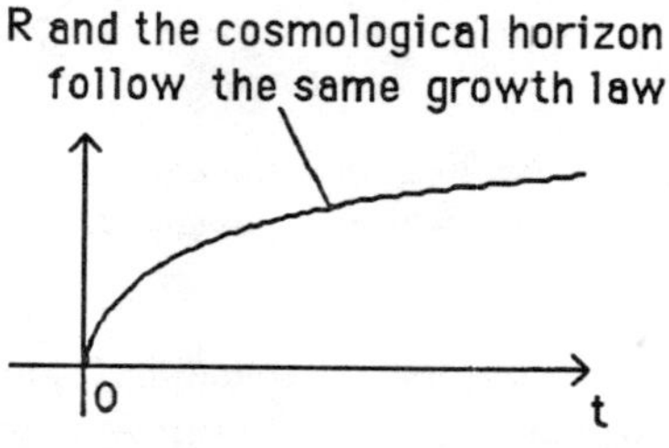

Fig. 18: Comparizon of the evolution of the characteristic length R of the Universe with the cosmological horizon, in the present model.

They have the same variation in time

If the Universe was homogeneous at the begining, the collisional process, always present, tends to maintain this homogeneity. If it was not, it tends to smooth it. This constitues an alternative to the theory of inflation.

This law between $R \approx t^{2/3}$ must not be considered as an expansion process but as a consequence of the secular variation of the constants of physics, a gauge process, whose single observable effect is the red shift.

11) The link with the Robertson-Walker geometry

All this is compatible with the solution (34) if we give the following non-standard definition of the cosmic time:

(88)

$$t = \text{constant } (x^o)^{3/2}$$

The dimension of the constant is:

$$\text{constant} = \frac{\text{time}}{(\text{length})^{3/2}}$$

In the standard definition of the cosmic time from

$$t = \text{constant } x^o \qquad (x^o = ct)$$

the dimension of the constant is

$$\text{constant} = \frac{1}{c} = \frac{\text{time}}{\text{length}}$$

12) Entropy as a better chronological marker

The detailed calculation of the entropy per baryon, as defined by:

(89)

$$s = \frac{k}{n} \int_{?} f \text{ Log } f \; du \; dv \; dw$$

where f is the velocity distribution function, was given in a former paper, with « variable constants ». See [13], section 2. As a result, we found:

(90)

$$s \approx \frac{3}{2} k \text{ Log } R \approx \text{ Log } t$$

If R(t) is an increasing function of t, the cosmic entropy grows like the cosmic time. In lab's experiments we usually relate entropy with time and consider that, according to the second principle, there is no possible strictly isentropic phenomenon. We consider that the time flux depends on the entropy change. In the classical model it is somewhat paradoxal to notice that such enormous change in time would go with zero entropy variation. In the present model when the time t tends to zero, s tends $-\infty$

We have s = constant Log t. If we change the measure of the entropy (modifying the value of the constant) and write:

(91)

$$\sigma = \frac{2}{3} \operatorname{Log} t$$

we get:

(92)

$$dt = 3/2\, t\, d\sigma$$

Let us return to the Robertson-Walker metric.

$$dS^2 = c^2 dt^2 - R^2 \frac{du^2 + u^2 d\theta^2 + \sin^2\theta\, d\varphi^2}{(1 - \frac{u^2}{2})^2}$$

We get, with R = 3/2 ct:

(93)

$$dS^2 = R^2 \left\{ d\sigma^2 - \frac{du^2 + u^2 d\theta^2 + \sin^2\theta\, d\varphi^2}{(1 - \frac{u^2}{2})^2} \right\}$$

In the representation {entropy, space variables} the metric becomes conformally flat and we have:

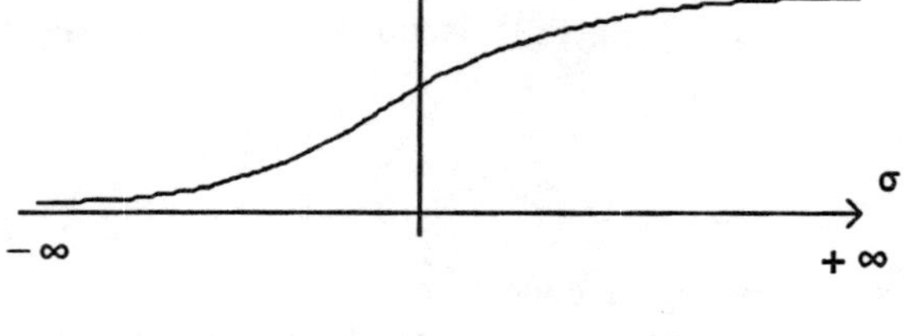

Fig. 19: The evolution of the curvature radius R of the Universe versus the entropy

In the classical description (t, σ) the physicist, when t tends to zero, has some difficulty to define any material clock, for the velocities of the particles tend to c. In a « variable constant cosmologic model » the entropy per baryon (99) is no longer constant and never fails to describe the events of the Universe. Notice that in a (s, σ) description, the problem of the origin of the Universe falls down. In addition, if we describe the Universe in a phase space (position plus velocity) we found that the associate characteristic hypervolume $R^3 c^3$ varies like t.

13) The red shift and the Robertson-Walker metric with a variable light velocity

The derivation of the distance from the red shift z, with « variable constants », has already been presented. See reference [13], sections 3 to 7. The indix 1 refers to the emiter and the indix 2 to the receiver. For an example c_2 is the today's value of the velocity of the light, as measured in the observatory. It is assumed that the Rydberg constant (ionization energy of the hydrogen) follows

(94)

$$E_i \approx R^{\gamma}$$

Then we find:

(95)

$$1 + z = \left(\frac{R_2}{R_1}\right)^{\gamma}$$

The value $\gamma = 1$ is chosen in order to fit with the classical value. Then, expanding the function 1/R(t) into a series with respect to

(96)

$$\varepsilon = \frac{c_2 (t - t_2)}{R_2}$$

we get:

(97)

$$c_2 z \cong (2 - \gamma) \frac{R'_2}{R_2} d_2$$

Which is nothing but the Hubble's red shift law, which still applies in this variable light velocity conditions. From mesurement of d_2, c_2 and z we can derive the so called Hubble's constant, i.e. the age of Universe.

(98)

$$t = \frac{2}{3} \frac{d_2}{c_2 z}$$

identical to the standard value. Then the distance to the objet d_2 is evaluated:

(99)

$$d_2 = R_2 u = \frac{3}{2} c_2 t_2 \frac{(1+z)^2 - 1}{(1+z)^2 + 1}$$

When z tends to infinite we find the cosmological horizon 3/2 c_2 t_2, which is twice smaller than the standard value 3 c_2 t_2. If we compare the present model to the EdS model, we get, for the distances, the ratio:

(100)

$$\eta = \frac{(1+z)^2 - 1}{(1+z)^2 + 1} \frac{1}{2 - \frac{2}{\sqrt{1+z}}}$$

They are similar for weak z values, as shown on the next figure. For weak z values, the distances, as derived from the present model, are a weakly larger. η is close to unity for z = 1.5. Then η tends to 0.5 when z tends to infinite. For $z < 2.5$ the difference of the two distance evaluation is less than 5%.

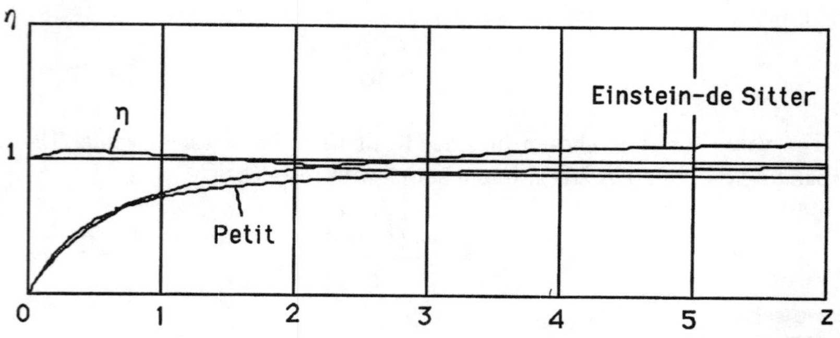

Fig. 20: The distances for the present model and for the Einstein-de Sitter model, and the ratio η of theses distances, versus the red shift

If the reference [13], section 3, the evolution of the angular size of a distant object, versus z, was computed. For the EdS model and constant size objects, the law is:

(101)

$$\phi = \phi_0 \frac{(1+z)^2}{(1+z) - \sqrt{1+z}}$$

This function of z has a minimum for z = 1.25 and then ϕ tends to grow linearly versus z. The figure 21 explains why it provides an overestimation of ϕ, for large z values.

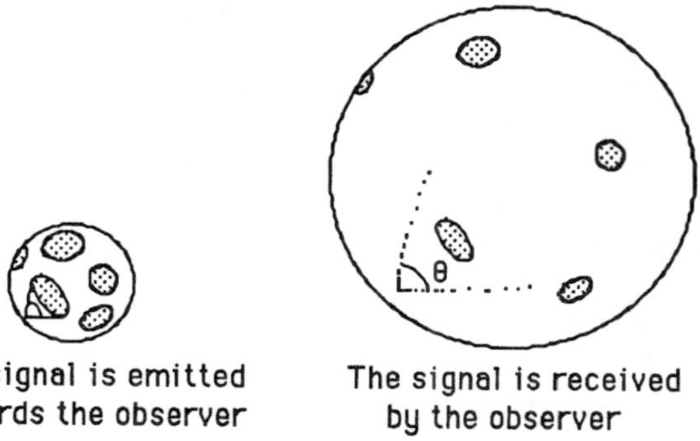

Fig. 21 : Why the classical model overestimates the angular size of large red shift objects

The mesure, at the reception time, corresponds to a "fossil" angular size, when the object was closer

In the present model, the situation is basicly different for the objets are supposed to expand with the Universe. See figure 22.

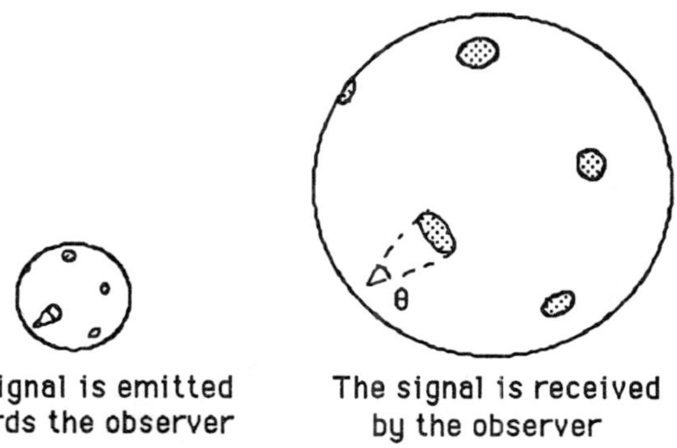

Fig. 22 : Present model : the light moves along geodesics.

The angular size is unchanged

The corresponding formula is :

(102)

$$\phi = \phi_0 \frac{(1+z)^2+1}{(1+z)^2-1}$$

When z tends to infinite, ϕ tends to be constant.

Notice that in our model:

$$\phi \approx \frac{1}{d}$$

In the reference [13] this was used to compare the present model to the EdS model, applying to radio-QSO data (Barthel and Miley, 1988 [35]), giving a slight advantage to the first. Obviously, a single test, implying many assumptions about the nature of the observed objects, could not valid the model. See the discussion in reference [13].

14) The light emission problem

Assume the energy production of light sources would proceed through collisions. The collision frequency may be written as:

(103)

$$\nu = n\,Q\,v$$

n is the number density, Q is the collision cross-section and v the thermal velocity. Assume all these quantities follow our set of relations, i.e:

(104)

$$n \approx \frac{1}{R^3} \qquad Q \approx R^2 \qquad v \approx \frac{1}{\sqrt{R}}$$

which gives:

$$\nu \approx R^{-\frac{3}{2}} \approx \frac{1}{t}$$

Assume now that the characteristic amount of energy E_i, for this energy production reaction, would vary like R(t).

The energy emission rate varies like:

(105)

$$P \approx \frac{R}{t} \approx c \approx \frac{1}{\sqrt{R}}$$

Such as the emission rate would have been higher in the past. As, in this model, the energy is saved during the photon flight, the receiver would measure a higher luminosity, which would vary like $(1 + z)^{1/2}$.

If we look at the data presented by Barthel and Miley when and plot Log (P) – 0.5 Log (1 + z) when find something quite constant.

15) Some remarks about other possible comparizon to observational material

15.1) Local relativistic effects

From the classical model of General Relativity have been imagined a large number of tests. The first were devoted to local tests, like the precession of the perihelia of Mercury or the time-delay of radar echos. There is no a priori incompatibility between these test and the present model. In effect, according to the results of the numerical simulations, the matter density in the region of the twin fold corresponding to the vicinity of the sun is highly rarefied, for the antipodal mass is pushed away by the mass. Then the second term of the second member of the equation (1) can be neglected:

(106)

$$\mathbf{S} = \chi\,(\mathbf{T} - \mathbf{A}\,(\mathbf{T})) \approx \chi\,\mathbf{T}$$

so that, locally, the Einstein equation would become an approximate form of the equation (1). In such conditions, from the equation (1) we refind the classical local observational features, like the advance of the perihelia, etc.

15.2) About the strong field test from binary pulsars

A pulsar is supposed to be an object located in our galaxy. If we suppose again that the antipodal matter is very rarefied in the conjugated adjacent fold, the field equation becomes:

(107)

$$\mathbf{S} \approx \chi\mathbf{T}$$

i.e. the Einstein equation. Then the observed effects [30] fit both the equation (1) and (2).

16) The problem of electromagnetism and other features of physics

We propose a new cosmological model. As said before, basicly, this model does not contain the electromagnetic nor strong or weak interaction phenomena and this is the same for the classical model. Only a fully unified field theory could deal with. In such conditions is it licit to try to apply the gauge analysis to the charged particle, i.e. to see how could vary the Bohr radius versus R? This is questionable (whence this question was examined by the author in the formal paper [13], section 9). Same thing for the strong and weak interactions and their associated characteristic lengths (in order to give a new and complete description of the cosmic evolution, including the nucleosynthesis, one should introduce, in this constant energy model, corresponding time-dependant « constants »).

Personnaly I would think that the cosmological model is far to be achieved.

For an example the so-called cosmological constant Λ could be added, through (suggestion of J.M. Souriau):

(108)

$$\mathbf{S} = \chi\,(\mathbf{T} + \Lambda\,\mathbf{g} - \mathrm{A}(\mathbf{T}) - \Lambda\,\mathrm{A}\,(\mathbf{g}))$$

or:

(109)

$$\mathbf{S} = \chi\,(\mathbf{T} + \Lambda\,\mathbf{g} - \mathbf{T}^* - \Lambda\,\mathbf{g}^*)$$

where $\mathbf{T}^*$ and $\mathbf{g}^* = \mathrm{A}(\mathbf{g})$ are respectively the stress tensor and the metric tensor associated to the conjugated antipodal region.

This work just suggests that the geometry of the Universe could be somewhat different from our standard vision. Perhaps an unified model (gravitation plus electromagnetism) could be built, by introducing complex tensors **S, T** and A(**T**) in the equation (1). On another hand, one can shif from a S3 × R1 geometry towards a twin geometry based on the cover of a projective P4 by a sphere S4. Then it could perhaps be possible to deal with CPT symmetry and then to take account of the matter-antimatter duality (the antipodal matter would behave like antimatter and become the lost « cosmological antimatter », as suggestd by Andréi Sakharov and Novikov in 1967 [36, 37] and the authors [38, 39 and 40]). But this we confess that is a hard mathematical task.

In a Kaluza model we consider a 5 dimensional manifold. Then the electromagnetism can be introduced, whence nobody knows what this fifth dimension represents exactly. Notice that, locally, the model is equivalent to a Kaluza model with a fifth dimension limited to the values $\pm$ 1.

In this model the statute of the Klein-Gordon equation is the same than in the classical General Relativity.

Conclusion

Starting from the field equation presented in a former paper [1] we have presented new results, based on numerical simulations, performed by F. Lansheat. This provides a possible explanation of the spongy very large structure of the Universe and is an alternative to the classical pancakes theory, for our structures are stable over a period of time comparable to the age of the Universe. Then we developped a theory of inverse gravitational lensing: the observed lensing effects could be mainly due to the effect of surrounding antipodal matter, acting like a distribution of negative mass, than to the action of the galaxy itself. This challenges the dark matter concept. Then, starting from the field equation $\mathbf{S} = \chi\,(\mathbf{T} - \mathrm{A}(\mathbf{T}))$ we have developped a cosmological model with « variable constants ». Because of the hypothesis of homogeneity ($\mathbf{T} = \mathrm{A}\,(\mathbf{T})$ = constant over space) the metric must be solution of the equation $\mathbf{S} = 0$, although the total mass of this closed universe is non-zero ($T \neq 0$). In order to avoid the triviality of the classical subsequent solution $R \approx t$, we have built a solution with « variable constants ». We have derived the laws linking the different constants of physics: G, c, h, m in order to keep the basic equations invariant, *so that the variation of these constants is not measurable in the laboratory. The only effect of this process is the red shift, due to the secular variation of these constants.*

All the energies are conserved, but not the masses. We have found that all the characteristic lengths (Schwarzschild, Jeans, Compton, Planck) vary like the characteristic length R, whence all the characteristic times vary like the cosmic time t.

As the energy of the photon $h\nu$ is conserved over its flight, the decrease of its frequency is due to the growth of the Planck constant $h \approx t$.

In such conditions the field equations have a single solution, corresponding to a negative curvature and to an evolution law: $R \approx t^{2/3}$.

The model is no longer isentropic and $s \approx \text{Log}\, t$. The cosmologic horizon varies like R, so that the homogeneity of the Universe is ensured at any time, which challenges the inflation theory. We refind, for moderate distances, the Hubble's law. We find a new law: distance = f(z), very close to the classical one for moderate red shifts.

An observational test is suggested, based on the values of the angular sizes of distant objects. Comparing the available data to the predictions of our model and to those of the (peculiar) Einstein-de Sitter model, we find a slight advantage for the first. Obviously, a single test cannot valid such a model.

References

(1) Petit J. P.: « The missing mass effect », *Il Nuovo Cimento*, B, vol. 109, july 1994, pp. 697-710.

(2) Zeld'ovich Ya.B., *Astrofisica*, 6: 319, *MNRAS*, 192: 192 (1970).

(3) Doroskhevitch A.G., *MNRAS*, 192: 32 (1980).

(4) Klypin A.A & Shandarin S.F., *MNRAS*, 204: 891 (1983).

(5) Centrella J.M. & Mellot A.L., *Nature*, 305: 196 (1983).

(6) Mellot J.M. & Shandarin S.F., *Nature*, 346: 633 (1990).

(7) Shandarin S.F, In *Large Scale Structures of the Universe*, éd. J. Audouze, M.C. Peleton and A. Szalay, 273; Dordrecht Kulwer (1988).

(8) Kofman L.A, Pogosyan D., and Shandarin S, *MNRAS*, 242: 200 (1990).

(9) Peebles P.J.E., *Principles of Physical Cosmology*, Princeton University Press (1993).

(10) Adler R., Bazin M. & Schiffer M., *Introduction to General Relativity*. Mac-Graw Hill Book company, 1975.

(11) Troitskii V.S, *Astrophysics and Space Science*, 139 (1987) : 389-411.

(12) Petit J.P., *Mod. Phys. Lett.*, A3 (1988) : 1527.

(13) Petit J.P., *Mod. Phys. Lett.*, A3 (1988) : 1733.

(14) Petit J.P., *Mod. Phys. Lett.*, A4 (1989) : 2201.

(15) Milne E.A., *Kinematic Relativity*, Oxford, 1948.

(16) Dirac P.A., *Nature*, 1937, **139** : 323.

(17) Dirac P.A., Proc. Roy. Soc. London, 1973, **A333** : 403.

(18) Hoyle F. & Narlikar J.V., « Cosmological models in conformally invariant gravitational theory », *Mon. Notices Roy. Astr. Soc.*, 1972, 155, pp. 305-325.

(19) Canuto V. & Lodenquai J., « Dirac cosmology », *Ap. J.*, **211** : 342-356, 1977, january 15.

(20) Van Flandern T.C., « Is the gravitational constant changing ? », *Ap. J.*, **248** : 813-816.

(20) Canuto V. & Hsieh S.H., « The 3 K blackbody radiation, Dirac's large numbers hypothesis, and scale-covariant cosmology », *Ap. J.*, 224 : 302-307, 1978, september 1.

(21) Julg A., « Dirac's large numbers hypothesis and continuous creation », *Ap. J.*, **271** : 9- 10, 1983, August 1.

(22) Brans and Dicke [*], *Phys. Rev.*, 124-925 (1961).

(23) Ratra, *Astrophys. J. Lett.*, 391 : L1 (1992).

(24) Guth, *Phys. Rev.*, D23 : 347 (1981).

(25) Sugiyama and Sato, *Astrophys. Jr.*, 387 : 439 (1992).

(26)Yoshii and Sato, *Astrophys. J. Lett.*, 387 : L7 (1992).

(27) Reeves H., *Rev. Mod. Phys.*, 66 : 193 (1994).

(28) Troitskii V.S, *Astrophysics and Space Science*, 139, (1987) : 389-411.

(29) Souriau J.M., *Structure des systèmes dynamiques*, éd. Dunod, 1970.

(30) Taylor, *Rev. Mod. Phys.*, 66 : 711 (1994).

(31) Bahcall N.A., *Ann. Rev. of Astron. Ap.*, 1988, 26 : 631 (19-20).

(32) Bahcall N.A. and Soneira R.M., *Ap. J.*, 1992, 392 : 419.

(33) Bahcall N.A. and West M.J., *Ap. J.*, 1992, 392 : 419.

(34) Luo X. and Schramm D.N., *Science*, 1992, 256 : 313.

(35) Barthel P.D. & Miley G.K., « Evolution od radio structure in quasars : a new probe of protogalaxies ? », *Nature*, vol. 333, 1988, 26 may.

(36) Sakharov A.D., *ZhETF Pis'ma*, 5 : 32 (1967) ; *JETP Lett.*, 5 : 24 (1967) ; trad. Preprint R2-4267, JINR, Dubna.

(37) Novikov D., *ZhETF Pis'ma*, 3 : 223 (1966) ; *JETP Lett.*, 3 :142 (1966), trad. *Astr Zh.* 43 : 911 (1966), *Sov. Astr.* 10 : 731 (1967).

(38) Petit J.P., « Univers énantiomorphes à temps propres opposés », *CRAS* du 8 mai 1977, t. 285, pp. 1217-1221.

(39) Petit J.P., « Univers en interaction avec leur image dans le miroir du temps », *CRAS* du 6 juin 1977, t. 284, série A, pp. 1413-1416.
(40) Petit J.P., *Le Topologicon*, éd. Belin, Paris, 1983.

Acknowledgment: The author thanks professor Oaxiiboo F. for useful suggestions and critic.

CHRONOLOGIE

En se fondant sur une analyse des textes, mon ami Gérard Morin, physicien à l'université de Poitiers, a essayé de reconstituer quelle aurait pu être la chronologie du début de cette exploration de la planète Terre, en temps terrestre, évidemment :

4 février 1934 : Émission d'un signal radio sur Terre.

4 juillet 1948, soit 14,42 années plus tard : Réception du message sur Ummo (la distance « luminique » Terre-Ummo serait variable et ces 14,42 années correspondent à la valeur qu'elle aurait eue cette époque-là).

10 juillet 1948 : Après une semaine d'étude du message, départ de la première expédition en direction de la Terre (deux vaisseaux).

10 janvier 1949 : Après six mois de trajet, arrivée au voisinage de Mars et de la Terre.

12 janvier 1949 : Après deux jours de séjour dans le système solaire et étude sommaire de la Terre, retour vers Ummo (six nouveaux mois de voyage).

28 septembre 1949 : Après deux mois d'étude des données collectées, départ d'une seconde expédition en direction de la Terre (six vaisseaux).

28 mars 1950 : Après six mois de trajet, arrivée sur Terre. Dépôt de six expéditionnaires et retour immédiat des nefs vers la planète Ummo.

TABLE

DU MÊME AUTEUR

Aux Éditions Albin Michel

Enquête sur les OVNIS, voyage aux frontières de la science.
Enquête sur des extraterrestres qui sont déjà parmi nous.
Les Enfants du Diable. La guerre que nous préparent les scientifiques.

Dans la série *Les Aventures d'Anselme Lanturlu*

Ces ouvrages peuvent être commandés au prix unitaire de 57 F directement aux Éditions Belin, 8, rue Férou, 75006 Paris, qui prendront à leur charge les frais d'expédition.

1. *Le Géométricon* : Géométrie des espaces courbes
2. *Si on volait ?* Mécanique des fluides subsoniques
3. *L'informagique :* Informatique
4. *Tout est relatif :* Relativité restreinte
5. *Le Trou noir :* Relativité générale
5. *Big bang :* Genèse de l'Univers
7. *À quoi rêvent les robots :* Robotique
8. *Le Mur du silence :* Magnétohydrodynamique
9. *Elle court, elle court, l'inflation :* Économie
10. *Énergétiquement vôtre :* Nucléaire
11. *Cosmic story :* Histoire des idées en cosmologie
12. *Le Topologicon :* Topologie
13. *Mille milliards de soleils :* Astrophysique
14. *Et pour quelques ampères de plus :* Électromagnétisme

Dans la série des *Nouvelles Aventures d'Anselme Lanturlu*

Ces ouvrages peuvent être commandés directement aux Éditions Présence, Saint-Vincent-sur-Jabron, 04200 Sisteron, qui prendront à leur charge les frais d'expédition.

Le Logotron : Langage, logique, th. de Gœdel (55 F)
Le Chronologicon : Le temps en cosmologie (55 F)
Joyeuse Apocalypse : Armements (51 F)
Opération Hermès : Aventure spatiale (51 F)

Le Logotron et *Le Chronologicon* entrent dans la catégorie « Lanturlu senior » tandis que *Joyeuse Apocalypse* et *Opération Hermès*, accessibles à partir de dix ans, sont en catégorie « Lanturlu junior ».

La composition de cet ouvrage
a été réalisée par Charente Photogravure,
l'impression et le brochage ont été effectués
sur presse CAMERON dans les ateliers de B.C.I.,
à Saint-Amand-Montrond (Cher),
pour le compte des Éditions Albin Michel.

Achevé d'imprimer en août 1995
N° d'édition : 14545 – N° d'impression : 4/626
Dépôt légal : septembre 1995.